KB000873

인조이 **홋카이도**

인조이 홋카이도 미니북

지은이 정태관 · 박용준 · 민보영
펴낸이 최정심
펴낸곳 (주)GCC

3판 1쇄 발행 2019년 4월 18일
3판 2쇄 발행 2019년 4월 22일 ⑤

출판신고 제 406-2018-000082호
주소 10880 경기도 파주시 지목로 5
전화 (031) 8071-5700 팩스 (031) 8071-5200

ISBN 979-11-90032-06-3 10980

가격은 뒤표지에 있습니다.
잘못 만들어진 책은 구입처에서 바꾸어 드립니다.

www.nexusbook.com

여행을 즐기는 가장 빠른 방법 ENJOY TRAVEL

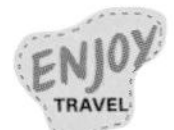

인조이
홋카이도
HOKKAIDO

정태관 · 박용준 · 민보영 지음

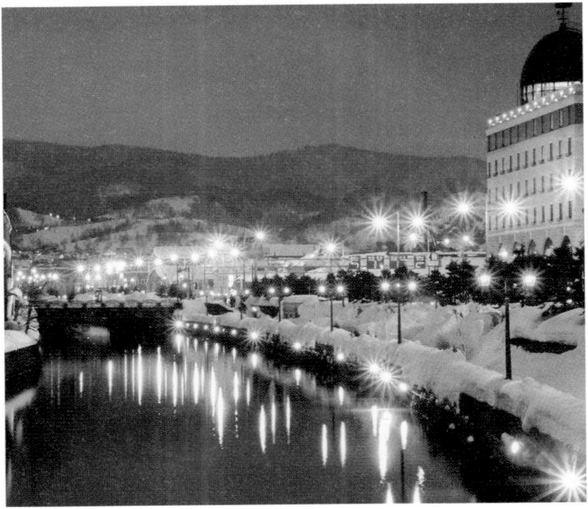

넥서스BOOKS

여는 글

2010년 초판이 나온 이후 홋카이도의 여행지는 크게 변한 것이 없지만 우리나라 여행객의 여행 스타일은 조금씩 변화가 오고 있다는 것이 느껴지고 있다. 단체 패키지로 가는 여행객보다는 개별 여행으로 가는 수요가 늘었고, 단순한 에어텔보다는 고급 료칸을 이용하거나 렌터카를 이용해서 보다 자유롭게 여행을 즐기는 수요가 늘고 있다. 마침 최근 몇 년간 회사(온라인 투어)에서 료칸 상품을 담당하면서 료칸 여행에 대한 정보를 보다 자세히 알게 되었고, 다녀온 분들의 피드백으로 좀더 현실적인 내용을 정리할 수 있었다.

또한 홋카이도 운수국과 JNTO의 도움으로 홋카이도 렌터카 여행을 하면서 렌터카 여행을 보다 쉽게 할 수 있는 맵코드를 책에 수록해야겠다는 생각을 하게 되었다. 렌터카 여행객이 많은 후라노, 비에이 지역과 도동 지역에는 기본적으로 맵코드도 같이 표시해 두었으니 조금 더 편안한 여행이 될 수 있으리라 생각한다.

신선한 식재료가 가득한 홋카이도에서는 어떤 음식점에 들어가도 실망하지 않을 것이라는 생각에 처음 원고를 쓸 때는 음식점 부분에 크게 신경을 쓰지 않았는데, 이러한 점이 처음 여행하는 분들께는 불편했다는 의견도 있었기 때문에 삿포로와 오타루, 하코다테 지역의 대표적인 음식점, 잘 알려지지 않았지만 마음에 들었던 곳들도 이번 개정판에 포함되었다.

개정판에 사용된 다수의 사진을 촬영한 국내 최고의 홋카이도 전문 블로거 TOMMY LEE 님 blog.naver.com/tlrevolution께 감사의 인사를 드리며, 아시아나항공의 아사히카와 공항 취항과 현지의 생활까지 재미있게 이야기해 주신 참좋은여행의 김우현 상무님과 이상필 부장님을 비롯하여 노보리베쓰 온천의 감성적인 염라대왕 사진을 전해 주신 이정윤 님, 매번 재미있는 일정으로 여행을 떠나 담당자로서 많은 공부를 하게 해 주시는 김혜영 님, 조호정 님, 이소연 님 그리고 노란색 노면전차 1966호를 좋아하고 비에이의 생생한 정보를 전해 주신 애짱의 도움으로 개정판에 더욱 현실적인 내용이 수록될 수 있었다.

초판에서도 인사를 드리기는 했지만 함께 눈 축제에 가주셨던 젊은여행사 블루의 김지훈 님, 규슈에 이어 홋카이도에도 다녀와 주신 정미선 작가님, 삿포로 공장 투어를 다녀오신 박주연 님, 스키장에 커피숍이 없어 불편하셨다던 이덕환 님, 몇 년 전 공직에서 은퇴하고 미국으로 이주하신 김형윤 님, 삿포로 허니문을 다녀오신 진기성 님께 다시 한번 감사의 말씀을 전한다.

또한, 원고를 마무리할 때 부족했던 사진은 블로그를 운영하시는 분들께 많은 도움을 받았다. 하코다테와 노보리베쓰의 사진을 도와주신 고고씽 님blog.naver.com/wkwmd81, 삿포로의 시원한 여름 사진과 아사히야마 동물원의 사진을 도와주신 마리아 님, 태욱 님teacosy.tistory.com, 구시로 습원 및 동부 지역의 사진을 도와주신 망상K 님blog.naver.com/todshrck, 삿포로의 맛집과 탁 트인 스키장 사진을 도와주신 발키리 님blog.naver.com/mcvalkili, 테마 여행 중 자전거 여행의 사진 제공 및 원고까지 도움을 주신 진짜 부자 님blog.naver.com/jung14hoon, 하코다테의 예쁜 벚꽃 사진과 언덕 사진에 도움을 주신 피터팽크 님blog.daum.net/peterpank께도 다시 한 번 감사의 마음을 전한다.

마지막으로 끊임없는 격려를 해 준 부모님과 누나들과 매형들 그리고 아내와 단비, 영원한 사수 강대국 님, JNTO 이주현 팀장님과 유진 과장님, 자유 여행 담당 여행업계 79모임, 삼성 카드 홍보대사 셀디스타들과 배도움 님, 경 실장님 등 스탭분들, 봉패밀리, 홍대 얼짱 경연과 리 등 제게 힘을 주신 모든 분께 무한한 감사를 드립니다.

정태관

이 책의 구성

기본 정보

홋카이도의 위치와 기후, 신선한 먹을거리와 여행 선물로 그만인 쇼핑 아이템까지 여행 전 알아 두면 좋을 홋카이도의 기본 정보들을 담았다.

추천 코스

여행 전문가가 추천하는 베스트 코스를 보면서, 자신에게 맞는 여행 일정을 꼼꼼하게 세워 보자.

지역 여행

홋카이도 각 도시에 대한 여행 정보를 담았다.
홋카이도를 방문한 여행자라면 꼭 가봐야 할 핵심 여행 정보 위주로 실었다.

가이드북 최초 자체 제작
인조이 맵코드
enjoy.nexusbook.com

- ▶ '인조이맵'에서 맵코드를 입력하면 책 속의 스폿이 스마트폰으로 쏙!
- ▶ 위치 서비스를 기반으로 한 길 찾기 기능과 스폿간 경로 검색까지!
- ▶ 즐겨찾기 기능을 통해 내가 원하는 스폿만 저장!
- ▶ 각 지역 목차에서 간편하게 위치 찾기 가능!

테마 여행

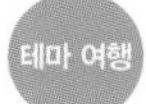

홋카이도를 제대로 여행할 수 있는 방법!
홋카이도의 볼거리와 즐길거리를 각 테마별로 소개한다.

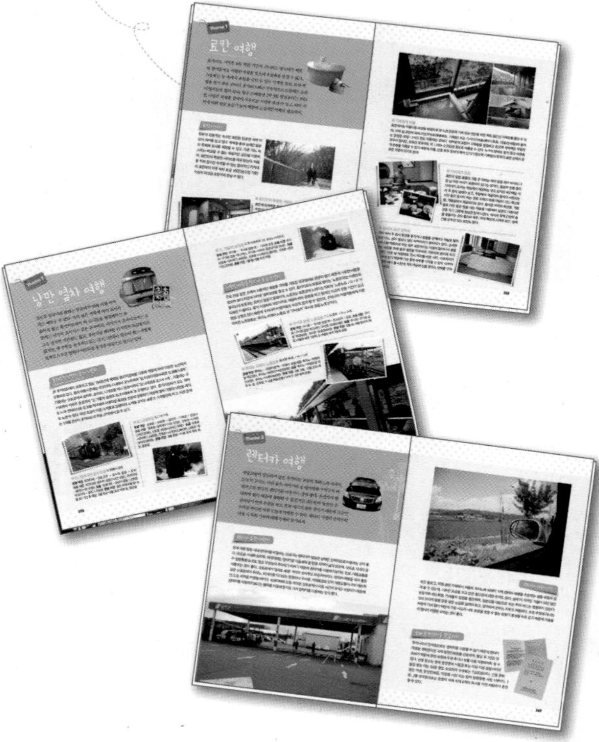

여행을 떠나기 전, 일정을 짜고 여행을 준비하는 데 필요한 정보다. 홋카이도 여행 준비와 항공편을 비롯한 교통 이용법, 열차 패스 등의 유용한 정보들을 담았다.

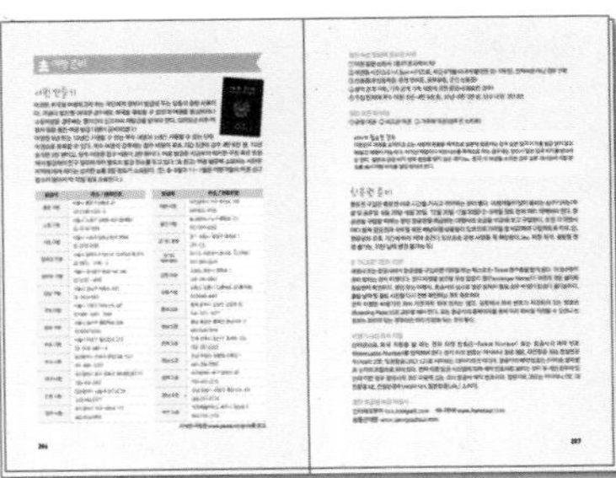

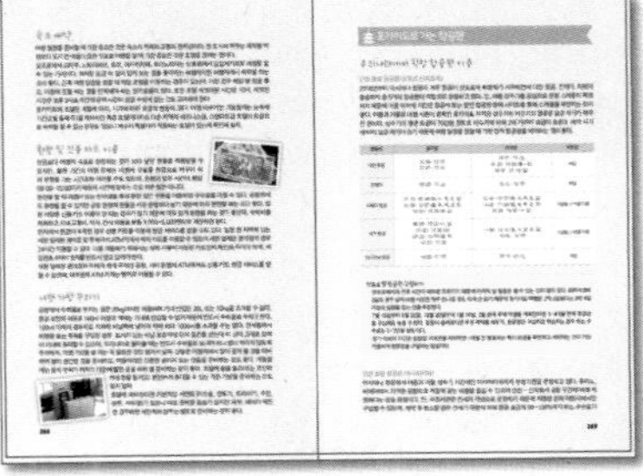

홋카이도의 최신 정보를 정확하고 자세하게 담고자 하였으나 시시각각 변화하는 현지 사정에 의해 정보가 달라질 수 있음을 알려 드립니다.

CONTENTS

About Hokkaido

추천 코스

지역 여행

테마 여행

여행 정보

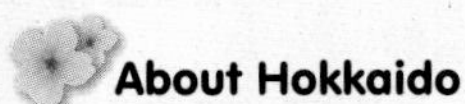

About Hokkaido

홋카이도 기초 정보

홋카이도

일본을 구성하고 있는 네 개의 섬 중 가장 북쪽에 위치한 홋카이도는 혼슈에 이어 두 번째로 큰 섬이다. 일본 국토의 약 23%를 차지하고 있지만 일본 전체 인구의 4% 정도 밖에 되지 않는 550만 명 정도가 살고 있어 개발의 손길이 닿지 않은 자연 그대로의 상태를 유지하고 있다. 맑은 공기, 맑은 물이 홋카이도를 둘러싸고 있고 일본의 농업, 어업, 축산업의 중심지이기 때문에 음식이 맛있는 것으로 유명하다. 여름철의 시원한 기후와 화려한 라벤더 꽃, 겨울철의 스키와 스노보드, 눈축제, 사계절 즐길 수 있는 풍부한 온천지로 많은 관광객이 홋카이도에 방문하고 있다. 여행의 중심지는 삿포로와 하코다테라고 할 수 있으며 오타루, 노보리베쓰, 도야, 왓카나이, 구시로 등도 인기 여행지로 자리잡고 있다.

기후 및 여행 시즌

습하고 더운 일본의 다른 도시와 달리 여름철에는 시원하기 때문에 여름에 홋카이도를 방문하는 것이 가장 좋다. 겨울에는 홋카이도 전 지역에 눈이 많이 내리며 대부분의 날이 영하로 내려간다. 특히 홋카이도의 동부와 북부는 열차와 버스의 운행이 끊길 정도로 많은 눈이 내리며, 오호츠크해를 따라 유빙이 내려온다. 여행을 하기 가장 좋은 계절은 여름이고, 겨울철에도 관광객을 유치하기 위해 삿포로 눈축제 등과 같은 이벤트를 개최하고 있으며, 유빙을 보러 가기 위한 특급 열차도 운행하고 있다.

시차

우리나라와 일본의 시차는 없다. 동일한 표준시를 이용하는데, 우리나라에 비해 동쪽에 있기 때문에 홋카이도는 일찍 해가 뜨고, 일찍 해가 진다. 겨울철에는 4시가 조금 넘으면 저녁을 맞이하기 때문에 겨울철 여행을 할 때는 평소보다 부지런히 움직여야 한다.

화폐

화폐는 엔(円 또는 圓)을 사용하며 환율은 100엔 = 약 1,020원 정도이다(2019년 4월 기준). 동전은 1엔 · 5엔 · 10엔 · 50엔 · 100엔 · 500엔이 있으며, 지폐는 1,000엔 · 5,000엔 · 10,000엔이 있다.

전압

일본은 110V의 전압을 사용하므로 우리나라의 전자 제품을 사용하려면 변압기가 있어야 한다. 하지만 최근의 전자 제품들은 220V와 110V 겸용이므로 플러그 어댑터만 있으면 사용 가능하다.

공휴일

공휴일 기간에는 상점들이 문을 닫는 경우가 많고 일본 내국인들의 이동이 많아서 교통이 혼잡하니 예약이 필수이다.

1월 1일 설날
1월 둘째 주 월요일 성인의 날
2월 11일 건국기념일
3월 20일 춘분절
4월 29일 녹색의 날
4월 29일~5월 5일 골든 위크
5월 3일 헌법 기념일
5월 5일 어린이날
7월 셋째 주 월요일 바다의 날
8월 15일 전후 일주일 오봉 야스미
9월 셋째 주 월요일 경로의 날
9월 23일 추분절
10월 둘째 주 월요일 체육의 날
11월 3일 문화의 날
11월 23일 근로 감사의 날
12월 23일 천황 탄생일
12월 27일~1월 4일 연말 휴일

국제 전화

최근 해외 로밍 이용자가 늘어나면서 국제 전화 사용이 상당히 편리해졌다. 로밍을 했을 때 문자 메세지(SMS)를 받는 것은 무료이지만, 문자를 보내는 데 약 200원, 전화 통화는 거는 것뿐 아니라 받는 것까지 요금을 지불해야 한다. 여행 중 전화 통화가 많을 것으로 예상된다면 자동 로밍 보다는 임대 로밍을 하는 것이 저렴하다. 여행 전 각 통신사의 홈페이지, 고객 센터를 통해 본인이 소유하고 있는 모델의 자동 로밍 가능 여부 및 임대 로밍과의 가격 비교 등을 해보는 것이 좋다. 임대 로밍을 하는 경우 인터넷으로 미리 신청을 하고 여행 출발일에 공항의 로밍 센터에서 수령하면 된다. 스마트폰의 데이터 통신 요금은 현지 통신사와 국내 통신사의 계약에 따라 부과된다. 스마트폰의 메일 수신, RSS 구독, 위치 정보 확인은 자동으로 데이터 통신을 이용하기 때문에 모르는 사이에 엄청난 요금이 부과될 수 있으므로, 핸드폰 설정을 수정해 두는 것이 좋다.

보험

여행자 보험은 여행 시 발생한 사고에 대해 보상을 받기 위한 최소한의 조치이다. 여행 상품 또는 항공권을 구매하면 여행사에 여권 사본을 보내야 한다. 여권 사본에는 여행자 보험 가입 시 필요한 정보가 포함되어 있으니 함께 처리하면 보다 편리하다. 여행자 보험의 가입 비용은 하루에 1,000원 내외에서 최고 1억까지 보상 받는 보험에 가입할 수 있다. 만약 여행 도중 부상을 당하거나 소지품의 도난 등의 사고가 일어나면 보험사 또는 가입 신청을 한 여행사에 연락을 취해 보상에 필요한 서류를 확인하자. 기본적으로 병원비를 보상 받기 위해서는 진단서와 영수증 등이 필요하며, 도난품의 경우 경찰서에서 도난 신고서(盜難届証明書)를 받아야 한다. 개인의 부주의로 인한 분실 및 현금의 도난은 보험 혜택을 받을 수 없다. 천재지변, 스카이다이빙 등으로 인한 사고도 보험 혜택을 받을 수 없다.

긴급 상황

여행 중 여권을 분실한 경우에는 대한민국 영사관이나 대사관에서 여권 또는 여행자 증명서를 발급 받아야 한다. 발급까지 3~4일이 소요되는 여권보다는 당일 또는 다음 날이면 발급 받을 수 있는 여행자증명서를 발급받는 것이 좋다.

도쿄 대한민국 대사관
전화 : 03-3452-7611
주소 : 港区 南麻布 1-2-5

삿포로 대한민국 영사관
전화 : 011-621-0288
주소 : 札幌市中央区北3西21

오사카 대한민국 영사관
전화 : 06-6213-1401
주소 : 大阪市中央区西心斎橋 2-3-4

후쿠오카 대한민국 영사관
전화 : 092-771-0461
주소 : 福岡市中央区地行浜 1-1-3

이 외 일본의 비상시 연락 번호로는 구급차 119, 경찰 110 등이 있다.

인터넷 사용

홋카이도에도 PC방이 있지만 삿포로, 오타루, 하코다테 정도의 규모가 큰 도시가 아니면 PC방을 찾기 어렵다. 일본의 PC방은 주로 넷토 카훼(ネットカフェ)라는 이름으로 영업하고 있으며 개별룸으로 되어 있고, 샤워실이 있는 경우가 많으니 숙박비를 아끼려는 배낭 여행객이라면 한두 번 잠을 청해볼 수도 있을 것이다. PC방을 찾아 보는 것은 조금 어려울 수 있지만 대부분의 호텔에서 로비는 물론 객실에서 PC를 사용할 수 있도록 마련해 놓은 곳이 많다. 저렴한 비즈니스급 호텔이더라도 노트북만 있다면 대부분의 경우 인터넷을 사용할 수 있으며, 특급 호텔에서는 비즈니스 센터를 운영하고 있어 컴퓨터나 사무 집기를 이용할 수도 있다.

편의점

일본은 편의점 천국이다. 어느 곳을 가더라도 24시간 편의점을 쉽게 찾을 수 있다. 따라서 늦은 저녁 시간에도 필요한 물건을 대부분 구입할 수 있다.

기념품

홋카이도는 기념품, 한정 판매품의 천국이라고 할 수 있다. 어디를 가나 홋카이도 한정 기념품을 판매하고 있다. 기념품을 구입할 때는 자신의 여행 경비도 고려하도록 하자. 작은 열쇠고리 하나라도 300엔 이상은 하기 때문에 여러 개를 구입할 경우에는 지출이 커져 부담이 된다. 기념품을 선물할 사람이 많을 경우에는 100엔 숍을 이용하는 것을 추천한다. 가격 대비 좋은 제품을 구입할 수 있으므로 경제적이면서 만족도도 높다.

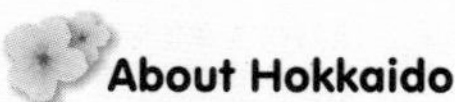

About Hokkaido

여행 선물 오미야게

토산품이라는 한자를 쓰는 오미야게(お土産)는 여행 선물을 뜻한다. 자기 자신에게 주는 선물이기도 하고 지인, 직장 동료 등에게 주는 작은 선물을 뜻하는데 일본의 오미야게는 주로 지역 특산의 간단한 먹거리이다. 아주 독특한 아이템이라면 여행 중 바로 구입하는 것이 더 좋겠지만 대부분의 오미야게는 공항의 면세점에서도 구입할 수 있으니 공항까지 편하게 이동하여 쇼핑을 즐기는 것이 좋다.

1 시로이코이비토 白い恋人

1976년 출시된 이후 홋카이도 최고의 오미야게로 자리잡은 이시야 제과의 히트 상품이다. 시로이코이비토는 '하얀 연인'이라는 뜻으로 홋카이도의 눈을 이미지화하고 있다. 화이트 초콜릿 크림이 들어 있으며, 우리나라의 과자 쿠크다스와 비슷한 느낌이다. 몇 년 전까지만 해도 삿포로에서만 구입할 수 있었지만 엄청난 인기에 힘입어 일본의 주요 공항에서 판매를 시작했다. 삿포로 시내의 시로이코이비토 파크, 이시야 카페도 방문해보자. 캔으로 된 시로이코이비토 드링크도 인기이다.

구입 장소 신치토세 공항 면세 구역 가격 12개들이 710엔

2 유바리 멜론 퓨어 젤리 夕張メロンPURE JELLY

삿포로와 아사히카와 중간의 스나가와라는 작은 도시에서, 1947년 작은 제과점으로 시작된 호리는 유바리 멜론을 이용한 퓨어 젤리를 개발하고 이것이 일본 항공 JAL의 기내식으로 채용되면서 홋카이도의 대표적인 제과점으로 자리잡았다. 자회사로는 인기 과자점 기타카로(오타루점) 등을 두고 있다.

구입 장소 신치토세 공항 면세 구역 가격 3개들이 540엔

3 로이스 초콜릿 ROYCE'

수분 함유량 17%의 생초콜릿 전문 브랜드로 우리나라 청담동에도 매장을 두고 있다. 국내 판매 가격이 일본의 2.5~3배에 이르기 때문에 로이즈테크라는 말이 있을 정도로 여행객들이 즐겨 구입하는 제품이다. 생초콜릿(나마초코) 외에도 포테이토칩 초콜릿도 인기이다. 단, 유통 기한이 짧기 때문에 대량 구매는 주의해야 한다.

구입 장소 신치토세 공항 면세 구역 가격 생초콜릿 660엔, 포테이토칩 초콜릿 660엔

4 르타오 LeTao, 기타카로 北菓楼

오타루의 르타오(LeTao)의 인기 제품인 나이아가라는 냉장 보관이 필수 이기 때문에 여행 중 구입하면 기념품으로 가져오기 힘들다. 공항에서 구입하는 것이 좋으며 공항 면세 구역에는 없기 때문에 수속하기 전 국내선 청사 2층으로 가서 구입해야 한다. 가까이에 기타카로(北菓楼)도 있으니 함께 방문해 보자.

구입 장소 신치토세 공항 국내선 청사 2층 (입국 수속 전에 구입 및 수화물로 보내기) 가격 초콜릿 종류에 따라 800~2,000엔

5 홋카이도산 감자, 옥수수

생과일, 견과류, 채소류, 육류 및 그 가공품은 우리나라 입국 시 검역 대상 물품으로 검역에서 통과하지 못할 확률이 높다. 홋카이도의 맛있는 감자와 옥수수를 기념품으로 가져오고자 한다면 반드시 진공 포장된 제품을 구입하도록 하자. 공항뿐 아니라 삿포로 시내의 슈퍼마켓, JR 삿포로 역의 기념품 코너에서도 판매한다.

구입 장소 신치토세 공항 국내선 청사 2층 (입국 수속 전에 구입 및 수화물로 보내기) 또는 삿포로 시내

6 홋카이도의 술

맑은 공기와 맑은 물이 흐르는 홋카이도는 오래 전부터 맥주, 양주 공장이 세워졌다. 편의점에 가도 홋카이도에서만 파는 한정판 맥주가 가득하고, 노보리베쓰, 오타루, 하코다테 등지에서는 그 지역에서만 판매하는 한정 맥주들을 판매하고 있다. 세계적인 수준의 싱글 몰츠 위스키를 제조하는 닛카의 양주도 여행 선물로 좋다.

구입 장소 편의점, 각 지역의 여행 기념품점, 닛카 위스키 요이치 주조장 등

7 가마에이 어묵

오타루에 큰 공장을 두고 있는 어묵 가게 가마에이도 공항에서 찾아볼 수 있다. 냉장 상태에서도 유통 기한이 2일 이내이기 때문에 여행 중에 가마에이를 여행 선물로 구입한다는 것은 사실상 불가능하니 공항에서 구입 후 수화물로 보내자.

구입 장소 신치토세 공항 국내선 청사 2층 (입국 수속 전에 구입 및 수화물로 보내기) 가격 2개들이 378엔, 다양한 맛이 있으며 도시락용 어묵도 인기

8 온천 입욕제 뉴우요쿠제이 入浴劑

노보리베쓰, 도야 호수 온천, 가와유 온천 등 홋카이도에는 뛰어난 수질을 자랑하는 온천이 곳곳에 있다. 온천 여행을 마치고 돌아왔을 때 온천이 그리울 것 같다면, 온천 성분으로 만들어진 입욕제를 구입하는 것도 좋다. 입욕제는 하나에 150~300엔 정도의 저렴한 비용에 구입할 수 있으며 일반 가정집의 욕조에서는 두 번 정도 사용할 수 있다. 온천 성분의 입욕제 외에도 아로마 입욕제, 땀을 많이 나게 해 다이어트 효과가 있는 기능성 입욕제 등 편의점에서도 쉽게 구입할 수 있다.

9 홋카이도 한정 제품 北海道 限定

일본에서 가장 많이 쓰이는 마케팅 방법 중 하나인 '한정판'에 일본인들은 열광한다. 특히, 일본에서 홋카이도로 오는 여행 경비가 우리나라나 중국으로 여행을 가는 비용보다 더 많이 들기 때문에 홋카이도 지역 한정 헬로키티, 홋카이도 한정의 수공예품은 물론 맥주, 아이스크림까지 '홋카이도 한정' 기념품이 아주 많다.

❶ 헬로키티 캐릭터를 이용한 홋카이도 한정 오징어 전병과 꽃게 전병 ❷ 홋카이도에 출몰하는 곰을 이용한 홋카이도 한정 불곰, 백곰 음료 ❸ 홋카이도의 수공예품

5 6 7 8 9

홋카이도의 신선한 음식

광활한 평원을 가지고 있는 홋카이도는 일본 농업, 낙농업의 중심지이며, 어자원이 풍부한 오호츠크해에 인접해 있어 일본에서 가장 신선한 해산물을 맛볼 수 있는 곳이다. 홋카이도에서는 대자연의 신선한 식자재 덕분에 어떤 것을 맛보더라도 만족할 수 있을 것이다. 홋카이도산 먹거리는 일본 사람들에게도 인기가 많은데, 가격은 비싸지만 믿고 먹을 수 있기 때문이라고 한다.

1 우유 규뉴 / 牛乳

우리나라의 강원도처럼 공기 좋은 홋카이도에는 수많은 목장이 있으며, 일본의 대표적인 유제품 브랜드들이 홋카이도에 공장을 두고 있다. 여행 중 편의점이나 마트에서 쉽게 찾아볼 수 있는 홋카이도의 우유는 빨간색의 '유키지루시(雪印)와 하얀색에 파란색 라벨로 포인트를 준 요츠바 유업의 토카치(十勝) 우유이다. 편의점의 우유 외에도 각 지역별로 지역 한정 판매 우유를 판매하고 있는데 우리나라 60~70년대의 향수를 불러일으키는 클래식한 유리병에 담아 판매하고 있다. 여행을 하며 각 지역별 우유병을 모아 보는 것도 홋카이도에서만 해 볼 수 있는 소소한 재미이다.

2 소프트크림 ソフトクリーム

홋카이도 여행 중 어디서나 쉽게 즉석에서 콘에 담아 주는 아이스크림을 찾아볼 수 있는데 이를 소프트크림(일본어 발음 소프트크리무)라고 하며, 공장에서 대량으로 생산해서 오랫동안 보관하면서 먹을 수 있는 것을 아이스크림이라고 한다. 우유가 맛있으니 홋카이도의 소프트크림이 맛있는 것은 당연하며, 후라노의 라벤더 소프트, 하코다테의 오징어 먹물(イカスミ, 이카스미), 미역(昆布, 콘부) 소프트와 같이 각 지역별 특색을 살리고 있는 소프트크림도 흥미롭다.

3 라멘 ラーメン

미소 라멘이 시작되었다고 하는 삿포로에서 라멘을 맛보기 가장 좋은 곳은 미소 라멘의 원조들이 모여 있는 라멘 요코쵸이며, 이곳은 맛은 물론 서민적인 분위기로 여행객들에게 인기이다. 삿포로 역의 라멘 공화국과 신치토세 공항 국내선 터미널 3층에 있는 홋카이도 라멘 도조(北海道ラーメン道場)에서는 삿포로뿐 아니라 홋카이도 전 지역의 인기 라멘점들이 모여 있어 마음만 먹으면 여행의 시작과 끝을 홋카이도 라멘과 함께 할 수 있다.

4 스프 카레 スープカレー

인도의 음식을 일본화한 카레 음식은 일본의 가정에서 가장 평범하게 먹는 음식 중 하나이며 우리나라에도 진출한 코코이치방야(CoCo壱番屋)와 같은 카레 전문점이 수없이 많이 있다. 삿포로와 홋카이도 지역에는 일반 카레 전문점보다 스프 카레 전문점을 쉽게 찾아볼 수 있다. 돼지, 닭, 양고기를 베이스로 만든 육수 또는 감자, 당근, 버섯, 가지 등의 채소를 삶은 후 카레를 넣는 것이 스프 카레이며 보통 접할 수 있는 카레보다 묽고 국물이 많아 스튜와 비슷한 느낌이 든다. 대부분 채소 또는 고기가 큼직하게 들어가는 것도 스프 카레의 특징 중 하나이다.

5 초밥 스시 / 寿司, すし

만화 미스터 초밥왕의 무대로 알려진 오타루의 스시야도리(초밥 거리)를 시작으로 홋카이도 어느 도시에서나 신선한 해산물을 이용한 스시를 맛볼 수 있다. 비교적 저렴한 회전초밥집을 가도 만족스러운 스시를 만날 수 있다. 홋카이도의 3대 시장으로 꼽히는 삿포로, 하코다테, 구시로의 새벽시장에서는 스시와 해산물 덮밥(카이센동, 海鮮丼)도 판매하고 있다. 회전초밥집의 예산은 1,500엔 정도이고, 일반 스시집은 3,000~5,000엔 정도이다.

6 게 요리 카니 / 蟹, カニ

홋카이도에서 맛볼 수 있는 해산물 중 가장 많은 인기를 얻고 있는 것은 게 요리이다. 다양한 종류의 게들이 있는데, 털게(毛ガニ)는 1년 365일 제철이라고 할 수 있을 만큼 언제나 좋은 맛을 유지한다. 여행을 하는 도중 곳곳에서 게 요리 전문점을 만날 수 있는데 특히, 삿포로 시내의 스스키노에는 큰 규모의 전문점들이 많이 모여 있다. 게 전문점 앞에 '食べ放題(다베호다이)'라고 쓰여 있다면 60분, 90분 등 지정된 시간 동안 무제한 먹을 수 있다는 것이며, 술을 좋아하는 사람은 술과 음료를 마음껏 마실 수 있는 '飲み放題(노미호다이)'가 있는지 살펴 보자. 예산은 다베호다이의 경우 1인 3,500~5,000엔이며, 게 요리 코스는 5,000엔 이상이다.

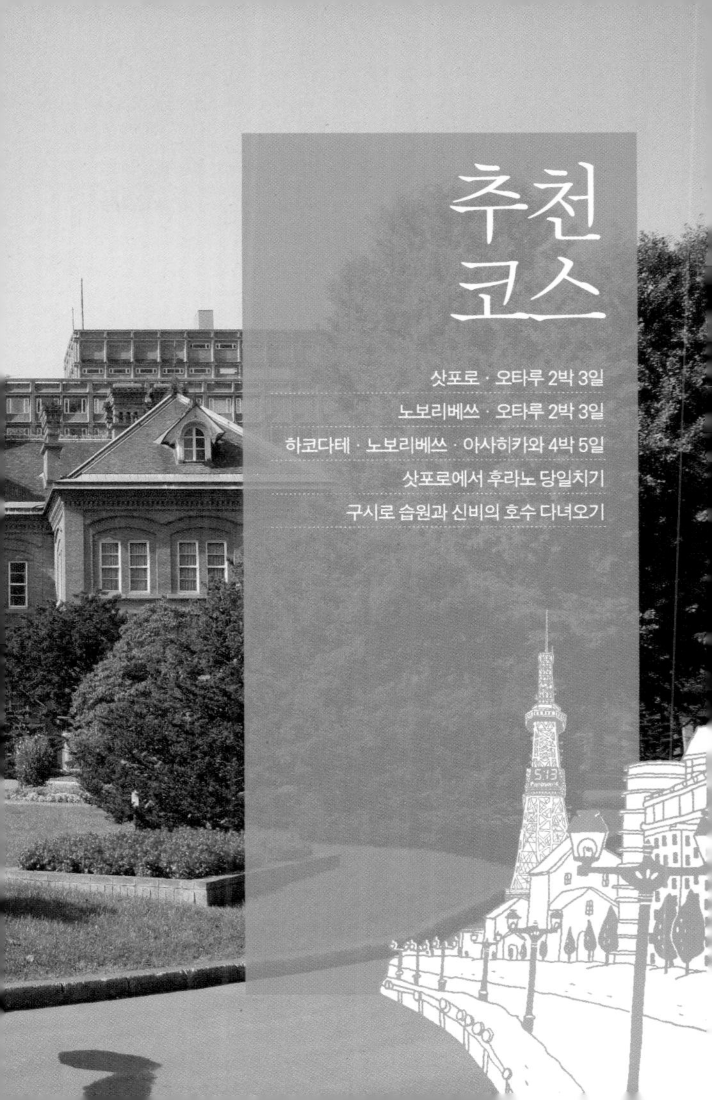

추천 코스

삿포로 · 오타루 2박 3일

노보리베쓰 · 오타루 2박 3일

하코다테 · 노보리베쓰 · 아사히카와 4박 5일

삿포로에서 후라노 당일치기

구시로 습원과 신비의 호수 다녀오기

대한항공, 진에어, 티웨이 항공의 직항편은 오전 출국, 오전 귀국 일정이기 때문에 마지막 날 여행 일정이 없다. 2박3일 일정이라면 실제는 첫째 날 반나절과 두 번째 날 하루 종일 밖에 없지만, 일본항공(JAL), 전일본공수(ANA)의 경유편을 이용하면 오후 늦게 귀국할 수 있기 때문에 보다 알찬 일정으로 휴가 하루만 내고 금토일 2박 3일 여행을 다녀올 수 있다.

1일차

08:00 김포 공항 출발

10:10 하네다 공항 도착
입국 심사 후 국내선 청사로 이동 (무료 셔틀버스)

11:30 하네다 공항 출발

13:00 삿포로 신치토세 공항 국내선 도착

13:30 삿포로 역으로 출발 (쾌속 에어포트 135호 열차, 1,070엔)

14:07 삿포로 도착 후 호텔로 이동

Tip 대부분의 호텔 체크인은 3시 이후이다. 체크인 전 프런트에 짐을 맡길 수 있으며, 객실 상황에 따라 3시 이전에 체크인이 가능한 경우도 있다.

14:30 점심 식사

Tip 호텔이 JR 삿포로 역에 가깝다면 JR 타워의 맛집을, 스스키노 지역에 있다면 다누키코지 상점가의 맛집을 방문하자.

15:30 삿포로 시내 관광
홋카이도 구 도청사, 시계탑, 홋카이도 대학 등 (입장 무료)

18:00 삿포로 시내의 번화가 스스키노 밤거리 산책
스스키노의 야경을 감상할 수 있는 대관람차 노르베사 탑승 (600엔)

20:00 스스키노에서 저녁 식사
· 요요테이에서 삿포로 명물 징키스칸 요리 또는 게 요리
· 라멘 요코초에서 삿포로 미소(된장)라멘

21:00 호텔 이동 후 휴식 및 취침

2일차

06:00 삿포로 시내 아침 산책

- 호텔이 JR 삿포로 역에서 가깝다면 홋카이도 대학 산책
- 스스키노 지역의 호텔이라면 오도리 공원 또는 나카시마 공원 산책

Tip 삿포로 시내의 해 뜨는 시간은 6~8월 오전 4시 전후, 12~2월 오전 7시 전후로, 삿포로의 하루는 일찍 시작되고 일찍 저문다. 2박 3일의 짧은 일정으로 여행한다면 조금 부지런히 움직여 보는 것이 좋다.

08:00 호텔 조식

09:00 오타루 웰컴 패스 구입 (JR 삿포로 역, 1,700엔)

Tip 오타루 웰컴 패스는 지하철도 이용할 수 있다. 삿포로 역에서 도보 이동이 힘든 호텔이면 전날 미리 구입을 해두자.

09:10 삿포로 역에서 미야노사와 역으로 이동
(지하철 / 오도리 공원에서 토자이선으로 환승 / 약 20분 소요)

09:30 시로이코이비토 파크(초콜릿 공장) 관광

11:00 시로이코이비토에서 삿포로로 이동 후 오타루로 출발

11:40 미나미오타루 도착

Tip 작은 시골 역 느낌이 나는 미나미오타루 역에서 메르헨 교차로로 가는 길에는 한글 표지판도 있긴 하지만 처음엔 방향을 잡기 어렵다. 개찰구 옆에 비치된 지도를 참고하며 이동하자.

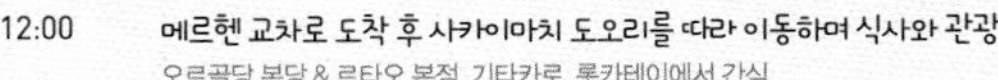

12:00 메르헨 교차로 도착 후 사카이마치 도오리를 따라 이동하며 식사와 관광
오르골당 본당 & 르타오 본점, 기타카로, 롯카테이에서 간식

15:00 오타루 운하 관광
데누키코지 & 오타루 시 종합 박물관

18:00 스시야 도오리에서 저녁 식사

19:00 오타루 역에서 삿포로 방향으로 출발

19:40 삿포로 역 한 정거장 전의 소엔(桑園) 역 도착 후 AEON(이온) 슈퍼마켓 쇼핑

21:00 호텔 이동 후 휴식 및 취침

3일차

09:00 호텔 조식 후 지하철 마루야마 코엔 마에로 이동
(삿포로 역에서 약 15분)

09:10 마루야마 공원 산책
홋카이도 신궁

10:30 지하철 마루야마 코엔 역에서
오쿠라야마 전망대로 이동 (버스 이용)

10:45 오쿠라야마 전망대에서 삿포로 시내 풍경 감상

12:00 마루야마 공원 앞 '롯카테이 제과 마루야마점'에서 점심 식사

13:00 삿포로 역으로 이동 후 쇼핑 (지하철 이용)
백화점, 도큐핸즈 등의 쇼핑몰

15:00 호텔로 이동 후 맡긴 짐 찾아 공항으로 출발
(쾌속 에어포트 열차, 1,070엔)

16:00 삿포로 신치토세 공항 국내선 청사 도착 후 탑승 수속

17:35 하네다 공항 국내선 청사 도착 후 국제선으로 이동, 출국 수속

19:45 하네다 공항 국제선 청사 출발

22:10 김포 공항 도착

예상 경비

항공+숙박 : 400,000~700,000원
항공 250,000~550,000원
숙박 150,000원 (3~4성급 2박 기준)

현지 비용 : 220,000원 (21,200엔×환율 약 10.5)
교통비 약 5,000엔
식사비 아침 1,000엔×2회+점심 1,500엔×3회+저녁 2,500엔×2회 = 11,500엔
간식비 1,000엔×3일 = 3,000엔
입장료 시로이코이비토 공장 600엔+대관람차 노르베사 600엔+오쿠라야마 전망대 리프트 500엔 = 1,700엔

Travel tip

여행 첫날에 삿포로에 짐만 두고 오타루를 다녀온다면 두 번째 날 다른 일정을 선택할 수도 있다. 노보리베쓰, 조잔케이 같은 온천 마을을 다녀오거나 여름이라면 후라노, 비에이를 다녀올 수도 있다.

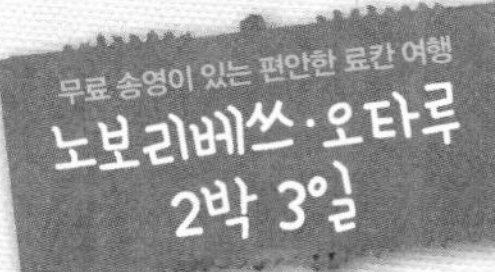

노보리베쓰의 세키스이테이(석수정)와 보로노구치(최고급), 도야 호수의 코한테이와 같이 노구치 관광에서 운영하고 있는 료칸들은 무료 송영버스를 운행하고 있다. 여행 첫날 공항에서 료칸까지 무료 송영버스를 이용하고, 료칸 체크아웃 후에는 삿포로까지 가는 무료 송영버스를 이용하면 교통비의 부담도 없고, 찾아가는 길에 대한 걱정 없이 편안한 료칸 여행을 할 수 있다.

1일차

10:10 인천 공항 출발 (대한항공)

12:55 삿포로 신치토세 공항 도착 후 입국 수속

13:30 삿포로 신치토세 공항 국내선 터미널로 이동 후 점심 식사

Tip 일본에서 먹거리와 즐길거리가 가장 많은 공항으로 삿포로 라멘 전문점들이 모여 있는 라멘 도조 추천

14:15 무료 송영버스 탑승 명단 확인 (국내선 터미널 1층 버스 탑승장)

Tip 100% 예약제이므로 료칸 예약 시 반드시 송영버스도 함께 예약해야 한다.

14:30 무료 송영버스 출발

15:30 노보리베쓰 료칸 도착 후 체크인, 온천욕 및 노보리베쓰 관광

지옥 계곡, 천연 족욕장 & 료칸 다다미 객실에서 편안한 휴식

19:00 료칸 가이세키 요리(일본식 코스 요리) 식사

Tip 단, 세키스이테이는 뷔페식이 기본이며, 추가 요금으로 업그레이드 해야 한다.

2일차

08:00 기상 후 호텔 조식 및 온천욕, 산책

10:00 체크아웃 후 삿포로로 출발 (무료 송영버스 이용)

12:00 삿포로 역 북쪽 출구 도착, 호텔로 이동해 짐 맡기기
JR 삿포로 역에서 오타루 웰컴 패스 구입 (1,530엔) 후 오타루로 출발

13:20 미나미오타루 도착

13:30 메르헨 교차로 도착 후 사카이마치 도오리를 따라 이동하며 식사와 관광

오르골당 본당 & 르타오 본점, 기타카로, 롯카테이에서 간식

16:00 **오타루 운하 관광**
데누키코지 & 오타루 시 종합 박물관

18:00 **스시야 도오리에서 저녁 식사**

19:00 **오타루 역에서 삿포로 방향으로 출발**

19:40 **삿포로 역 한 정거장 전의 소엔 역 도착 후 AEON(이온) 슈퍼마켓 쇼핑**

21:00 **호텔 이동 후 휴식 및 취침**

3일차

06:00 **호텔 조식 후 삿포로 시내 아침 산책**
· 호텔이 JR 삿포로 역에 가깝다면 홋카이도 대학 산책
· 스스키노 지역의 호텔이라면 오도리 공원 또는 나카시마 공원 산책

08:00 **호텔 조식**

09:30 **호텔 체크아웃 후 JR 삿포로 역으로 이동**

10:10 **JR 삿포로 역에서 신치토세 공항으로 출발** (쾌속 에어포트 열차 이용)

10:46 **삿포로 신치토세 공항 도착 후 국내선 2층 먹거리 코너, 4층 스마일 로드 관광**
· 시로이코이비토 초콜릿 공장, 도라에몽 파크
· 홋카이도의 인기 라멘이 모여 있는 라멘 도조

14:15 **삿포로 신치토세 공항 출발**

17:10 **인천 공항 도착**

항공+숙박 : 500,000~800,000원
항공 250,000~550,000원
숙박 250,000원 (료칸 1박, 3~4성급 1박 기준)

현지 비용 : 135,000원 (12,000엔×환율 약 10.5)
교통비 약 2,000엔
식사비 아침 1,000엔×1회+점심 1,500엔×3회+저녁 2,500엔×1회 (1회는 료칸 식사) = 8,000엔
간식비 1,000엔×3일 = 3,000엔

❶ 직항편 중 진에어를 이용할 경우 첫날 공항에서 기다리는 시간이 약 2시간 정도로 길지만 공항에 볼거리가 많아 나름의 재미있는 시간을 보낼 수 있다.
❷ 대한항공을 이용할 경우 첫날이 아닌 마지막 날 료칸 숙박을 해도 된다.
❸ 마지막 날 공항에 일찍 가는 이유는 시내의 쇼핑몰과 음식점이 대부분 10~11시부터 영업을 시작하기 때문에 오전에는 산책 정도 밖에 할 일이 없다. 일찍 공항으로 이동해 볼거리, 먹거리 많은 공항에서 시간을 보내는 것이 좋다.

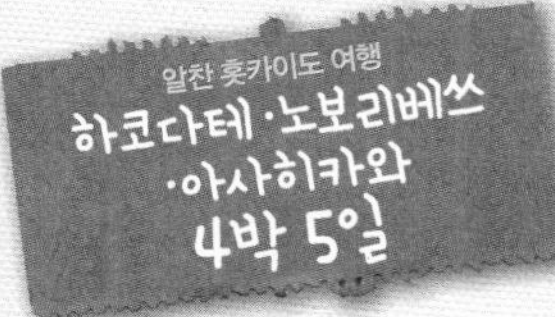

야경과 이국적인 풍경으로 관광객들에게 인기가 많은 하코다테는 삿포로에서 왕복 6~7시간이 걸린다. 짧은 일정 중 하코다테를 다녀오는 일정을 넣으면 이동하는 데 버리는 시간이 많은데, 이 시간을 줄일 수 있는 방법은 도쿄에서의 경유편을 이용하는 것이다. 편도 이동 시간만큼 시간을 절약할 수 있으며, 하코다테에서 삿포로로 이동하는 중간에 노보리베쓰 온천 또는 도야 호수를 방문할 수도 있다.

1일차

08:00 김포 공항 출발

10:10 하네다 공항 도착
입국 심사 후 국내선 청사로 이동 (무료 셔틀버스)

13:05 하네다 공항 출발

14:50 하코다테 공항 도착

15:10 JR 하코다테 역으로 출발 (공항 버스 이용, 410엔)

15:30 JR 하코다테 도착 후 호텔 체크인

16:00 하코다테 시내 관광
- 하코다테 언덕길 둘러보기
- 이국적인 정취가 느껴지는 '하치만자카'와 '차차노보리'

❶ 구 하코다테 공회당 건물
❷ 하리스토 정교회
❸ 가톨릭 모토마치 교회
❹ 성 요하네 교회

19:00 일본 3대 야경인 하코다테 야경 감상
(로프웨이 왕복 1,280엔)

22:00 호텔 도착 후 휴식

2일차

06:00	**기상 후 하코다테 아침 시장 산책** 활기찬 시장의 분위기를 만끽하고, 신선한 해산물로 아침 식사
09:00	**오누마 공원으로 이동** (JR 열차 이용 45분 소요, 540엔) · 아름다운 호수와 산이 그림 같은 국정공원 오누마 공원 산책 · 자전거 하이킹, 유람선 탑승
12:00	**오누마 공원에서 고료가쿠로 이동** (32분, 450엔)
12:30	**전망대 1층에서 점심 식사 후 고료가쿠 전망대 오르기** (840엔) 오각형의 독특한 모습을 갖고 있는 고료가쿠 감상
15:00	**하코다테 시내로 이동**(노면전차 이용, 240엔) 하코다테 베이 에리어 관광 및 쇼핑
19:00	**베이 에리어에서 식사 후 하코다테 언덕의 야경 감상**
22:00	**호텔 도착 후 휴식**

3일차

08:00	**호텔 체크아웃 후 JR 하코다테 역으로 이동**
08:13	**JR 하코다테 역에서 노보리베쓰로 출발** (슈퍼 호쿠토 3호 특급열차 이용) 08:13 이후 10:32 출발(성수기 임시 특급열차), 12:30 출발, 15:13 출발
10:37	**JR 노보리베쓰 역 도착 후 코인 라커에 짐 보관** Tip JR 노보리베쓰 역 코인 라커가 모두 사용 중인 경우 노보리베쓰 온천 버스터미널의 코인 라커를 이용한다.
10:57	**JR 노보리베쓰 역에서 노보리베쓰 온천으로 출발** (노선버스 이용, 340엔)
11:13	**노보리베쓰 온천 버스터미널 도착 후 노보리베쓰 관광** · 지옥 계곡, 천연 족욕장 · 노보리베쓰 온천의 료칸에서 당일치기 온천 (1,000~2,000엔)

14:00 **노보리베쓰 온천 버스터미널에서 지다이무라로 출발**
(택시 이용, 약 1,500엔)

14:10 **노보리베쓰 지다이무라 민속촌 도착 후 관광** (2,900엔)
닌자쇼, 게이샤쇼 관람

16:30 **노보리베쓰 지다이무라에서 JR 노보리베쓰 역으로 출발** (택시 이용, 약 1,500엔)

Tip 노선버스로 지다이무라로 이동할 수 있지만, 하루 6편만 지다이무라에 정차를 하며 버스 시간과 열차 시간 간 연계가 좋지 않아 1시간 가량 기다려야 한다.

16:40 **JR 노보리베쓰 역 도착**

16:50 **JR 노보리베쓰 역에서 삿포로로 출발**
(스즈란 7호 특급열차 이용)

18:07 **삿포로 역 도착 후 스스키노 밤거리 구경**
스스키노의 야경을 감상할 수 있는 대관람차 '노르베사' 탑승 (600엔)

20:00 **스스키노에서 저녁 식사**
- 요요테이에서 삿포로 명물 징키스칸 요리 또는 게 요리
- 라멘 요코초에서 삿포로 미소(된장) 라멘

21:00 **호텔 이동 후 휴식 및 취침**

4일차(후라노 또는 아사히카와)

아래의 일정은 봄, 가을, 겨울의 추천 일정이며, 여름에 여행을 한다면 아사히카와와 아사히야마를 방문하기 보다는 p30의 삿포로에서 후라노 당일치기에 소개된 일정을 추천한다.

09:00 삿포로에서 아사히카와로 출발 (특급열차 이용)

10:20 아사히카와 역 도착

10:40 아사히카와 역 앞 버스정류장에서
아사히야마 동물원으로 출발 (41, 42, 47번 버스 이용 / 440엔)

11:20 아사히야마 동물원 도착 (820엔)
하늘을 나는 펭귄, 펭귄 퍼레이드 등을 볼 수 있는 일본 최고 인기의 동물원

14:30 아사히야마 동물원에서 아사히카와로 출발 (버스 이용)

15:10 아사히카와 역 도착 후 시내 관광
아사히카와 라멘 맛보기

17:13 아사히카와 역에서 삿포로 역 경유 오타루로 출발

19:35 오타루 도착 후 오타루 야경과 운하 관광
데누키 코지 & 오타루 시 종합 박물관

22:00 호텔 이동 후 휴식 및 취침

5일차

09:00 호텔 조식 후 지하철 마루야마코엔 마에로 이동
(삿포로 역에서 약 15분)

09:10 마루야마 공원 산책
홋카이도 신궁

10:30 지하철 마루야마 코엔 역에서 오쿠라야마 전망대 이동
(버스 이용)

10:45	오쿠라야마 전망대 도착 후 삿포로 시내 풍경 감상
12:00	마루야마 공원 앞 '롯카테이 제과 마루야마점' 에서 점심 식사
13:00	삿포로 역으로 이동 후 쇼핑 (지하철 이용) 백화점, 도큐핸즈 등의 쇼핑몰
15:00	호텔로 이동 후 맡긴 짐 찾고 공항으로 출발 (쾌속 에어포트 열차, 1,070엔)
16:00	삿포로 신치토세 공항 국내선 청사 도착 후 탑승 수속
17:35	하네다 공항 국내선 청사 도착 후 국제선으로 이동, 출국 수속
19:45	하네다 공항 국제선 청사 출발
22:10	김포 공항 도착

항공+숙박 : 700,000~900,000원

항공 400,000~600,000원

숙박 300,000원 (3~4성급 4박 기준)

현지 비용 : 540,000원 (52,190엔×환율 약 10.5)

교통비 홋카이도 레일 패스 3일권 15,430엔+버스, 지하철 등 약 3,000엔 = 18,430엔

식사비 아침 1,000엔×4회+점심 1,500엔×5회+저녁 2,500엔×4회 = 21,500엔

간식비 1,000엔×5일 = 5,000엔

입장료 하코다테 로프웨이 1,200엔+고료가쿠 전망대 840엔+노보리베쓰 온천 1,000엔+노보리베쓰 지다이무라 2,900엔+아사히야마 동물원 820엔+오쿠라야마 전망대 500엔 = 7,260엔

❶ 아사히카와, 후라노를 다녀오지 않는다면 JR 패스를 구입하지 않는 것이 경비를 절약할 수 있다.

❷ 일정이 3박 4일만 가능한 상황이라면 1일차 일정과 2일차 일정을 합치고 오누마 공원만 제외하면 3박 4일로도 가능하다.

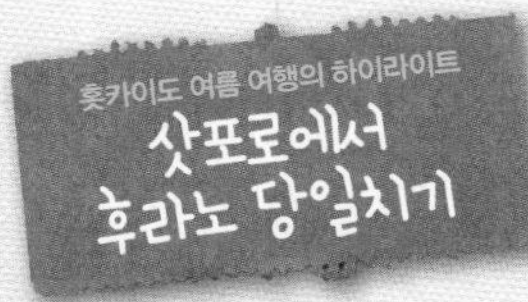

여름에 홋카이도를 여행하면서 후라노와 비에이를 가지 않는다면 홋카이도 여행을 제대로 즐기지 못한 것이라 할 수도 있다. 시원한 바람이 부는 넓은 들판을 물들이고 있는 라벤더 화원을 찾아가자. 라벤더가 가장 예쁜 시기는 7월 초부터 8월 중순 정도이며 9월과 10월 초에도 일부 남아 있다. 단, 날씨가 흐리거나 비가 오면 후라노 여행의 재미가 반감되니 참고하자.

08:00	호텔 조식 후 삿포로 역으로 이동
08:25	삿포로 역에서 아사히카와로 출발 (특급열차 슈퍼 카무이 이용)
09:50	아사히카와 도착 후 '후라노 비에이 노롯코' 열차로 환승
10:24	비에이 도착 후 도보 관광 사계의 탑, 칸노팜 & 코에루에서 점심 식사
13:04	비에이 출발 (일반열차)
13:07	비바우시 도착 후 자전거 여행 (렌탈비 1,200~2,200엔) 다쿠신칸 & 지요다노오카&크리스마스 트리의 나무
16:09	비바우시 출발 (일반열차)
16:31	라벤더 하타케 역 하차 (여름 기간에만 정차) 팜도미타 관광
17:31	라벤더 하타케 역 출발 (일반열차)
17:41	후라노 역 도착
17:46	후라노 역에서 타키카와 역으로 출발 (일반열차)
18:49	타키카와 도착
18:57	타키카와에서 삿포로로 출발 (특급열차 슈퍼 카무이 이용) 에키벤(열차 도시락)으로 저녁 식사
19:50	삿포로 도착

현지 비용 : 105,000원 (10,200엔×환율 약 10.5)
교통비 후라노 비에이 후리 킷푸 5,500엔+자전거 렌탈비 1,200엔
식사비 점심 1,500엔+저녁 1,500엔 = 3,000엔 간식비 2,000엔

Travel tip

❶ 비에이와 비바우시를 모두 보는 것은 체력적으로 상당히 힘든 일이고, 시간적으로 쫓길 수 밖에 없다. 홋카이도 여행의 낭만을 여유롭게 느끼려면 비에이와 비바우시 중 한 곳을 보는 것이 좋다.
❷ 2명이서 자전거 렌탈을 하는 비용이나 렌터카를 이용하는 비용이 크게 차이가 없다. 비에이, 후라노까지 열차로 이동하고, 렌터카를 이용하는 것이 비용과 시간을 절약할 수 있다.

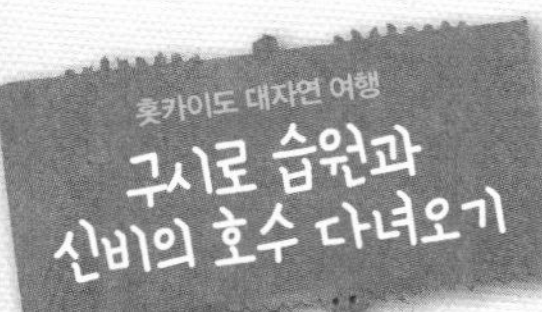

홋카이도의 대자연을 느낄 수 있는 도동 지역은 최소 1박 이상의 일정으로 다녀와야 하며, 추천 일정에서는 3박 4일의 짧은 일정 중 삿포로에서 1박 2일 코스로 다녀오는 일정을 안내하고 있다. 시간적인 여유가 있다면 도동 지역에서 2~3박으로 일정을 늘리고 자연 속에서 여유로운 시간을 가져 보자.

1일차

10:10 인천 공항 출발

12:55 삿포로 신치토세 공항 도착 및 입국 심사

13:34 삿포로 역으로 출발 (쾌속 에어포트 135호 열차, 1,070엔)

14:10 삿포로 도착 후 호텔로 이동

Tip 대부분의 호텔 체크인은 3시 이후이다. 체크인 전 프런트에 짐을 맡길 수 있으며, 객실 상황에 따라 3시 이전에 체크인이 가능한 경우도 있다.

14:30 점심 식사

Tip 호텔이 JR 삿포로 역에 가깝다면 JR 타워의 맛집을, 스스키노 지역에 있다면 다누키코지 상점가의 맛집을 방문하자.

15:30 삿포로 시내 관광

홋카이도 구 도청사, 시계탑, 홋카이도 대학 등 (입장 무료)

18:00 삿포로 시내의 번화가인 스스키노 밤거리 산책

20:00 스스키노에서 저녁 식사

- 요요테이에서 삿포로 명물 징기스칸 요리 또는 게 요리
- 라멘 요코초에서 삿포로 미소(된장) 라멘

21:00 호텔 이동 후 휴식 및 취침

2일차

07:03 JR 삿포로 역에서 JR 구시로 역으로 출발

10:51 JR 구시로 역 도착 후 호텔에 짐 보관 후 구시로 습원 여행

- 계절에 따라 운행하는 노롯코 열차와 증기 기관차
- 구시로 습원 역의 호소오카 전망대와 도로 역의 사루보 전망대

17:00 구시로 시내로 돌아와 구시로 시내 관광

- 신비한 안개로 뒤덮인 구시로 항구
- 쇼핑몰과 식당들이 모여 있는 '피셔맨즈 와프 MOO'와 네 명의 여신이 서 있는 누사마이바시

21:00 호텔 도착 후 휴식

3일차

09:00 JR 구시로 역에서 JR 가와유 온천 역으로 출발

10:30 JR 가와유 온천 역에서 굿샤로 호수로 이동 (굿샤로 버스 이용)

- 노란 유황이 온천수와 함께 흘러내리는 이오산(유황산)
- 가와유 온천에서 온천욕 및 온천 거리 산책
- 호수를 바라보며 온천욕 및 아이누 민속 자료관 관람

19:00 JR 구시로 역 도착 후 JR 삿포로 역으로 출발

23:00 JR 삿포로 역 도착 후 호텔로 이동

4일차

06:00 호텔 조식 후 삿포로 시내 아침 산책

- 호텔이 JR 삿포로 역에서 가깝다면 홋카이도 대학 산책
- 스스키노 지역의 호텔이라면 오도리 공원 또는 나카시마 공원 산책

삿포로 시내의 해 뜨는 시간은 6~8월 4시 전후, 12~2월 7시 전후로 삿포로의 하루는 일찍 시작되고 일찍 저문다. 2박 3일의 짧은 일정으로 여행한다면 조금 부지런히 움직여 보는 것이 좋다.

08:00 호텔 조식

09:30 호텔 체크아웃 후 JR 삿포로 역으로 이동

10:10 JR 삿포로 역에서 신치토세 공항으로 출발 (쾌속 에어포트 열차 이용)

10:46 삿포로 신치토세 공항 도착 후 국내선 2층 먹거리 코너, 4층 스마일 로드 관광

- 시로이코이비토 초콜릿 공장, 도라에몽 파크
- 홋카이도의 인기 라멘이 모여 있는 라멘 도조

14:15 삿포로 신치토세 공항 출발

17:10 인천 공항 도착

예상 경비

항공+숙박 : 650,000~950,000원

항공 250,000~550,000원

숙박 400,000원 (3~4성급 3박 기준)

현지 비용 : 540,000원 (52,190엔×환율 약 10.5)

교통비 홋카이도 레일 패스 3일권 15,430엔+버스, 지하철 등 약 2,000엔 = 17,430엔

식사비 아침 1,000엔×3회+점심 1,500엔×4회+저녁 2,500엔 ×3회 = 16,500엔

간식비 1,000엔×4일 = 4,000엔

Travel tip

❶ 추천 일정표에서 일정을 늘려 도동에서 더 오래 있을 계획이라면 '홋카이도 레일 패스 3일권' 대신 '홋카이도 레일 패스 셀렉트 4일권'을 구입하자. 3일권은 연속 3일을 이용해야 하지만, 셀렉트 4일권은 비연속 패스로 열차 탑승일에 맞춰 이용하면 된다.

❷ 도동 지역은 11월부터 5월까지는 눈이 남아 있다. 여행하기 가장 좋은 시기는 1~2월, 7~8월이며 이외의 기간은 큰 볼거리가 없는 편이다.

SONIA
SONIA II

지역 여행

샷포로

오타루

노보리베쓰

도야

하코다테

아사히카와

후라노 · 비에이

구시로

왓카나이

일본 전도

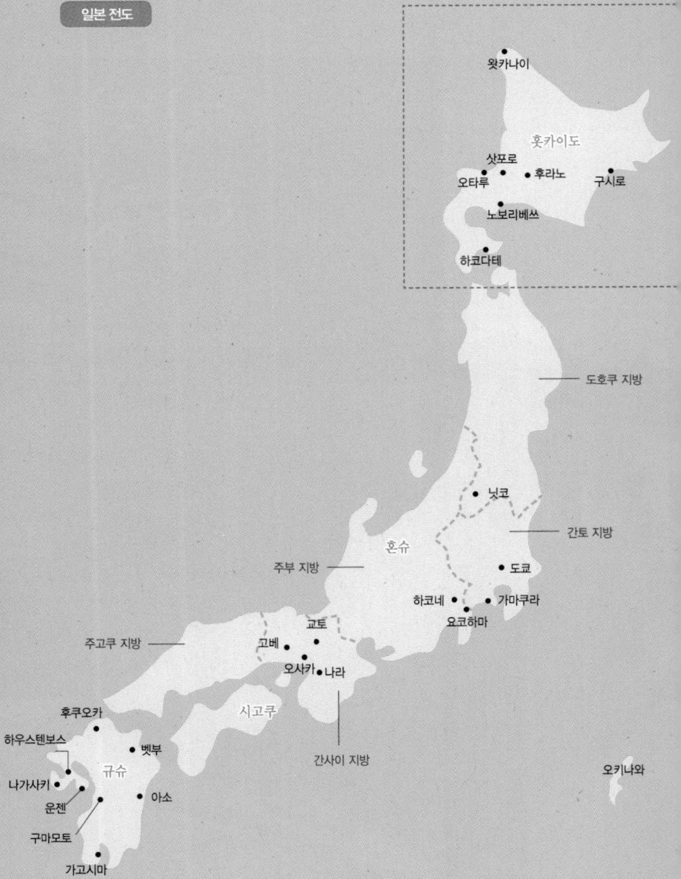

왓카나이
홋카이도
삿포로
오타루
후라노
구시로
노보리베쓰
하코다테
도호쿠 지방
닛코
간토 지방
혼슈
주부 지방
도쿄
하코네
가마쿠라
요코하마
교토
주고쿠 지방
고베
오사카
나라
후쿠오카
시고쿠
하우스텐보스
벳부
간사이 지방
규슈
오키나와
나가사키
운젠
아소
구마모토
가고시마

홋카이도 전도

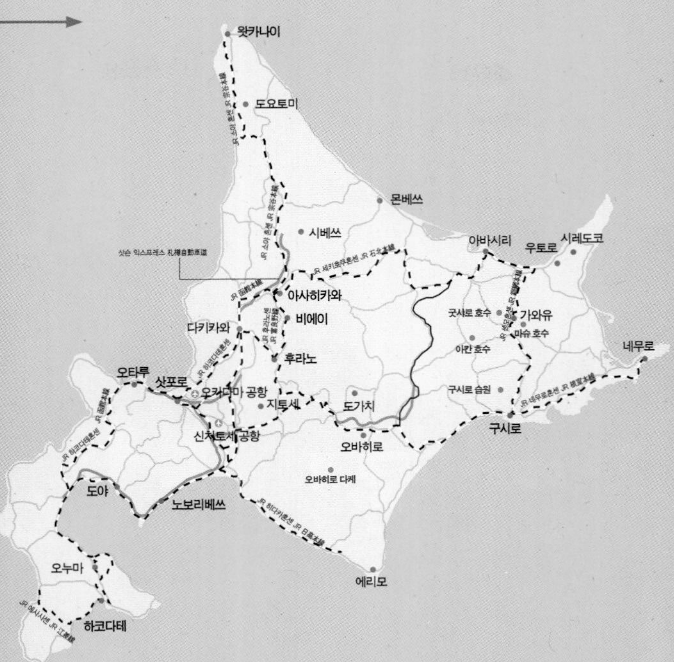

왓카나이
도요토미
JR 소야 혼센 JR 宗谷本線
몬베쓰
시베쓰
삿슨 익스프레스 札樽自動車道
JR 세키호쿠혼센 JR 石北本線
JR 函館本線
아사히카와
비에이
JR 후라노센 JR 富良野線
다키카와
후라노
오타루
삿포로
오카다마 공항
지토세
신치토세 공항
도가치
오비히로
오비히로 다케
도야
노보리베쓰
JR 히다카혼센 JR 日高本線
에리모
오누마
하코다테
JR 에사시센 JR 江差線
아바시리
우토로
시레도코
굿샤로 호수
가와유
마슈 호수
아칸 호수
네무로
구시로 습원
구시로
JR 네무로혼센 JR 根室本線

삿포로

홋카이도 여행의 중심 삿포로

삿포로는 홋카이도의 도청 소재지로 홋카이도의 문화, 경제, 산업, 관광 등 모든 분야에서 중심이 되는 도시이다. 일본 전국에서 4번째로 손꼽히는 도시이면서 다른 도시와는 비교할 수 없을 만큼 경관이 맑고 깨끗하다. 여름철 평균 기온이 25도로 시원한 날씨가 이어지기 때문에 여행을 하기 가장 좋은 시기이며, 겨울철에는 평균 영하 8도의 추위를 극복하기 위해 유키마쓰리(눈축제)를 매년 개최해 세계 3대 축제의 하나로 자리 잡고 있다. 우리나라의 인천, 김해공항에서 삿포로 신치토세 공항까지 대한항공 직항편이 있으며, 오타루, 노보리베쓰 온천 등의 근교 여행지는 물론 하코다테, 구시로, 아바시리, 왓카나이 등으로 향하는 모든 JR 열차가 삿포로 역을 중심으로 운행되고 있다.

삿포로 시 관광 홈페이지 www.welcome.city.sapporo.jp

삿포로 시내 중심부
삿포로 맥주 박물관
サッポロビール博物館
히가시하치초메시노로도리 東8丁目篠路通
JR 하코다테혼센 JR 函館本線
포플러나무 가로수길
ポプラ並木
홋카이도 대학 종합 박물관
北海道大学総合博物館
홋카이도 대학
北海道大学
클라크 박사의 흉상
クラーク博士の胸像
이시야마도리 石山通
JR 소우엔 역
JR桑園駅
소엔핫사무도리 桑園·発寒通
기타주니조
北12条
지하철 난보쿠센 地下鉄南北線
지하철 도호센 地下鉄東豊線
소세이가와도리 創成川通
호텔 루트 인 삿포로 에키마에 기타구치
ホテルルートイン 札幌駅前北口
JR 삿포로 역
JR 札幌駅
JR 타워
JRタワー
JR 타워 호텔 닛코 삿포로
JRタワーホテル日航札幌
센추리 로얄 호텔
センチュリーロイヤルホテル
삿포로 역 앞 버스터미널
札幌駅前バスターミナル
삿포로 역
さっぽろ駅
게이오 프라자 호텔 삿포로
京王プラザホテル札幌
니시시치초메도리 西7丁目通
호텔 그레이스리 삿포로
ホテルグレイスリー札幌
삿포로 젠니쿠 호텔
札幌全日空ホテル
호텔 뉴오타니 삿포로
ホテルニューオータニ
호텔 몬토레에델 호프 삿포로
ホテルモントレエーデルホフ札幌
삿포로 팩토리
サッポロファクトリー
루트인 삿포로 기타시조
ルートイン札幌北四条
홋카이도 대학 식물원
北大植物園
홋카이도 도청 구본청사
北海道庁旧本庁舎内
크로스 호텔 삿포로
クロスホテル札幌
도케이다이(시계탑)
時計台
기타이치조카리키도리 北一条宮の沢通
히가시산초메 東3丁目通
도케이다이 병원
時計台記念病院
북방 민족 자료관
北方民族資料室
호텔 삿포로 야요이
ホテルさっぽろ弥生
온실
温室
삿포로 그랜드 호텔
札幌グランドホテル
주오버스 삿포로 터미널
中央バス札幌ターミナル
로이튼 호텔
ロイトンホテル
기타이치조미야노사와도리 北一条宮の沢通
삿포로 테레비탑
さっぽろテレビ塔
버스센터마에
バスセンター前
오도리 역 大通駅
지하철 도자이센 地下鉄東西線
홋카이도립 근대 미술관
北海道立近代美術館
고등 재판소
高等裁判所
니시주잇초메
西11丁目
오도리 공원
大通公園
미쓰코시 백화점
三越
미나미 1조 도리 南1条通
스프카레 요코초
スープカレー横丁
삿포로시 자료관
札幌市資料館
니시핫초메
西8丁目
니시온초메
西4丁目
삿포로 파르코 쇼핑몰
札幌パルコ
니조이치바(시장)
札幌二条市場
니시주핫초메
西18丁目
아파 호텔 삿포로
アパホテル札幌
피봇 쇼핑몰
ピボット
다누키코지도리 狸小路
노면전차 삿포로시덴 札幌市電
주오쿠야쿠쇼마에
中央区役所前
호텔 선루트 뉴 삿포로
ホテルサンルートニュー札幌
삿포로 도부 호텔
札幌東武ホテル
니시주고초메
西15丁目
호텔 레오팔레스 삿포로
신라멘 요코초

블루 웨이브 인 삿포로
ブルーウェーブイン札幌
스스키노 그린 호텔 3
ススキノグーリンホテル3
지하철 도호선 地下鉄東豊線
니시센로크조
西線6条
히가시혼간지마에
東本願寺前
히가시혼간지 절
東本願寺
아트호텔 삿포로
アートホテル札幌
노면전차 삿포로시덴 札幌市電
나카지마코엔
中島公園
기쿠스이아사히야마코엔도리 菊水旭山公園通
야마하나쿠조
山鼻9条
기린비루엔
キリンビール園
가쿠엔마에
学園前
니시센로쿠조
아사히야마코엔도리
西線9条旭山公園通
삿포로 파크 호텔
札幌パークホテル
이시야마도리 石山通
나카지마코엔도리
中島公園通
니시센주이치조
西線11条
나카지마 코엔
中島公園
키타 호텔
KITA HOTEL
교케이도리
行啓通
니시센주요조
西線14条
삿포로 고코쿠진자
札幌護国神社
호로히라바시
幌平橋
세이슈가쿠엔마에
静修学園前
나카노지마
中の島
니시센주로크조
西線16条
지하철 난보쿠센 地下鉄南北線
모이와야마 방향
藻岩山
야마하나
山花
간조도리 環状通
히라지시
平岸

신치토세 공항 新千歳空港, CTS 에서

삿포로 신치토세 공항은 국제선 터미널과 국내선 터미널로 구분되어 있다. 국제선 터미널과 국내선 터미널 사이에는 홋카이도 여행 기념품을 판매하는 기념품 숍과 도라에몽 카페, 초콜릿 브랜드 '로이스(Royce)'에서 운영하는 전시 시설 등이 있다. 국제선 터미널 도착은 2층, 출발은 3층이며, 삿포로 시내로 이동은 국내선 청사 지하 1층에 있는 JR 열차를 이용한다. 국내선 청사 내의 신치토세 공항 역에서 JR 쾌속 에어포트(JR 快速 エアポート) 열차를 이용하면 36분만에 삿포로 역까지 도착할 수 있다. 요금은 1,070엔이며 520엔의 추가 요금을 내면 지정석인 U-Seat 좌석을 이용할 수 있다.

신치토세 공항 → 삿포로 출발 시간	08:15부터 22:30까지 약 15분 간격으로 운행 (막차는 22:53에 운행)
삿포로 → 신치토세 공항 출발 시간	06:16, 06:31, 06:43, 07:03, 07:16, 07:33, 07:48 / 매시간 05분, 20분, 35분, 50분(08:05부터 20:45까지 운행)

아사히카와 공항 旭川空港, AKJ 에서

아사히카와 공항에서 삿포로 시내까지 직행버스나 열차는 없다. 아사히카와 공항에서 버스를 이용하여 JR 아사히카와 역으로 간 뒤, JR 열차를 타고 삿포로로 이동해야 한다. 아사히카와 공항에서 JR 아사히카와 역까지는 35분(620엔), JR 아사히카와 역에서 삿포로까지는 1시간 20분(편도 4,810엔)이 소요된다. 아사히카와에서 삿포로까지는 5시 20분부터 22시까지 총 36편의 열차가 20~30분 간격으로 운행되고 있다.

하코다테, 도야, 노보리베쓰에서(하코다테 본선의 특급 열차)

하코다테에서 출발하는 특급 열차 호쿠토(北斗)와 스파 호쿠토(スーパー北斗)는 도야, 노보리베쓰, 미나미치토세를 지나 삿포로까지 운행된다. 삿포로까지 요금 및 소요 시간은 하코다테에서 8,830엔(3시간 10분), 도야에서 5,920엔(2시간), 노보리베쓰에서 4,480엔(1시간 15분), 미나미치토세에서 1,780엔(30분)이며, 현재 홋카이도 지역에 유일하게 남은 야간 열차인 급행 하마나스를 이용할 수도 있다. 급행 하마나스의 하코다테–삿포로 구간의 요금은 7,120엔이다.

고속버스로 삿포로까지 가기

JR 패스처럼 일정 기간 무제한 탑승을 할 수 있는 패스도 없고, 눈이 많이 오는 겨울에는 버스 시간이 지연되는 경우가 많기 때문에 홋카이도를 여행하면서 버스를 이용해 이동하는 경우는 많지 않다. 버스를 이용하는 구간은 삿포로–노보리베쓰(하루 약 15편, 편도 1,950엔), 삿포로–하코다테 구간(하루 6편, 1편은 심야, 4,810엔)이다. 삿포로의 고속버스 터미널은 JR 삿포로 역 앞의 '삿포로 에키마에 터미널(札幌駅前ターミナル)'과 삿포로 텔레비전 타워 뒤편의 '주오버스 터미널(中央バスターミナル)' 두 곳이 있다. 대부분의 버스는 '에키마에 터미널'을 출발해 '주오버스 터미널'을 경유해서 운행하고 있다.

시내 교통

반듯한 바둑판처럼 되어 있는 삿포로 시내에는 지하철과 버스, 노면전차까지 다양한 교통편이 있다. 대중교통의 이용 없이 도보로 이동할 수 있지만 삿포로 역에서 오도리 공원까지 도보 약 15분, 스스키노까지 25분 정도 소요되기 때문에 대중교통을 적절히 이용하는 것이 좋다. 대중교통을 이용하는 것이 어렵다고 생각되거나 3~4인이 함께 여행한다면 택시 이용을 추천한다. 삿포로 역에서 스스키노까지 요금은 800엔에서 1,000엔 정도로 지하철 요금에 비해 크게 부담스러운 금액은 아니다.

지하철 地下鉄

삿포로에는 오도리(大通) 역을 중심으로 남북을 가로지르는 난보쿠센(南北線, 연두색), 동서를 가로지르는 도자이센(東西線, 노란색), 난보쿠센과 비슷하지만 동쪽으로 빠지는 도호센(東豊線, 파란색) 3가지 노선이 운영되고 있다. JR 삿포로(JR 札幌) 역 앞의 난보쿠센과 도호센의 지하철역은 한자가 아닌 히라가나 삿포로(さっぽろ)로 표시되어 있다.

시간 06:00~24:00 **요금** 200엔~360엔(삿포로-스스키노 200엔, 삿포로-후쿠즈미 240엔)

노면전차 시덴 路面電車 市電

스스키노에서 시내의 서쪽 지역으로 운행되는 노면전차는 삿포로의 상징이기도 하다. 1916년 개통해 시민들의 사랑을 받아 온 시덴은 지하철, 버스 이용의 증가로 폐선의 위기에 처하기도 했지만 시민들의 요구에 따라 아직까지 운행되고 있다. 여행객들은 모이와야마(藻岩山) 전망대에 갈 때 외에는 이용할 일이 거의 없으며, 모이와야마 전망대는 '로프웨이 이리구치(ロープウェイ入口)' 역에서 하차한다.

시간 06:00~22:30 **요금** 전 구간 170엔 균일

시내버스

추오 버스에서 운영하는 순환 88번(循88)을 비롯해 일부 노선을 제외하면 대부분 100엔으로 시내 구간을 이용할 수 있지만 여행객들이 버스를 이용하는 가장 큰 이유는 '삿포로 맥주 공장(삿포로 가든 파크, 삿포로 팩토리)'을 갈 때인데 두 곳을 가는 순환 88번 버스는 100엔으로 이용할 수 없다. 우리나라에서도 자주 이용하는 노선 이외의 버스를 타려면 쉽지 않은데, 언어도 익숙하지 않은 일본에서 시내의 노선버스를 이용하는 것은 피하는 것이 좋다.

시간 06:00~23:00(노선에 따라 다름) **요금** 시내 중심 100엔 균일(순환 88번 등 일부 버스 제외)

시내 순환 버스

시내 중심부를 순환 운행하는 '삿포로 워크(さっぽろうぉ~く), 1순환 34분'와 6월부터 10월 중순까지 여름 시즌에만 운행되는 '삿포로 산사쿠 버스(さっぽろ散策バス), 1순환 74분'는 일종의 시티 투어 버스라고 생각할 수 있다. 버스 표지판 상단에 로고가 있기 때문에 노선버스보다 쉽게 이용할 수 있다.

❖삿포로 워크 버스 さっぽろうぉ~く(環88線)

삿포로 역에서 오도리 공원으로 이동한 후 '삿포로 가든 파크'와 '삿포로 팩토리'를 다녀오며 시계탑과 구도청사 등을 방문할 수 있다.

주요 정류장 삿포로 역, 시계탑, 오도리 공원, 삿포로 팩토리, 삿포로 비루엔

운행 시간 06:50~22:40 (20분 간격 운행) / 365일 연중 운행
요금 1회 탑승 210엔, 삿포로 워크 1일 승차권 750엔, 공통 1DAY 카드(1000엔)로 이용 가능

❖삿포로 산사쿠 버스 さっぽろ散策バス

여름 시즌에만 운행하는 버스로 삿포로 역에서 오도리 공원으로 이동한 후 서쪽을 따라 길게 이동해 마루야마 공원과 오쿠라산 전망대까지 이동할 수 있다.

주요 정류장 삿포로 역, 삿포로 테레비탑, 삿포로 시 자료관, 마루야마 동물원, 도립 근대 미술관
운행 시간 1일 8편(09:20부터 16:20까지 매시 20분 삿포로 역 출발) / 여름 성수기에만 운행
요금 1회 탑승 200엔, 삿포로 워크+산사쿠 버스 1일 승차권 750엔, 공통 1DAY 카드(1000엔)로 이용 불가

TIP 할인 패스

1. **공통 1일 승차권**(共通 1DAY カード)
   지하철, 노면전차, 시내 구간의 버스를 모두 이용할 수 있는 공통 1일 승차권은 버스로만 이동할 수 있는 '삿포로 맥주 공장(삿포로 가든 파크, 삿포로 팩토리)'과 삿포로 시내 관광을 할 때 유용하다.
   요금 1,000엔 **이용 구간** 지하철, 노면전차, 시내 구간의 JR 홋카이도 버스와 중앙 버스
2. **지하철 전용 1일 승차권**(地下鉄 専用 1日 乗車券) :요금 800엔
3. **도니치카 킷푸**(ドニチカキップ) : 토, 일요일 및 연말연시(12월 29일~1월 3일)만 이용 가능한 지하철 전용 1일 승차권
   요금 500엔
4. **도산코 패스**(どサンこパス) : 토, 일요일만 이용 가능한 노면전차 전용 1일 승차권
   요금 300엔(성인 1인, 어린이 1인 이용 가능)

삿포로 지하철 노선도

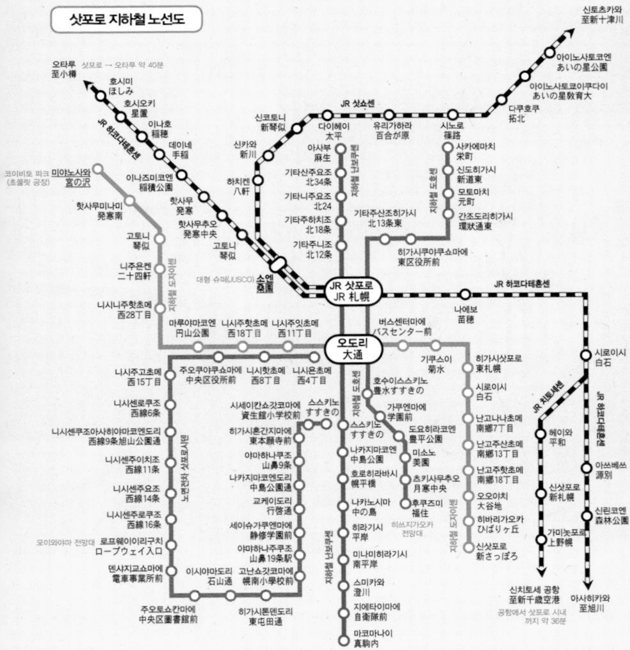

신토츠카와
至新十津川
아이노사토코엔
あいの里公園
아이노사토코이쿠다이
あいの里教育大
다쿠호쿠
拓北
JR 삿쇼센
시노로
篠路
유리가하라
百合が原
다이헤이
太平
신코토니
新琴似
신카와
新川
하치켄
八軒

오타루 삿포로 → 오타루 약 40분
至小樽
호시미
ほしみ
호시오키
星置
이나호
稲穂
데이네
手稲
JR 하코다테혼센
이나즈미코엔
稲積公園
핫사무
発寒
핫사무추오
発寒中央
고토니
琴似
소엔
桑園
대형 슈퍼(JUSCO)

코이비토 파크 (초콜릿 공장)
미야노사와
宮の沢
핫사무미나미
発寒南
고토니
琴似
니주욘켄
二十四軒
니시니주핫초메
西28丁目
지하철 도자이센
마루야마코엔
円山公園
니시주핫초메
西18丁目
니시주잇초메
西11丁目

아사부
麻生
기타산주요조
北34条
기타니주요조
北24
기타주하치조
北18条
기타주니조
北12条
지하철 난보쿠센

사카에마치
栄町
신도히가시
新道東
모토마치
元町
간조도리히가시
環状通東
지하철 도호센
기타주산조히가시
北13条東
히가시쿠야쿠쇼마에
東区役所前

JR 삿포로
JR 札幌
JR 하코다테혼센
나에보
苗穂
버스센터마에
バスセンター前
오도리
大通
기쿠스이
菊水
히가시삿포로
東札幌
시로이시
白石
난고나나초메
南郷7丁目
난고주산초메
南郷13丁目
난고주핫초메
南郷18丁目
오야치
大谷地
히바리가오카
ひばりヶ丘
신삿포로
新さっぽろ
지하철 도자이센

시로이시
白石
JR 치토세센
헤이와
平和
신삿포로
新札幌
가미놋포로
上野幌
신치토세 공항
至新千歳空港
공항에서 삿포로 시내 까지 약 36분
JR 하코다테혼센
아쓰베쓰
厚別
신린코엔
森林公園
아사히카와
至旭川

호스이스스키노
豊水すすきの
가쿠엔마에
学園前
도요히라코엔
豊平公園
미소노
美園
츠키사무추오
月寒中央
후쿠즈미
福住
히쓰지가오카 전망대

니시주고초메
西15丁目
주오쿠야쿠쇼마에
中央区役所前
니시핫초메
西8丁目
니시욘초메
西4丁目
니시센로쿠조
西線6条
니시센쿠조아사히야마코엔도리
西線9条旭山公園通
니시센주이치조
西線11条
니시센주요조
西線14条
니시센주로쿠조
西線16条
모이와야마 전망대
로프웨이이리구치
ロープウェイ入口
덴샤지교쇼마에
電車事業所前
노면전차 삿포로시덴
주오토쇼칸마에
中央区圖書館前
이시야마도리
石山通
히가시톤덴도리
東屯田通
고난쇼갓코마에
幌南小學校前
야마하나주쿠조
山鼻19条駅
세이슈가쿠엔마에
静修学園前
교케이도리
行啓通
나카지마코엔도리
中島公園通
야마하나쿠조
山鼻9条
히가시혼간지마에
東本願寺前
시세이칸쇼갓코마에
資生館小学校前
스스키노
すすきの

스스키노
すすきの
나카지마코엔
中島公園
호로히라바시
幌平橋
나카노시마
中の島
히라기시
平岸
미나미히라기시
南平岸
스미카와
澄川
지에타이마에
自衛隊前
마코마나이
真駒内
지하철 난보쿠센

JR 하코다테혼센(JR 函館本線), JR 삿쇼센(JR 札沼線), JR 치토세센(JR千歳線)
지하철 도자이센(東西線)
지하철 난보쿠센(南北線)
지하철 도호센(東豊線)
노면전차 삿포로시덴(札幌市電)

JR 삿포로 역 주변 札幌駅

홋카이도의 역사를 담은 건물들이 가득한 곳

삿포로 역에서 시내 방향(남쪽 출구)으로 나갔을 때의 첫 느낌은 고층 빌딩으로 둘러싸인 전형적인 도심의 분위기지만, 고층 빌딩 사이사이로 홋카이도의 역사를 담고 있는 고풍스러운 건물들이 숨어 있다.

북쪽 출구로 나가면 숲과 잔디밭이 어우러진 홋카이도 대학교가 있어 일본의 대학교 모습을 구경하며 산책을 즐길 수 있다. 또한 백화점과 전자 제품 전문점이 역 주변에 모여 있어 다양한 관광을 즐길 수 있다.

1 삿포로 신치토세 공항에서 쾌속 열차로 약 40분 (1,070엔)
2 오도리 공원에서 도보 약 15분
3 오타루에서 JR 열차로 약 40분(640엔)

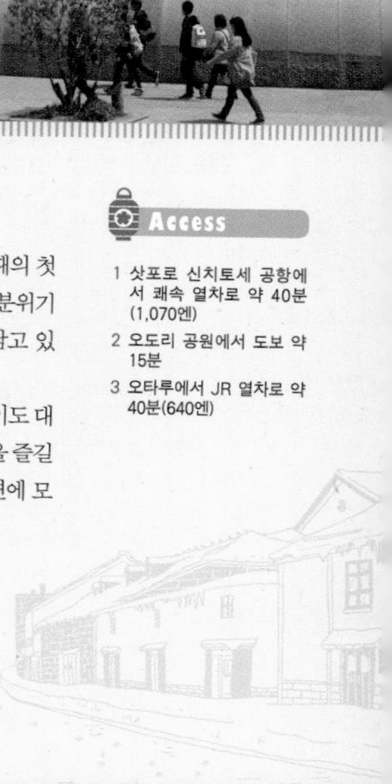

포플러나무 가로수길
ポプラ並木
홋카이도 대학
北海道大学
홋카이도 대학 종합 박물관
北海道大学総合博物館
홋카이도 대학 교류 프라자 에루무노 모리
北大交流プラザエルムの森
클라크 박사의 흉상
クラーク博士の胸像
기타하치조도리 北8丈島通
니시고초메타루카와도리 西5丁目樽川通
삿포로에키마에도리 札幌駅前通
난보쿠센 地下鉄南北線
지하철 도호센 地下鉄東豊線
소세이가와도리 創成川通
기타하치조도리 北8丈島通
삿포로 가든 파크
サッポロガーデンパーク
삿포로 맥주 박물관
サッポロビール博物館
삿포로 비루엔
サッポロビール園
히가시하치초메시노로도리 東8丁目篠路通
중앙 북쪽 출구
中央北口
히가시도리 북쪽 출구
東通り北口
북쪽 출구 광장
北口広場
도요코인삿포로에키키타구치
東横イン札幌駅北口
삿포로 중앙 우체국
札幌中央郵便局
호텔 루트인 삿포로 에키마에키타구치
ホテルルートイン札幌駅前北口
니시도리 북쪽 출구
西通り北口
JR 타워 JRタワー
삿포로 역
札幌駅
JR 하코다테혼센 JR 函館本線
호텔 크레스트 삿포로
ホテルクレスト札幌
동쪽 개찰구
東改札
서쪽 개찰구
西改札
JR 타워 호텔 닛코
JRタワーホテル日航
JR 타워 전망실 T38
JRタワー展望室 T38
홋카이도 삿포로 음식과 관광 정보관
北海道さっぽろ 食と観光情報館
스텔라 플레이스
ステラプレイス
다이마루 백화점
大丸百貨店
삿포로 에스타
札幌エスタ
삿포로 라멘 공화국
札幌らめん共和国
유니클로 ユニクロ
비크 카메라 ビックカメラ
기타고조데이네 北5条手稲通
호텔 몬토레 삿포로
ホテルモントレ札幌
삿포로 역 앞 버스터미널
札幌駅前バスターミナル
역 앞 광장
기타고조데이네 北5条手稲通
기타3조도리 北3条通
게이오 프라자 호텔 삿포로
京王プラザホテル札幌
센추리 로얄 호텔
センチュリーロイヤルホテル
호텔 그레이스리 삿포로
ホテルグレイスリー札幌
삿포로 로프트
札幌ロフト
삿포로 역
さっぽろ駅
KKR 호텔 삿포로
KKR ホテル札幌
도큐 백화점
東急百貨店
삿포로 젠니쿠 호텔
札幌全日空ホテル
기타산조도리 北3条通
삿포로 팩토리
サッポロファクトリー
삿포로 팩토리 렌가칸
札幌ファクトリレンガカン
삿포로 역
さっぽろ駅
삿포로카니혼야 (게요리)
札幌かに本家
폴 스타 삿포로
ホテルポールスター札幌
유키지루시 파라 (아이스크림)
雪印パーラー
기타산조도리 北3条通
호텔 몬토레 에델호프 삿포로
ホテルモントレエーデルホフ札幌
유나이티드 시네마 삿포로
ユナイテッドシネマ札幌
홋카이도 도청
北海道庁
치산인 삿포로
チサンイン札幌
기타이치조카리키도리 北一条宮の沢通
호텔 뉴오타니 삿포로
ホテルニューオータニ
홋카이도 대학 식물원
北大植物園
크로스 호텔 삿포로
クロスホテル札幌
프론티어관
フロンティア館
니시시치초메도리 西7丁目通
홋카이도 도청 구본청사
北海道庁旧本庁舎内
카페 엣쓰야 (카페)
カフェ エッシャー
코히텐키타지조 (카페)
珈琲店 北地蔵
북방 민족 자료관
北方民族資料室
도케이다이 병원
時計台記念病院
도케이다이(시계탑)
時計台
히가시니초메 東2丁目通
삿포로 그랜드 호텔
札幌グランドホテル
라파우자
주오버스 삿포로 터미널
中央バス札幌ターミナル
온실
温室
지하철 난보쿠센 地下鉄南北線
지하철 도호센 地下鉄東豊線
버스센터마에
バスセンター前
기타이치조미야노사와도리 北一条宮の沢通
삿포로 테레비탑
さっぽろテレビ塔
지하철 도자이센 地下鉄東西線
오도리 역
大通駅
오도리 공원
大通公園

JR 타워 カレーのふらのや

상점들이 하나로 연결된 복합 상업 시설

JR 타워는 JR 삿포로 역에 연결되어 있는 복합 상업 시설을 통칭하는 말이다. 비크 카메라, 유니클로 등의 다양한 점포와 버스 터미널, 삿포로 라멘 공화국이 있는 삿포로 에스타(札幌エスタ), 지하 상점가인 아피아(APIA), 음식점과 다양한 상점들이 모여 있는 삿포로 스텔라 플레이스(札幌ステラプレイス), 파세오(PASEO), 특급 호텔인 JR 타워 호텔 닛코 삿포로(JRタワーホテル日航札幌)로 구성되어 있다.

위치 JR 삿포로 역에서 연결 **시간** 쇼핑 10:00~21:00, 레스토랑 11:00~21:30(스텔라 플레이스는 ~23:00) / 상점에 따라 시간 다소 다름

JR 타워 입체 모형도

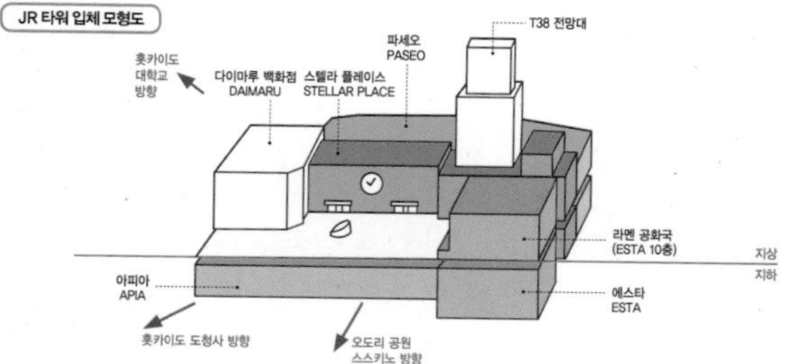

JR 타워 전망실 T38 JRタワー展望室 T38

삿포로 시내를 한눈에

JR 타워 건물의 최상층 지상 160m 높이에 위치한 전망대이다. 맑은 날에는 멀리 오타루 시내까지 보이고, 삿포로 시내를 둘러싸고 있는 산들을 바라볼 수 있다. 화장실도 전면이 유리로 되어 있어 색다른 기분을 느낄 수 있는 것으로 유명하다.

위치 JR 삿포로 역 동쪽 개찰구(東改札) 옆 스타벅스 매장 쪽의 엘리베이터 이용, 6층에서 전용 엘리베이터를 다시 이용 **시간** 10:00~23:00(마지막 입장 22:30) **요금** 성인 720엔, 중고생 500엔, 3세 이상부터 초등학생 300엔

JR 타워 맛집 JRタワーグルメ

다양한 음식점이 한자리에

다이마루 백화점, 스텔라 플레이스, 파세오(PASEO), 에스타(ESTA)에는 맥도날드와 모스버거, 스타벅스, 요시노야(덮밥 체인점) 등의 패스트푸드부터 패밀리 레스토랑, 고급 레스토랑과 카페 등이 모여 있다. 쇼핑몰과 연결되어 있기 때문에 쉽게 찾아갈 수 있고, 식사뿐만 아니라 쇼핑과 전망대 관람도 가능해 근교 여행과 함께 일정에 넣을 수 있다. 아래의 추천 레스토랑과 카페 외에도 대부분이 좋은 평가를 받는 곳이니 취향에 맞게 선택하자.

회전스시 네무로 하나마루 回転寿司 根室花まる

홋카이도의 신선한 스시를 맛볼 수 있는 곳

홋카이도 인근의 최대 어장인 네무로항에서 직송하는 신선한 해산물을 이용하는 회전초밥 전문점으로 한 접시에 140엔부터 시작된다. 홋카이도에서만 맛볼 수 있는 7~8종류의 메뉴가 계절에 따라 바뀌며, 튀김과 우동 등의 단품 메뉴도 다양하게 갖추고 있다. 파세오(PASEO) 지하 1층과 스스키노, 시계탑 앞에 있는 '마치노 스시야 시키 하나마루(町のすし家 四季 花まる)'는 고급스러운 분위기의 자매점이다.

위치 스텔라 플레이스 Center 6층 / JR 삿포로 역에서 연결 **시간** 11:00~23:00 **전화** 011-209-5330 **가격** 1,000엔~

라 메종 La Maison Ensoleille Table

수제 타르트로 유명한 디저트 전문점

남반구의 가정집을 콘셉트로 한 아기자기하면서도 편안한 분위기의 카페이다. 디저트와 간단한 식사 메뉴를 갖추고 있으며 인기 메뉴는 과일을 듬뿍 담고 있는 10여 종류의 수제 타르트이다. 드링크 세트는 970엔으로 허브티나 커피 메뉴를 선택할 수 있으며 런치 세트 메뉴와 디너 메뉴에서도 디저트로 타르트를 선택할 수 있다.

위치 스텔라 플레이스 Center 6층 / JR 삿포로 역에서 연결 **시간** 11:00~23:00 **전화** 011-209-5106 **가격** 500엔~

타즈무라 たづむら

돈카츠 전문점

돈카츠가 처음 고안된 130여 년 전 메이지 시대의 돈카츠를 재현해 하루 20개만 판매하는 '붓타다키 로스카츠(ぶったたきとんかつ)'로 유명한 돈카츠 체인점 타즈무라의 홋카이도 유일의 매장이다. 붓타다키 돈카츠 외에도 시기에 따라 홋카이도 한정 메뉴가 출시되기도 한다. 무제한이라 할 수 있을 만큼 많은 양의 밥이 나오기 때문에 남자들에게도 인기가 많은 곳이다.

위치 다이마루 백화점 8층 / JR 삿포로 역에서 연결 **시간** 11:00~21:30 **전화** 011-828-1258 **가격** 1,200엔~

애프터눈 티 티룸 Afternoon Tea TEAROOM

애프터눈 티와 간단한 식사까지 가능한 티룸

깔끔한 인테리어 소품과 생활 잡화 전문점인 애프터눈 티에서 운영하는 티룸이다. 다양한 종류의 홍차와 스콘, 케이크, 애플파이 등의 디저트가 함께 나오는 애프터눈 티 세트는 물론이고 간단한 식사 메뉴와 디저트를 즐길 수 있다. 다이마루의 티룸은 천장이 높아 공간이 더 넓고 쾌적하게 느껴지고, 호텔 라운지에 있는 듯한 기분도 들기 때문에 쇼핑 중간에 잠시 여유를 가져도 좋다.

위치 다이마루 백화점 3층 / JR 삿포로 역에서 연결 **시간** 10:00~20:00 **전화** 011-252-3284 **가격** 차 종류 700엔 내외, 애프터눈 티 세트 1,470엔

기타카로 北菓楼 KITAKARO

다이마루 백화점 한정 판매 C컵, F컵 푸딩

홋카이도를 대표하는 과자 전문점인 기타카로의 매장 중 다이마루 백화점 한정으로 판매하는 C컵, F컵 푸딩만으로도 찾아볼 만한 곳이다. 여성용 속옷 사이즈를 연상케 하는 특이한 이름이지만 C컵은 치즈, F컵은 과일을 베이스로 하는 푸딩을 뜻하며 계절 한정 메뉴가 있어 언제 찾아도 색다른 맛을 느낄 수 있다.

위치 다이마루 백화점 지하 1층 / JR 삿포로 역에서 연결 **시간** 10:00~20:00 **가격** C컵 푸딩 270엔, F컵 푸딩 360엔

기타마루 きたまる KITAMARU

근교의 농가와 항구에서 직송하는 야채와 해산물 등 신선한 제철 식재료를 이용하는 일본 요리 전문점이다. 다양한 일본 요리가 단품 메뉴로 되어 있어 식사뿐 아니라 술을 마시기도 좋은 곳이다. 매월 바뀌는 제철 메뉴('00 月の旬'으로 표기)는 요리사들의 창의력을 엿볼 수 있으며, 런치 세트는 음료 포함 1,000엔대로 식사를 할 수 있기 때문에 고급스러운 인테리어와 정갈한 음식을 생각하면 파격적이라는 생각이 들 정도이다.

위치 파세오(PASEO) 1층 WEST / JR 삿포로 역에서 연결 **시간** 11:00~23:15 **전화** 011-213-5005 **가격** 런치 1,000~2,000엔, 디너 2,000~3,000엔

미야코시야 커피 宮越屋珈琲

삿포로의 대표적인 커피 전문점

30여 년 전 오도리 공원의 서쪽 끝에 있는 마루야마 공원 인근에서 '맛있는 커피와 편안하게 쉴 수 있는 공간'을 지향하며 시작한 작은 카페가 지금은 삿포로와 도쿄를 중심으로 28개의 매장을 운영하고 있다. 좋은 원두와 뛰어난 배전 기술로 많은 단골을 갖고 있는 삿포로의 대표적인 커피 전문점이다.

위치 파세오(PASEO) 1층 WEST / JR 삿포로 역에서 연결 **시간** 07:30~22:00 **전화** 011-213-5606

스프 카레 라비 Soup Curry Lavi

홋카이도의 명물 스프 카레 전문점

사골, 닭 껍질, 향미 야채 등을 10 시간 이상 끓여서 완성한 특제 육수와 엄선된 15 종류에 달하는 향료, 단맛을 내는 양파, 다진 고기, 토마토를 볶아 넣은 재료들의 절묘한 조화가 일품인 홋카이도를 대표하는 스프 카레는 꼭 먹어 보자.

위치 에스타(ESTA) 10층 / JR 삿포로 역에서 연결 **시간** 11:00~22:00 **전화** 010-232-2020

삿포로 라멘 공화국 札幌らーめん共和国

1960년대 거리를 재현한 라멘 테마파크

삿포로 에스타 건물 10층의 식품가에 있는 라멘 테마파크로 홋카이도의 유명한 라멘 가게들을 한곳에 모아 두었다. 라멘 공화국 입구에는 투표 용지가 있어 매월 라멘왕(らーめん王)을 발표하고 있기 때문에 각 라멘 가게들은 보다 좋은 맛을 내기 위해 최선을 다하고 있다. 삿포로 라멘에 관련된 기념품을 파는 뮤지엄 숍이 있으며, 라멘 공화국의 전체적인 분위기는 1960년대 일본의 거리를 재현하고 있다.

위치 에스타(ESTA) 10층 / JR 삿포로 역 동쪽 개찰구(東改札)에서 도보 5분 **시간** 11:00~22:00

홋카이도 대학 北海道大学

일본의 5대 명문 대학교 중 하나

홋카이도 대학은 도쿄 대학, 와세다 대학, 교토 대학, 규슈 대학과 함께 일본의 명문 대학교로 손꼽힌다. 특히 낙농업과 농업으로 유명한 홋카이도의 대학답게 농학부가 강세를 보이는 것이 특징이다. 홋카이도 개척에 큰 업적을 남긴 초대 총장 클라크 박사의 흔적도 찾아볼 수 있다. 여행 중 일본의 대학교를 둘러보며 우리나라의 대학교와는 다른 캠퍼스 분위기를 느껴보는 것도 좋다.

주소 北海道札幌市北区北8条西5丁目 **위치** JR 삿포로역 니시도리 북쪽 출구(西通り北口)에서 도보 8분 **시간** 자유 견학, 시설에 따라 휴관일 있음

클라크 박사 흉상 クラーク博士の胸像

소년이여, 야망을 가져라

멋있거나 감동을 주는 볼거리는 아니지만 홋카이도가 발전하는 데 큰 역할을 한 윌리엄 클라크 박사의 흉상을 찾아보는 것은 홋카이도 대학에서 해봐야 하는 의미 있는 일 중 하나이다. 초대 학장이었던 클라크 박사가 '소년이여 야망을 가져라(Boy's be ambitious)'라는 유명한 고별사를 남기고 떠났는데, 이를 기리기 위해 그의 동상이 대학과 히쓰지가오카 언덕에 세워져 있다. 대학 안에는 흉상이, 히쓰지가오카 언덕에는 야망을 쫓는 모습을 표현하듯 한 손은 어딘가를 가리키고 있는 전신상이 있다.

위치 정문에서 직진, 도보 약 10분, 후루카와 기념관 건너편

포플러 나무 가로수길 ポプラ並木

아름다운 풍경의 하이라이트

대학 전체가 넓은 잔디밭과 나무들로 이루어져 있지만 역시 하이라이트는 포플러 나무 가로수길이라고 할 수 있다. 종합 박물관 뒤쪽의 길로 들어서면 길게 이어져 있는 포플러 나무 가로수길이 나온다. 최근에는 의학부 부속 병원 앞의 은행나무 가로수길도 많은 인기를 얻고 있다.

위치 홋카이도 대학 종합 박물관에서 좌회전, 도보 약 5분

홋카이도 대학 교류 프라자 에루무노 모리 北大交流プラザエルムの森

홋카이도 대학 홍보 센터

홋카이도 대학의 홍보 센터로 내국인에게는 입학에 관한 정보를 제공하고 여행객들에게는 캠퍼스의 구석구석을 안내한다. 안내 센터와 함께 홋카이도 대학의 기념품을 판매하는 매장도 운영하고 있는데 문구류뿐만 아니라 쿠키, 햄, 니혼슈 등 다양한 기념품을 판매한다. 에루무노 모리 건물은 홋카이도 대학에서 가장 오래된 건물로, 1901년 지어져 등록 유형 문화재로 지정되어 있다.

위치 클라크 박사의 흉상이 있는 중앙 도로에서 왼쪽 길로 직진, 도보 약 5분 **시간** 09:00~16:30 / (4월~11월) 무휴 / (12월~3월) 토, 일, 공휴일 휴관

화카루티 하우스 엔레이소우 ファカルティハウス エンレイソウ

일반인도 사용 가능한 시설

넓은 홋카이도 대학의 중간에 위치한 곳으로 교직원의 회합, 미술계 서클의 전람회 등 소소한 행사에 이용되고 있다. 회의실, 갤러리, 레스토랑으로 이루어져 있으며 레스토랑은 일반인도 이용할 수 있다.

위치 홋카이도 대학 종합 박물관에서 도보 약 3분 **레스토랑 영업시간** 11:30~17:00

홋카이도 대학 종합 박물관 北海道大学総合博物館

홋카이도 대학의 가장 오래된 건물

고딕 양식으로 되어 있는 건물은 1929년 완성되었으며, 홋카이도 대학의 철골 콘크리트 구조의 건물 중 가장 오래된 건물이다. 홋카이도 대학의 역사와 초기 대학의 유물을 비롯해 다양한 학술 자료가 전시되어 있는 박물관으로 일반인들도 관람을 할 수 있지만 다소 무거운 주제이기 때문에 큰 매력은 없다. 박물관 2층에는 홋카이도 대학의 로고가 그려져 있는 대학 티셔츠, 가방, 문구류 등을 구입할 수 있는 뮤지엄 숍이 있다.

위치 클라크 박사의 흉상에서 중앙 도로의 오른쪽 길로 직진, 도보 약 7분 **시간** 09:30~16:30(6.1.~10.31.), 10:00~16:00(11.1.~5.31.)/ (월요일, 12.28.~1.4.) 휴관 **요금** 무료

삿포로 맥주 박물관 サッポロビール博物館

삿포로 맥주에 대한 모든 것

1890년 빨간 벽돌로 지어져 1960년대까지 맥주 공장으로 이용된 건물에 자리 잡고 있는 박물관이다. 박물관에서는 삿포로 맥주의 오랜 역사를 전시하고 있으며, 주조 과정을 볼 수도 있다. 또한, 세 가지 종류의 맥주를 시음할 수 있다. 맥주 박물관 옆에는 홋카이도의 명물 요리인 징키스칸 요리를 판매하는 삿포로 비루엔이 있다. 삿포로 비루엔과 맥주 박물관을 합쳐서 삿포로 가든 파크라 부르며, 뒤쪽으로는 대형 마트와 유아용품 전문점 등이 있는 쇼핑몰 아리오(Ario)가 있다.

(※ 징기즈칸-양고기를 둥그런 철판 위에 구워 먹는 홋카이도의 향토 요리로, 야채와 해산물을 곁들이기도 한다.)

주소 札幌市東区北7条東9丁目2-10 **위치** ❶ JR 삿포로 역 북쪽 출구 2번 정류장에서 188번 버스 탑승(210엔), 7분 소요 ❷ JR 삿포로 역 남쪽 출구 '삿포로에키마에' 3번 정류장(도큐 백화점 남쪽)에서 88번 버스(SAPPORO WALK 버스) 탑승(210엔), 삿포로 팩토리 경유 약 20분 소요 ❸ JR 삿포로 역 북쪽 출구에서 택시 이용 약 8분(약 800엔) ❹ 지하철 도호센 히가시구야쿠쇼마에(東区役所前) 역 4번 출구에서 도보 약 10분 **삿포로 맥주 박물관 개관 시간** 11:00~20:00(무료 자유견학, 연말연시 등 부정기 휴무), 가이드 투어 11:30~17:30 **요금** 가이드 투어 500엔 **삿포로 비루엔 개관 시간** 11:30~22:00(최종 주문 21:30까지)

삿포로 맥주 박물관과 개척사 맥주 박물관

TRAVEL tip

'삿포로 맥주 박물관'과 삿포로 팩토리에 있는 '개척사 맥주 박물관'은 이름도 비슷할 뿐 아니라 주조된 맥주를 시음할 수 있고, 맥주에 관한 다양한 자료를 전시하고 있다는 것도 비슷하다. 두 곳 모두 입장료가 무료이기 때문에 부담 없이 갈 수 있고, 북해도를 상징하는 빨간 벽돌 건물과 쇼핑몰도 두루 둘러볼 수 있다.

두 곳을 찾아가기 위해서는 버스나 택시를 타야 하는데, 버스 운행 간격은 20~30분이다. 택시 요금은 800~1,000엔이니 3~4명인 경우 택시를 이용하는 것이 편리하다.

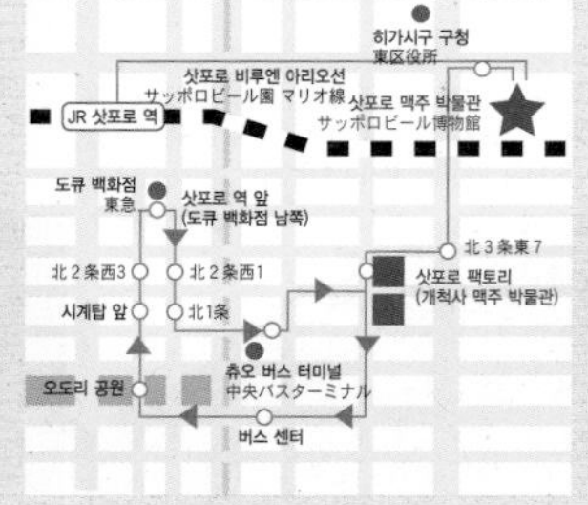

삿포로 팩토리 SAPPORO FACTORY

복합 상업 시설로 재탄생한 일본 최초 맥주 공장

1876년 건설된 일본 최초의 맥주 공장 건물을 중심으로 6개의 건물과 건물 사이의 광장까지 총 7개의 에리어로 구성된 복합 상업 시설이다. 가장 눈에 띄는 건물은 거대한 유리 지붕으로 덮여 있어 유럽의 열차 역을 연상케 하는 '아트리움(アトリウム)'과 고풍스러운 빨간 벽돌 건물인 개척사 맥주 주조소(札幌開拓使麦酒醸造所)이다. 매년 11~12월에는 거대한 크리스마스 트리가 설치되는 것으로도 유명하다. 약 160여 개의 상점, 레스토랑, 카페 등이 있으며 1조관(1-jo Kan)에는 극장과 토이자러스, 주방용품의 쇼룸 등이 있으며, 2조관(2-jo Kan)은 아웃도어, 스포츠 브랜드, 3조관(3-jo Kan)은 인테리어와 생활 잡화, 패션용품 위주로 구성되어 있다. 프론티어관(Frontier Kan)에는 슈퍼마켓과 음식점 등이 있다.

주소 札幌市中央区北2条東4丁目 **위치** JR 삿포로 역 앞 버스정류장에서 88번 버스로 약 5분(삿포로 가든 파크까지 가는 버스), JR 삿포로 역에서 도보 12분 **전화** 011-207-5000 **시간** 10:00~20:00(쇼핑), 10:00~22:00(레스토랑)

삿포로 개척사 맥주 주조소 札幌開拓使麦酒醸造所

일본인에 의한 최초의 맥주 공장

삿포로 팩토리에서 가장 눈에 띄는 빨간 벽돌 건물의 벽돌관(Renga Kan)에는 홋카이도의 유명한 과자와 홋카이도 현지 예술가들의 공예품 등을 파는 상점과 함께 140여 년 전 당시의 맛을 재현한 개척사 맥주를 시음할 수 있는 맥주 박물관(견학관, 見学館)이 있다. 또한 벽돌관 1층에는 일본의 대표적인 맥주홀인 긴자라이온에서 운영을 맡고 있는 대형 비어홀 비야케라 삿포로 개척사(ビヤケラー札幌開拓使)가 있다.

개척사 맥주 박물관 10:00~22:00 / 견학 무료, 시음 250엔 **비야케라 삿포로 개척사 비어홀** 11:00~22:00

MAPECODE 13005

홋카이도 도청 구본청사 北海道庁旧本庁舎

고풍스러운 옛 모습을 그대로 간직한 건물

1888년에 건설되어 약 80년간 홋카이도의 도청으로 사용되었던 구본청사는 250만 개의 빨간 벽돌로 지어진 외관 때문에 '빨간 벽돌 건물'이라는 뜻의 '아카렌가(赤レンガ)'라는 애칭으로 불리고 있다. 건물 주위로 연못과 정원이 가꾸어져 있고, 고풍스러운 옛 모습을 간직하고 있는 내부를 무료로 공개하여 홋카이도 개척 당시의 모습을 엿볼 수 있다. 아카렌가 뒤쪽의 두 건물이 현재 도청사로 이용되고 있는 건물이다. 대부분의 여행객이 건물의 정면에서 바라보고 내부를 둘러보는 것에서 그치곤 하는데, 건물의 뒤쪽으로 돌아가면 지붕 위의 굴뚝처럼 보이는 환기구를 비롯해 비슷한 듯 다른 모습을 찾아볼 수 있다.

주소 札幌市中央区北3条西6丁目 **위치** JR 삿포로 역에서 도보 약 7분 **시간** 08:45~18:00(12.29.~1.3. 휴관) **요금** 무료

MAPECODE 13006

홋카이도 대학 식물원 北大植物園

4천여 종의 식물이 한곳에

동계에는 온실만 개방하고 있기 때문에 겨울에 여행을 하는 사람들에게는 조금 아쉬운 곳이다. 홋카이도 대학에서 연구를 목적으로 운영하고 있는 곳으로 약 120년의 역사를 지니고 있다. 13만m²의 엄청난 넓이에 약 4천여 종의 식물이 있으며, 북방 민족 자료관에서는 홋카이도의 역사와 자연, 원주민인 아이누 족의 문화 등을 소개하고 있다.

주소 札幌市中央区北3条西8丁目 **위치** JR 삿포로 역에서 도보 약 10분, 오도리 공원에서 도보 5분 **시간** 하계 09:00~15:30(월요일 휴관) 동계 10:00~15:00(일요일, 공휴일 휴관) **요금** 하계 성인 420엔, 초등학생 이상 300엔 동계 초등학생 이상 120엔(동계에는 온실만 운영)

도케이다이 時計台 시계탑

삿포로 시내의 대표적인 관광지

아카렌가와 함께 삿포로 시내의 대표적인 관광지이며, 삿포로를 대표하는 이미지이기도 하다. 1878년 현재의 홋카이도 대학교의 군사 훈련을 하던 연무장으로 지어졌고, 1881년 탑 부분이 신축되면서 직경 1.6m의 거대한 시계가 생겼다. 매시 정각마다 시간에 해당하는 만큼 종이 울린다. 현재는 주위 고층 빌딩들 때문에 시계탑 주변에서만 소리를 들을 수 있지만, 예전에는 삿포로 시내 어디서나 소리를 들을 수 있었다고 한다. 시계탑 앞에 사진 촬영 스팟이 마련되어 있지만, 많은 사람들이 몰려 있어 사진을 찍기는 조금 힘들다. 건너편 건물의 2층에 시계탑이 잘 보이는 테라스가 마련되어 있는데, 이곳에서 시계탑의 전체적인 모습이 담긴 사진을 찍을 수 있다. 건물 내부에는 시계탑과 관련된 다양한 자료들을 전시하고 있다.

위치 JR 삿포로 역에서 도보 약 10분, 오도리 공원에서 도보 3분 **시간** 08:45~17:10 / (6~10월) 넷째 주 월요일 휴관, (11~5월) 매주 월요일 휴관, (12.28.~1.3.) 휴관 **요금** 중학생 이상 200엔, 중학생 이하 무료 **시계탑, 테레비탑 공통 입장권**(時計台, テレビ塔交通入場券) 성인 800엔

라파우자 도케이다이 마에점 LaPausa 時計台前店

무제한 식사 가능한 이탈리안 패밀리 레스토랑

도쿄를 중심으로 50여 개의 매장을 운영하고 있는 패밀리 레스토랑으로 본격적인 이탈리안 요리를 메인으로 하고 있다. 파스타 590엔부터, 피자 490엔부터라는 파격적인 가격으로 편안한 분위기에서 식사를 할 수 있으며, '다베호다이(食べ放題)'를 선택하면 성인 기준 1,480엔의 가격으로 피자 4종류, 파스타 14종류를 2시간 동안 무제한으로 맛볼 수 있다. 1,000엔을 추가하면 다베호다이 메뉴와 주류를 포함한 40여 종류의 음료를 무제한 마실 수 있는 '노미호다이(飲み放題)'를 이용할 수도 있다.

주소 北海道札幌市中央区北1条西3丁目 **위치** 도케이다이 건너편, 지하철 오도리 역에서 도보 약 4분 **전화** 011-252-2231 **시간** 11:00~23:30

오도리 공원과 스스키노
大通公園

삿포로 도심 속 번화가이자 휴식처

오도리 공원은 JR 삿포로 역을 중심으로 하는 시내 북쪽과 스스키노 지역을 중심으로 하는 시내 남쪽을 양분하고 있다. 길게 이어진 공원은 도심 속 휴식처이자 유키마쓰리(눈 축제), 비어 페스타(맥주 축제)가 열리는 곳이기도 하다. 스스키노로 대표되는 삿포로의 번화가는 수많은 음식점들이 모여 있어 미식가의 발길을 사로잡고 있다. 2011년 삿포로 역에서 스스키노까지 이어지는 지하상가가 완공되면서 계절과 날씨에 상관없이 편리하게 이동할 수 있게 되었다.

1 JR 삿포로 역 남쪽 출구(南口)에서 도보 약 10분
2 지하철 삿포로 역에서 난보쿠센 또는 도호센 이용 2분(200엔)

삿포로 테레비탑
さっぽろテレビ塔
삿포로 시 자료관
札幌市資料館
오도리 공원
大通公園
삿포로 뷰 호텔 오도리 공원
札幌ビューホテル 大通公園
호텔 오쿠라 삿포로
ホテルオークラ札幌
니시욘초메
西4丁目
니시핫초메
西8丁目
니시주잇초메
西11丁目
니시시치초메도리 西7丁目通
주오쿠야쿠쇼마에
中央区役所前
스프카레 요코초
スープカレー横丁
니조이치바(시장)
札幌二条市場
삿포로 도부 호텔
札幌東武ホテル
돈키호테
다누키코지 거리 狸小路
호텔 선루트 뉴 삿포로
ホテルサンルートニュー札幌
아파 호텔 삿포로
アパホテル札幌
도나베 함바그 호쿠토세이
土鍋ハンバーグ 北斗星
호텔 레오팔레스 삿포로
ホテルレオパレス札幌
도미인 삿포로 아넥스
ドーミーイン札幌ANNEX
삿포로 프린스 호텔
札幌プリンスホテル
요요테이
스스키노
すすきの
삿포로 스스키노 그린 1 호텔
すすきのグリーンホテル
신라멘 요코초
新ラーメン横丁
호스이스스키노
豊水すすきの
론산 호텔
ロンサンホテル
히가시산초메도리 東3丁目通
조카사무도리 月寒通
시세이칸쇼갓코마에
資生館小学校前
삿포로 도큐인
札幌東急イン
플라자 109
プラザ109
간소 라멘 요코초
元祖ラーメン横丁
다바타 병원
田畑病院
클럽 세가
クラブセガ
선플라자 삿포로
ソンプルラジャ札幌
스스키노 그린 호텔 2
ススキノグーリンホテル2
징키스칸 다루마 본점
成吉思汗だるま
징키스칸
사카에야 우동
栄屋うどん
스시로쿠
すし六
히리히리 나이츠
ヒリヒリナイツ
만류 라멘
満龍
스스키노 시장
すすきの市場
호텔 파코 주니어 스스키노
ホテルパコジュニアすすきの
호텔 롱샹 아넥스
ホテルシャンアネックス
삿포로 스파
札幌スパ
스스키노 그린 호텔 3
ススキノグーリンホテル3
미나미나나조요네사토도리 南7条米里通
라멘 신겐
에비소바 이치겐
히가시혼간지마에
東本願寺前
블루 웨이브 인 삿포로
ブルーウェーブイン札幌
삿포로에키마에도리 札幌駅前通
지하철 난보쿠센 地下鉄南北線
지하철 도호센 地下鉄東豊線
히가시혼간지 도서관
東本願図書館
히가시혼간지 절
東本願寺
이시야마도리 石山通
아트 호텔 삿포로
アートホテル札幌
나카지마코엔
中島公園
야마하나쿠조
山鼻9条
기린 맥주원
キリンビール園
기쿠스이아사히야마코엔도리 菊水旭山公園通
バスセンター前

MAPECODE 13009

오도리 공원 大通公園

눈 축제로 유명한 삿포로 최대의 시민 공원

시가지 중심에 있는 삿포로 최대의 시민 공원으로 동서로 길게 조성되어 있다. 공원의 중심에는 화려한 꽃으로 장식한 정원이 있으며, 화단, 분수, 잔디밭 등이 나란히 이어져 있다. 1년 내내 다양한 축제와 볼거리들이 이어지는데 5월에는 라일락 축제, 7월에는 삿포로 여름 축제, 겨울에는 세계적으로 유명한 삿포로 눈 축제(유키마쓰리)가 열린다.

홋카이도 개척 당시 계획 도시로 조성된 삿포로 시내는 북쪽에는 도청사를 비롯한 관청들이, 남쪽에는 상점가와 주택 등이 들어섰다. 이 두 곳 사이의 방화선 역할을 위해 조성된 것이 오도리 공원이었다. 제2차 세계대전 중에는 식량 공급을 위해 고구마 밭이 되기도 했고 패전 후에는 쓰레기가 방치되던 암울한 시기도 있었다. 일본의 주소는 우리나라의 번지에 해당하는 초메(丁目)로 나뉘어지는데 오도리 공원은 1초메부터 13초메까지 넓게 분포해 있으며 도보로 약 30분 정도가 소요될 만큼 넓고 각 초메는 남북으로 약 65m, 동서로 약 110m로 구성되어 있다.

위치 JR 삿포로 역 남쪽 출구(南口)에서 도보 약 10분, 지하철 오도리 역에서 연결

MAPECODE 13010

삿포로 테레비탑 さっぽろテレビ塔

오도리 공원의 상징적 존재

오도리 공원의 가장 동쪽인 1초메에 위치한 147m 높이의 철탑으로 오도리 공원의 상징적인 존재이다. 90.39m 지점에는 오도리 공원을 한눈에 내려다볼 수 있는 전망대가 있다. 테레비탑의 캐릭터인 테레비토우상(テレビ父さん)을 판매하는 상점과 카페, 레스토랑 등이 있다.

위치 오도리 1초메 **전망대 시간** 09:00~22:00(5~10월), 09:30~21:30(11~4월) **전망대 요금** 성인 720엔, 고등학생 600엔, 중학생 400엔, 초등학생 300엔, 3세 이상 100엔 **시계탑, 테레비탑 공통 입장권** 성인 800엔

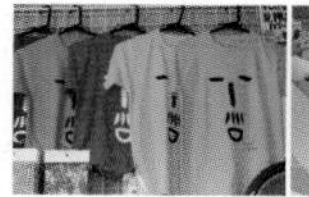

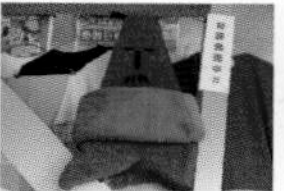

삿포로 도보 여행 TIP

12월부터 2월까지 많은 눈이 오는 삿포로 시내를 도보로 여행할 때 가장 유용한 것이 지하상가를 이용하는 것이다. 2011년 JR 삿포로 역에서 오도리 공원 역까지 지하로 연결되는 '삿포로 에키마에 도오리 치카쿠칸(札幌駅前通地下歩行空間)'이 완성되면서 JR 삿포로 역에서 스스키노, 타누키까지 지하로 이동할 수 있게 되었다. 날씨에 구애 받지 않을 뿐만 아니라 건널목에서 신호 대기를 할 필요도 없기 때문에 지하상가를 이용하면 보다 편안한 여행을 할 수 있지만, 출구를 찾는 것에는 주의하자.

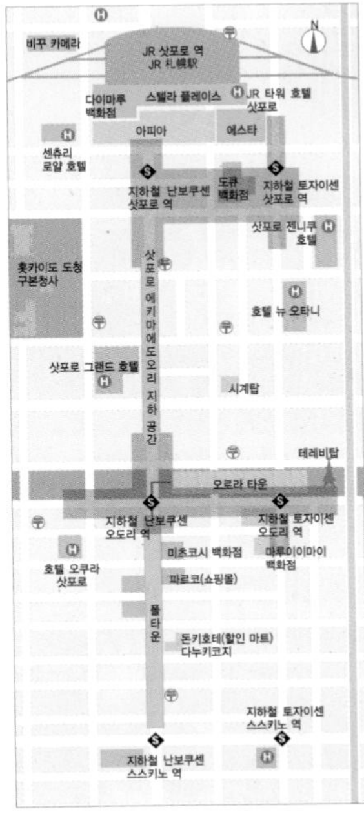

삿포로 에키마에 도오리 치카쿠칸

札幌駅前通地下歩行空間

삿포로 역에서 오도리 역까지 520m 거리를 연결하는 통로로 통행 시간은 05:45부터 00:30까지이다. 긴 이름을 줄여 '치카호(チ・カ・ホ)'라는 애칭으로 불리고 있으며 이렇다 할 볼거리는 없는 연결 통로의 역할이 크다. 우리나라 여행객들이 많이 이용하는 고급 호텔 중 하나인 삿포로 그랜드 호텔은 이 지하 통로에서 연결되는 유일한 호텔이기도 하다.

오로라 타운과 폴 타운

AURORA TOWN, POLE TOWN

오도리 공원의 지하에서 스스키노까지를 연결하는 지하상가로 1971년에 영업을 시작했으며 두 곳을 합쳐 '삿포로 치카가이(さっぽろ地下街)'라고 부른다. 삿포로 테레비탑에서 지하철 오도리 역까지는 오로라 타운(AURORA TOWN), 오도리 역에서 타누키코지를 지나 스스키노 역까지는 폴 타운(POLE TOWN)이며 두 곳 모두 다양한 상점과 음식점들이 모여 있어 단순한 이동 이상의 의미를 갖고 있다.

이시야 카페 ISHIYA CAFE

대기 필수인 핫케이크 카페

홋카이도 최고의 인기 기념품 과자인 '시로이코이비토'의 이시야 제과에서 2012년에 선보인 카페이다. 엄청난 두께의 핫케이크가 이곳의 대표 메뉴인데 매장 입구에 핫케이크 주문 후 웨이팅 시간(ホットケーキ待ち時間)을 표시해 두고 있으니 참고하자. 핫케이크는 디저트용으로 맛보기에는 2인 1개가 적당하며 핫케이크와 함께 예쁜 미니 컵케이크 등도 먹어 보자.

주소 札幌市中央区大通西4丁目6番地1 위치 오도리 공원 니시 4초메에서 JR 삿포로 역 방향 도보 1분, 니시욘빌딩(大通西4ビル) 시간 08:00~22:00

삿포로 관광 호로마차 札幌観光幌馬車

삿포로 시내를 순환하는 마차

오도리 공원을 출발해 삿포로 시내 중심을 순환하는 관광 마차이다. 오도리 공원을 출발해 시계탑과 홋카이도 도청 구본청사를 다녀오는 코스와 테레비 타워와 오도리 공원을 둘러보는 코스가 있다. 두 가지 코스 모두 40분 정도 소요되며 요금은 동일하다. 2층으로 되어 있는 관광 마차에 올라타면 삿포로 시내의 색다른 모습을 구경할 수 있다.

위치 오도리 4초메, 지하철 오도리 역 5번 출구 바로 옆 시간 10:00, 11:00, 13:00, 14:00, 15:00, 16:00 (9~11월은 15:00까지 운행) / 수요일, 우천 시, 11/4~4월 말 휴업 요금 1층 성인 1,800엔, 초등학생 1,000엔, 유아 500엔 / 2층 성인 2,200엔, 초등학생 1,200엔, 유아 600엔

도우키비 와곤 とうきびワゴン

오도리 공원의 명물 포장마차

7월에 등장하는 오도리 공원의 명물 포장마차다. 옥수수(도우키비, とうきび)와 감자(자가이모, ジャガイモ) 등 홋카이도의 신선한 농산물을 구워서 판매하고 있다.

위치 오도리 공원 일대 요금 옥수수 300엔, 감자 250엔

MAPECODE 13012

삿포로 시 자료관 札幌市資料館

삿포로 시의 문화 · 역사 자료 전시관

1926년 삿포로 항소 법원으로 건설된 이후 삿포로 고등 재판소로도 이용되었다. 건물 외관에는 아직도 삿포로 공소원이란 글씨와 함께 공정한 재판을 상징하는 눈을 가린 정의의 여신이 조각되어 있다. 1973년 고등 재판소가 다른 곳으로 이전하면서 삿포로 시의 문화 · 역사 등을 전시하는 자료관으로 개관했으며, 재판소의 모습을 재현한 전시실도 있다.

위치 오도리 13초메, 지하철 도자이센 니시주잇초메(西11丁目) 역에서 도보 5분 **시간** 09:00~19:00(월요일, 12.29.~1.3. 휴관) **요금** 무료

MAPECODE 13013

스스키노 すすきの

홋카이도 최고의 번화가

도쿄 신주쿠의 가부키초(歌舞伎町), 후쿠오카의 나카쓰(中津)와 함께 일본의 3대 환락가로 꼽히는 곳으로 홋카이도에서 가장 많은 놀거리, 먹을거리가 모여 있는 곳이다. 약 4000여 개의 식당, 주점, 성인 숍 등이 모여 있는 곳으로 밤이 돼야 진면목을 느낄 수 있다. 여행객들이 주로 가는 곳은 라멘 요코초와 지붕이 덮여 있는 상점가인 다누키코지이다.

위치 지하철 스스키노 역 일대, 오도리 공원에서 도보 약 5분, JR 삿포로 역에서 도보 약 20분

MAPECODE 13014

다누키코지 狸小路

스스키노 지역의 메인 상점가

1869년 홋카이도 개척사가 삿포로에 설치되면서부터 생긴 상점가로 홋카이도에서 가장 오래되고 번화한 상점가이다. 900m에 달하는 거리의 1번가(1초메, 1丁目)부터 7번가(7초메, 7丁目)까지 총 7개의 블록에 백화점부터 100엔 숍, 식당 등 약 200개의 점포가 영업을 하고 있으며, 전체가 아케이드로 되어 있어 비가 오나 눈이 오나 쇼핑을 즐길 수 있다. '너구리 골목'이라는 뜻의 다누키코지라는 이름 때문에 귀여운 너구리 캐릭터를 상점가 곳곳에서 찾아볼 수 있다.

위치 오도리 공원에서 도보 약 8분, JR 삿포로 역에서 도보 25분

돈키호테 타누키코지점 ドン・キホーテ 狸小路店

삿포로점 폐점 후 새로 생긴 매장

기존의 돈키호테 삿포로점이 폐점하기 전 근처에 오픈한 매장이다. 구글 지도 등에서 돈키호테 삿포로점을 검색할 경우 폐점되었다고 나오며 타누키코지점은 표시되지 않기 때문에, 검색할 때 '돈키호테 TANUKI'로 하는 것이 좋다. 저녁 시간에는 계산하고 면세를 받는 데 1시간 이상 걸리는 경우가 많으므로 여유로운 쇼핑을 원한다면 오전에 방문하는 것이 좋다. 카카오톡에서 '일본여행 할인쿠폰' 검색 후 친구 추가를 하면 최대 2000엔까지 할인이 가능한 쿠폰을 받을 수 있다.

주소 北海道札幌市中央区南2条西4-2-11 위치 오도리 공원에서 도보 8분, 타누키코지 아케이드 상점가 안쪽 시간 24시간 영업

도나베 함바그 호쿠토세이 土鍋ハンバーグ 北斗星

도자기 냄비에 나오는 햄버그 스테이크

뜨겁게 달군 도자기 냄비에 소스와 야채를 함께 넣고 끓이는 햄버그 스테이크를 메인 메뉴로 하는 곳이다. 스튜와 스프 중간의 걸죽한 국물에는 홋카이도의 신선한 야채의 깊은 맛이 배어 있다. 기본적으로 밥과 샐러드는 무한 제공되기 때문에 양이 많은 남자들의 식사로도 적당하고, 1,000엔 미만으로 가격 대비 만족도 높은 식사를 할 수 있다.

주소 北海道札幌市中央区南3条西1丁目 위치 다누키코지 1초메(오른쪽 끝 부분), 스스키노 역에서 도보 5분 시간 11:00~21:00

요요테이 洋々亭

징키스칸과 아사히 생맥주를 무제한으로

아사히 맥주 공장인 아사히비루엔과 제휴되어 있는 레스토랑 겸 이자카야이다. 찾기 쉬운 위치에 200석이 넘는 넓은 공간과 메뉴가 그림으로 되어 있어 주문도 편리하다. 양고기 징키스칸을 메인으로 양고기 샤브샤브, 게 요리 등의 메뉴를 갖추고 있으며 '양고기 징키스칸 다베호다이(ラム肉ジンギスカン, 음식 무제한, 2,800엔)'에 '노미호다이(飲み放題, 주류 및 음료 무제한, 1,200엔)'를 하면 양고기와 아사히 생맥주와 음료를 무제한으로 먹을 수 있다.

주소 北海道札幌市中央区南 4 条西 4 丁目 **위치** ススキノ 역 2번 출구 바로 앞, 마츠오카 빌딩(松岡ビル) 5층 **시간** 17:00~23:00

라멘 요코초 ラーメン横丁

미소 라멘 원조 골목

1950년대부터 조성된 라멘 요코초는 좁은 골목길 양옆으로 17개의 라멘집이 영업하고 있다. 라멘 요코초가 인기를 얻자 바로 옆에 신라멘 요코초(新ラーメン横丁)가 생겼고 이에 라멘 요코초는 상가 앞에 '원조(간소, 元祖)'를 표시하기 시작했다. 현재 간소 라멘 요코초의 간판은 노란색 바탕, 신라멘 요코초의 간판은 흰색 바탕이다.

북해도의 모든 식재료를 얹었다는 뜻의 '홋카이도젠부노세(北海道全部のせ, 1,100엔)'로 유명한 테시카가(弟子屈ラーメン)와 흔히 백화산장이라 불리는 시라카바산소(白樺山荘)가 여행객들에게 인기 많은 라멘집이며, 기다리는 사람이 많다면 어느 곳에 들어가도 만족스러운 미소 라멘을 맛볼 수 있다.

위치 오도리 공원에서 도보 약 8분, JR 삿포로 역에서 도보 25분 **시간** 10:00~다음 날 05:00(상점에 따라 다름)

만류 라멘 미나미고조점 満龍 南5条店

여럿이 찾기 좋은 라멘 집

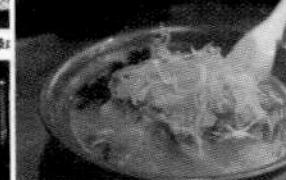

라멘 요코초의 작은 라멘집들은 4명 이상이 함께 식사할 수 있는 곳을 찾기 어려운 때도 있다. 삿포로의 명물 미소 라멘을 여러 명이서 함께 먹고자 할 때 추천하는 곳으로 삿포로 이온 쇼핑몰에 3개의 매장을 운영하는 등 삿포로를 대표하는 라멘 체인점이다. 라멘 외에도 중국 요리도 갖추고 있어 선택의 폭도 넓다.

주소 北海道札幌市中央区南5条西3丁目 **위치** ススキノ 역에서 도보 약 4분, 라멘 요코초에서 도보 2분 **시간** 19:00~다음 날 04:00(일, 공휴일은 02:00까지)

징키스칸 ジンギスカーン

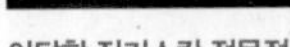

아담한 징키스칸 전문점

삿포로의 명물 요리 중 하나인 징키스칸 전문점 중에 흔치 않게 최고급 아일랜드산 양고기를 사용하여 양고기 특유의 냄새가 적은 편이다. 생양고기(生ラーム)와 소금 양념을 한 시오카루비(塩カルビ)가 인기 메뉴이다. 자리가 많지 않은 곳이기 때문에 기다리는 시간이 아깝다면 우리나라 여행객들이 많이 찾는 징키스칸 전문점 다루마 본점도 가까이에 있으니 그쪽을 방문하는 것도 좋다.

징키스칸 ジンギスカーン

주소 北海道札幌市中央区南5条西6 **위치** 지하철 스스키노 역 5번 출구에서 도보 5분 **시간** 18:00~다음 날 01:00

다루마 본점 だるま 本店

주소 北海道札幌市中央区南五条西 **위치** 지하철 스스키노 역 5번 출구에서 도보 2분 **시간** 17:00~다음 날 03:00

MAPECODE 13022

라멘 신겐 ラーメン信玄

매운 미소 라멘이 일품인 라멘 집

삿포로 인근의 이시카리에서 큰 인기를 얻어 삿포로 시내에 점포를 낸 곳으로 스스키노 중심에서 다소 떨어져 있지만 라멘을 좋아한다면 찾아볼 만한 곳이다. 돼지 뼈를 50시간 이상 삶아서 만든 육수와 야채의 조화로운 맛이 인기 비결이다. 인기 메뉴는 매운 미소 라멘인 에치고(越後)와 진한 미소 라멘인 신슈(信州)이며, 소금(塩, 시오)과 간장(醤油, 쇼유) 베이스의 라멘도 담백한 맛(あっさり, 앗사리)과 진한 맛(こってり, 콧쿠리) 중에서 선택할 수 있다.

주소 北海道札幌市中央区南6条西8 **위치** 지하철 스스키노 역에서 도보 약 10분, 시덴 히가시혼간지마에 역에서 도보 약 2분 **시간** 11:30~다음 날 01:00

MAPECODE 13023

에비소바 이치겐 えびそば 一幻

새우 맛이 가득한 에비소바

미소 라멘이 유명한 삿포로에서 라멘이 아닌 소바로 큰 인기를 얻고 있는 곳으로 2013년에는 도쿄의 신주쿠에 매장을 내기도 했다. 새우로 우려낸 국물은 미소(えびみそ, 에비미소), 간장(えびしょうゆ, 에비쇼유), 소금(えびしお, 에비시오)으로 구분되고 다시 각각 소노마마(そのまま, 그대로), 호도호도(ほどほど, 돼지 뼈 국물 추가), 아지와이(あじわい, 진한 국물)을 선택하고, 굵은 면(極太麺, 고쿠타이멘), 얇은 면(細麺, 호소멘)을 선택할 수 있다. '에비미소 소노마마 호소멘'과 같이 주문하면 된다.

주소 札幌市中央区南7条西9丁目1024-10 **위치** 지하철 스스키노 역에서 도보 약 15분, 시덴 히가시혼간지마에 역에서 도보 약 5분

MAPECODE 13024

니조이치바 二条市場

신선한 해산물을 파는 시장

하코다테의 아사이치(函館朝市), 구시로의 와쇼이치(釧路 和商市場)와 함께 홋카이도의 3대 시장으로 불린다. 바다에서 연결되는 강이 가까이에 있어 오래전부터 어시장이 형성되어 1903년 지금의 시장의 모습을 갖추게 되었다. 게, 성게, 연어 등의 해산물이 중심을 이루지만 야채, 과일 가게와 과자 등 여행 선물을 파는 상점도 있다. 재래시장만의 독특한 풍경과 신선한 해산물을 맛볼 수 있는 식당을 찾는 여행객들의 방문도 많다.

위치 지하철 오도리 역 35번 출구에서 도보 5분, 삿포로 테레비탑에서 도보 12분 **시간** 재래시장 07:00~18:00(상점에 따라 다름) / 식당 06:00~21:00(상점에 따라 다름)

MAPECODE 13025

돈부리 차야 どんぶり茶屋

해산물이 듬뿍 담긴 덮밥 전문점

니조이치바의 대표적인 먹거리는 두말할 것 없이 해산물 덮밥인 카이센돈(海鮮丼)이다. 니조이치바를 대표하는 카이센돈 전문점 중 하나인 돈부리 차야는 이쿠라(いくら, 연어 알), 우니(うに, 성게), 사몬(サーモン, 연어)을 주재료로 하고 있으며 계절에 따라 게를 쓰기도 한다. 가장 인기 있는 메뉴는 네 가지 미니 카이센동이 나오는 세트 마루센돈(丸鮮丼, 2,880엔)이며 20여 개가 넘는 메뉴는 한글 메뉴판도 있어 쉽게 주문할 수 있다.

주소 札幌市中央区南三条東1-7 **위치** 신니조이치바(니조이치바 바로 옆) 내부 **전화** 011-558-1012 **시간** 07:30~17:30, 연중무휴 **가격** 1,500엔~

삿포로 근교
札幌近郊

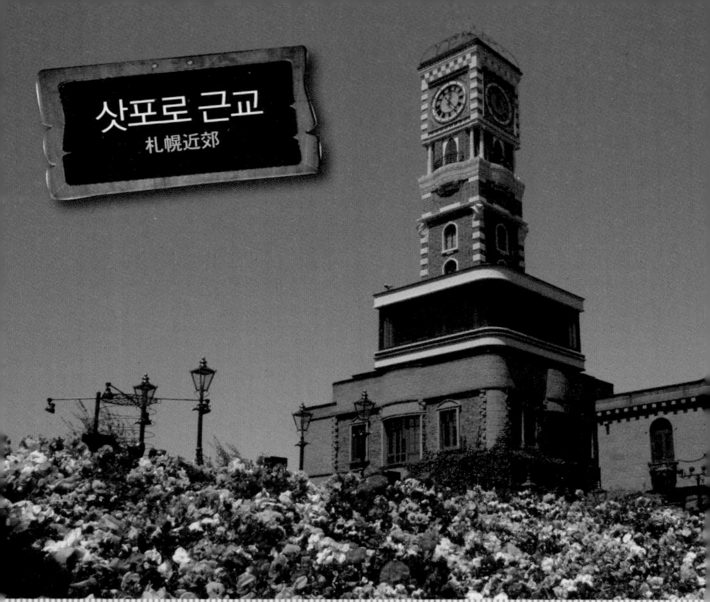

하루 만에 둘러볼 수 있는 근교 여행지

JR 삿포로 역과 스스키노를 중심으로 하는 시내는 하루 또는 반나절이면 둘러볼 수 있고, 삿포로와 함께 가장 인기 있는 관광지인 오타루도 반나절이면 볼 수 있을 만큼 작다. 삿포로와 오타루를 중심으로 여행을 한다면 삿포로 시내에서 조금 떨어진 곳을 일정에 포함하는 것이 좋다. 동선을 짜기에 따라서는 오전에 삿포로 근교 지역을 보고 오타루로 이동하는 것도 괜찮다. 근교라고 표현하지만 지하철과 노면전차를 이용하여 시내에서 20~30분이면 갈 수 있다.

Access

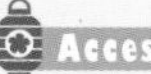

삿포로 시내에서 지하철 또는 노면전차, 버스 이용

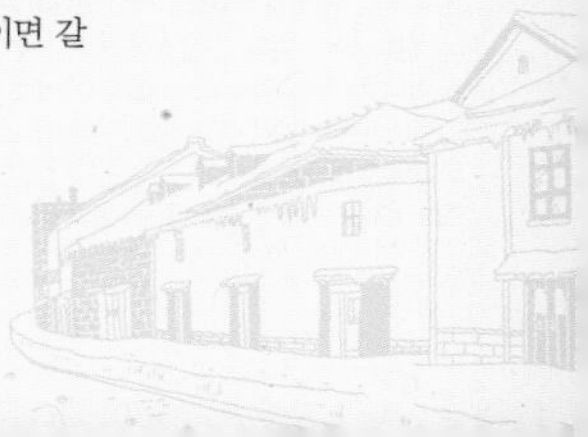

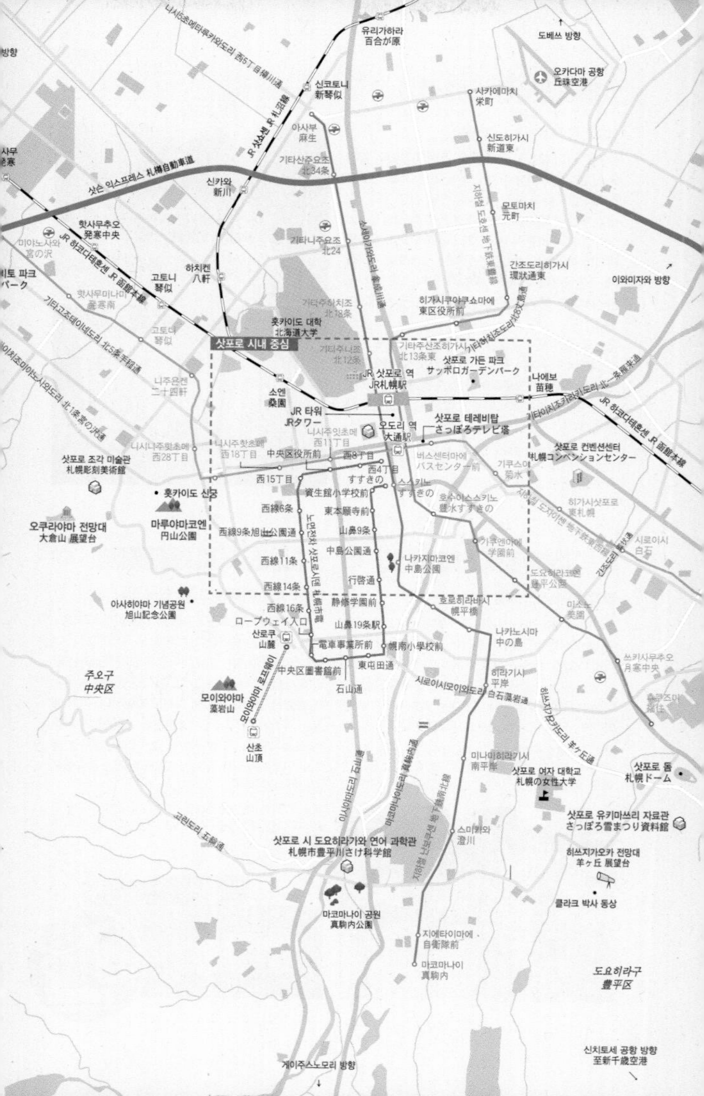

삿포로 시내 중심
JR 삿포로 역
JR札幌駅
오도리 역
大通駅
JR 타워
JRタワー
삿포로 테레비탑
さっぽろテレビ塔
삿포로 가든 파크
サッポロガーデンパーク
삿포로 컨벤션센터
札幌コンベンションセンター
홋카이도 대학
北海道大学
홋카이도 신궁
마루야마코엔
円山公園
삿포로 조각 미술관
札幌彫刻美術館
오쿠라야마 전망대
大倉山 展望台
아사히야마 기념공원
旭山記念公園
모이와야마
藻岩山
산로쿠
山麓
산초
山頂
주오구
中央区
나카지마코엔
中島公園
삿포로 시 도요히라가와 연어 과학관
札幌市豊平川さけ科学館
마코마나이 공원
真駒内公園
삿포로 여자 대학교
札幌の女性大学
삿포로 돔
札幌ドーム
삿포로 유키마쓰리 자료관
さっぽろ雪まつり資料館
히쓰지가오카 전망대
羊ヶ丘 展望台
클라크 박사 동상
도요히라구
豊平区
오카다마 공항
丘珠空港
도베쓰 방향
이와미자와 방향
신치토세 공항 방향
至新千歳空港
게이주스노모리 방향
삿손 익스프레스 札樽自動車道
JR 삿쇼센 JR 札沼線
JR 하코다테혼센 JR 函館本線
유리가하라
百合が原
신코토니
新琴似
아사부
麻生
기타산주요조
北34条
신카와
新川
핫사무추오
発寒中央
하치켄
八軒
고토니
琴似
기타니주요조
北24
기타주하치조
北18条
기타주니조
北12条
소엔
桑園
니주욘켄
二十四軒
니시니주핫초메
西28丁目
니시주핫초메
西18丁目
니시주잇초메
西11丁目
中央区役所前
西8丁目
西4丁目
すすきの
西15丁目
스스키노
すすきの
버스센터마에
バスセンター前
기쿠스이
菊水
호스이스스키노
豊水すすきの
가쿠엔마에
学園前
도요히라코엔
豊平公園
호로히라바시
幌平橋
나카노시마
中の島
히라기시
平岸
미나미히라기시
南平岸
스미카와
澄川
지에타이마에
自衛隊前
마코마나이
真駒内
사카에마치
栄町
신도히가시
新道東
모토마치
元町
간조도리히가시
環状通東
히가시쿠야쿠쇼마에
東区役所前
기타주산조히가시
北13条東
나에보
苗穂
히가시삿포로
東札幌
시로이시
白石
미소노
美園
쓰키사무추오
月寒中央
후쿠즈미
福住
資生館小学校前
東本願寺前
山鼻9条
中島公園通
行啓通
静修学園前
山鼻19条駅
幌南小學校前
電車事業所前
東屯田通
中央区圖書館前
石山通
西線6条
西線9条旭山公園通
西線11条
西線14条
西線16条
ロープウェイ入口
노면전차 삿포로시덴 札幌市電
모이와야마 로프웨이
지하철 난보쿠선 地下鉄南北線
지하철 도호선 地下鉄東豊線
지하철 도자이센 地下鉄東西線
니시고초메타루카와도리 西5丁目樽川通
소세이가와도리 創成川通
기타주산조도리 北13条通
기타이치조미야노사와도리 北1条宮の沢通
기타고조테이네도리 北5条手稲通
기타이치조칸도리 北一条雁来通
간조도리 環状通
시로이시모이와도리 白石藻岩通
히쓰지가오카도리 羊ヶ丘通
고린도리 五輪通
이시야마도리 石山通
마코마나이도리 真駒内通

MAPECODE 13026

마루야마 공원 円山公園

삿포로를 대표하는 벚꽃 명소

삿포로 시내 중심의 서쪽 끝에 있는 마루야마 공원은 삿포로에서 가장 인기 있는 벚꽃 놀이 장소로 우리나라보다 벚꽃 개화 시기가 한 달 정도 늦다. 19세기 후반 홋카이도 개척사가 만든 수목 시험장이었다가 20세기 초반에 공원으로 정비되었으며 겨울을 제외한 주말에는 바비큐를 즐기는 시민들로 가득하다. 공원 주변으로 예쁜 카페들이 많이 모여 있어 공원 산책과 함께 카페에서 여유로운 시간을 보내기도 좋다.

공원의 서쪽에는 동물원, 북쪽에는 홋카이도 신궁이 있으며 마루야마 공원에서 '시로이코이비토 파크(초콜릿 공장)', '오쿠라야마 스키 점프대(전망대)'로의 이동이 편리하기 때문에 같은 날 일정으로 하면 좋다.

주소 北海道札幌市中央区宮の森 **위치** 지하철 마루야마 코엔 역 2번 출구에서 도보 약 3분 **요금** 공원 무료 / 동물원 성인 600엔, 초등학생 이하 무료

MAPECODE 13027

홋카이도 신궁 北海道神宮

리락쿠마에게 소원을 비는 일본 사원

홋카이도 개척 당시 사할린과 쿠릴 지역으로 진출하던 러시아 세력으로부터 홋카이도를 지키기 위한 부적의 역할로 지은 사찰로, 마루야마 공원의 북쪽에서 연결된다. 소원을 적어 매달아 두는 나무판을 '에마(絵馬)'라고 부르는데 이곳에는 특이하게 리락쿠마 에마가 있어 어린이와 여성들이 좋아한다.

주소 北海道札幌市中央区宮ヶ丘474 **위치** 마루야마 공원 북쪽, 지하철 마루야마 코엔 역 1번 출구에서 도보 약 10분 **요금** 무료

MAPECODE 13028

롯카테이 제과 六花亭

만족스러운 가격에 고급스러운 식사

두툼한 버터 샌드로 홋카이도를 대표하는 디저트·과자 전문점인 롯카테이(六花亭)의 직영점이다. 여행객들이 즐겨 찾는 마루야마점은 오타루점과는 달리 식사 메뉴까지 갖추고 있으며 고급스러운 분위기와 훌륭한 서비스에 비해 가격도 저렴하다. 인기 메뉴는 가리비 정식(ほたて強飯定食, 570엔)과 두툼한 핫케이크(ホットケーキ 520엔)이며, 300엔 내외의 디저트와 함께 즐기는 200엔 커피는 계속해서 리필까지 해준다.

주소 札幌市中央区南2条西27丁目174 **위치** 지하철 마루야마 코엔 역 3번 출구에서 도보 2분 **시간** 10:30~18:30

시로이코이비토 파크 白い恋人パーク

다양한 볼거리가 있는 초콜릿 공장

'하얀 연인'이라는 뜻의 시로이코이비토는 화이트 초콜릿 크림이 들어 있는 과자로 우리나라의 쿠크다스와 비슷한 느낌의 과자이다. 1976년 발매된 이후 홋카이도 여행 기념품 부동의 No.1을 지키고 있다. 핑크색 벽돌 건물에 입구에서부터 풍겨 오는 과자 향기는 마치 동화 속 헨젤과 그레텔의 과자 궁전에 들어간 듯한 착각을 일으키며, 시로이코이비토의 제작 과정을 참관하는 것은 물론 제작 체험도 할 수 있다. 고풍스러운 실내에서는 전 세계의 예쁜 찻잔과 포트가 전시된 카페를 운영하고, 분수대와 아름다운 장미로 이루어진 예쁜 로즈 가든이 꾸며져 있다.

주소 北海道札幌市西区宮の沢2-2-11-36 **위치** 지하철 미야노사와(宮の沢) 역 2번 출구에서 도보 7분 / 오도리 역에서 미야노사와 역까지 15분, 마루야마 코엔 역에서 미야노사와 역까지 5분 **시간** 09:00~18:00 **요금** 고교생 이상 성인 600엔, 중학생 이하 200엔

걸리버 타운 Gulliver Town

가족 여행자들에게 인기 있는 시설

시로이코이비토 공원 내에 만들어진 걸리버 타운. 게이트를 빠져나오면 작은 집이 나란히 줄지어 있어, 거인이 된 것 같은 느낌을 받는다. 어린 자녀가 있는 가족 여행자들에게 인기 있는 시설로 입장료에는 '시로이코이비토 철도' 일주와 키즈 타운 30분도 포함되어 있다.

위치 시로이코이비토 내 **시간** 10:00~17:00 **요금** 12세 이하 800엔, 13세 이상 700엔

MAPECODE 13030

히쓰지가오카 전망대 羊ヶ丘 展望台

클라크 박사의 동상이 있는 양의 언덕

홋카이도 대학의 초대 총장으로 '소년이여 야망을 가져라(Boy's be ambitious)'라는 명언을 남긴 클라크 박사의 동상이 있는 곳으로 유명한 언덕이다. 홋카이도 대학에 있는 흉상과는 달리 이상을 가리키는 듯 한 팔을 들고 있는 전신상이 넓은 목초지를 배경으로 서 있다. 양의 언덕이라는 표현대로 여름철에는 방목되어 있는 양을 볼 수도 있으며, 삿포로 돔 구장과 삿포로 시내가 한눈에 보인다. 동상의 바로 옆에는 삿포로 유키마쓰리 자료관과 기념품을 파는 상점이 있다. 삿포로 시내에서 히쓰지가오카까지는 지하철과 버스를 이용해야 하기 때문에 '공통 1DAY 카드(1,000엔)'를 이용하는 것이 좋다.

MAPECODE 13031

삿포로 유키마쓰리 자료관 さっぽろ雪まつり資料館

유키마쓰리의 역사를 전시하고 있는 곳

1950년 눈이 많이 오면 눈을 쌓아두던 오도리 공원에 6개의 눈으로 만든 조각상을 세우는 것에서부터 시작되어, 세계 3대 축제 중 하나로 꼽히는 유키마쓰리의 역사를 전시하고 있는 곳이다. 유키마쓰리를 볼 수 있는 것은 1년 중에 1주일밖에 안 되지만, 이곳에서는 유키마쓰리의 다양한 사진과 자료들을 언제든지 볼 수 있다.

위치 삿포로 역에서 지하철 도호센(東豊線) 이용 후쿠즈미(福住) 역까지 이동 후(14분, 240엔), 84번 또는 89번 버스 이용, 히쓰지가오카 전망대(羊ヶ丘 展望台)에서 하차(12분, 200엔) **시간** 08:30~18:00(5.1.~6.30.) / 08:30~19:00(7.1.~9.30.) / 09:00~17:00(12.1.~4.30.) **요금** 고등학생 이상 성인 500엔, 초등학생 · 중학생 300엔

삿포로 돔 札幌ドーム

최신 설비를 자랑하는 돔 구장

삿포로 돔은 일본에서도 가장 최신 설비를 자랑하는 돔 구장으로 야구 경기와 축구 경기를 할 수 있는 곳이다. 천연 잔디를 이용하는 축구장에서 야구장으로 변신할 때는 천연 잔디가 구장 밖으로 이동한다. 세로 120미터, 가로 85미터, 무게 8,300톤의 거대한 천연 잔디 축구장이 공기압에 의해 7.5센티미터 부상하고, 34개의 바퀴를 사용하여 1분당 4미터를 이동, 천연 잔디가 움직이는 모습은 압권이다. 경기장의 모습에 따라 객석의 위치도 함께 변신을 하는 트랜스포머 구장이다. 천연 잔디는 경기가 없을 때는 실외에서 키운다. 히쓰지가오카에서 삿포로 돔의 외관을 바라볼 수 있지만, 삿포로 돔의 진수를 느끼기 위해서는 내부 견학(입장 자유, 가이드 투어는 유료)을 해보는 것이 좋다.

위치 삿포로 역에서 지하철 도호센(東豊線) 이용, 후쿠즈미(福住) 역까지 이동 후(14분, 240엔) 도보 10분
가이드 투어 시간 10시부터 16시까지 매시 정각 시작, 약 50분 소요
가이드 투어 요금 고등학생 이상 성인 1,000엔, 어린이 500엔

오쿠라야마 전망대 大倉山 展望台

스키 점프 스타디움에 있는 전망대

1972년 삿포로 동계 올림픽의 90m급 점프 경기가 열린 곳으로 지금은 전망대로 이용되고 있다. 삿포로 시내를 둘러싸고 있는 몇 개의 전망대 중에서 시내가 가장 잘 보이는 편으로, 특히 오도리 공원이 일직선으로 보여 쉽게 위치를 확인할 수 있다. 2인승 리프트를 타면 스키 점프 경기의 선수가 된 듯한 기분을 만끽할 수 있으며, 동계 올림픽과 관련된 자료를 전시하고 가상 체험을 해 볼 수 있는 겨울 스포츠 박물관이 있다.

주소 札幌市中央区宮の森1274 **위치** 지하철 마루야마코엔 역 하차 2번 출구 앞 버스 터미널에서 '円14' 탑승 약 10~15분 후 오쿠라야마 쿄기죠 이리구치(大倉山競技場入口) 하차 / 버스 요금 200엔
리프트 시간 09:00~17:00 (4월 중순 약 10일간, 점프 대회, 공식 연습일 휴무)
리프트 요금 성인 왕복 500엔, 어린이 왕복 300엔
겨울 스포츠 박물관 시간 09:00~17:00(5~10월), 09:30~17:00(11~4월)
겨울 스포츠 박물관 요금 성인 600엔, 중학생 이하 무료

MAPECODE 13034

모이와야마 藻岩山

삿포로 시내 야경을 볼 수 있는 곳

홋카이도 원주민들이 오래전부터 '잉카루시페(언제나 그곳에 올라 전망하는 곳)'라 부르던 곳으로 홋카이도 3대 야경으로 꼽히는 삿포로 시내의 야경을 감상할 수 있다. 로프웨이를 이용해 모이와야마 중턱(中腹駅)까지 이동 후 삼림 체험형 운송 시스템인 모리스카를 이용해 모이와야마 정상(山頂駅)까지 이동할 수 있다. 산 중턱에는 기념품 코너가 있으며, 정상에는 전망대와 고급스러운 분위기의 레스토랑이 있다.

위치 스스키노에서 노면전차 시덴을 이용, 로프웨이 이리구치(ロープウェイ入口)에서 도보 10분
시간 10:30~ 22:00(4/1~11/20),
11:00~22:00(12/1~3/31)
요금 로프웨이+모리스카 왕복 1,700엔 / 로프웨이 왕복 1,100엔 / 모리스카 왕복 600엔

MAPECODE 13035

치토세 아웃렛몰 레라 千歳アウトレットモール・レラ

공항에서 가까운 아웃렛몰

치토세 아웃렛몰 레라는 신치토세 공항 가까이에 있고, 무료 셔틀버스가 30분 간격으로 운행하고 있어 공항에서 10분이면 갈 수 있다. 패션, 스포츠, 잡화, 인테리어 등 폭넓은 쇼핑 테마를 갖추고 있으며, 400여 개의 브랜드가 있다. 쇼핑 외에도 다양한 이벤트가 열리는 엔터테인먼트 아웃렛이다. 오전 10시부터 영업을 시작하니 귀국편 비행기 출발 시간이 이르다면, 삿포로 도착 후 시내로 이동하기 전에 방문하는 것이 좋다.

주소 北海道千歳市柏台南 1丁目 2-1
위치 JR 미나미 신치토세 역에서 도보 3분 / 신치토세 공항에서 무료 셔틀버스로 10분
전화 0123-42-3000
시간 10:00~20:00(일부 음식점은 11:00 오픈)
홈페이지 www.outlet-rera.com/kr

요이치 증류소 余市蒸溜所

니카 위스키의 무제한 시음과 예쁜 풍경

전 세계적으로 주목 받고 있는 싱글 몰츠 위스키 브랜드인 니카(NIKKA)의 증류소로 일반에게 무료로 개방하고 있다. 스스키노에 있는 큰 광고 간판으로 여행객에게도 익숙한 니카 위스키는 1900년대 초반 스코틀랜드에서 기술을 배워 온 타케츠루 마사타카에 의해 창립되었다. 증류소를 처음 운영할 당시에 자금난을 해소하기 위해 사과 쥬스를 만들어 판매하기도 했는데, 이러한 영향으로 싱글 몰츠 위스키 외에 애플 와인도 니카의 대표적인 상품에 속한다. 견학 시설 외에도 넓은 부지는 예쁜 설정 사진을 찍기에도 좋으며 가장 안쪽에 있는 니카회관(ニッカ会館) 2층에서는 무료 시음을 하고 있다. 애플 쥬스, 애플 와인, 요이치 10년산, 츠루18년산을 마음껏 시음할 수 있으며 언더락, 미즈와리(물에 섞어 마시는)는 물론 하이볼(탄산수와 섞은)도 만들 수 있다. 요이치 증류소는 삿포로에서 오타루를 지나 20여 분 거리에 있기 때문에 오전에 요이치 증류소 견학을 하고, 오타루를 보는 일정이 가장 좋다.

주소 北海道余市郡余市町黒川町7-6 **위치** JR 요이치 역에서 도보 3분(오타루 역에서 요이치 역까지 23분, 360엔 / 삿포로 역에서 1시간 10분, 1,070엔) **시간** 09:00~17:00(12월 25일~1월 7일 휴관) **요금** 무료. 시음을 위해서는 시설에 비치된 시음 신청서를 작성한다.

홋카이도 여행을 하는 사람들의 대부분이 삿포로 시내를 거점으로 두고 여행하며, 삿포로 시내에는 비즈니스급 호텔부터 특급 호텔에 이르기까지 다양한 호텔이 있다. 노보리베쓰, 후라노, 비에이 등의 JR 열차를 이용한 근교 여행에 비중을 둔다면 삿포로 역 주변의 호텔을, 삿포로 시내 관광과 나이트 라이프에 비중을 둔다면 스스키노에 있는 호텔을 선택하는 것이 편리하다.

MAPECODE 13037

호텔 오쿠라 삿포로 ホテルオークラ札幌

우리나라의 신라 호텔과 자매결연을 맺고 있는 오쿠라 호텔은 이름은 생소하지만 일본에서는 손꼽히는 명문 호텔 중 하나이다. 호텔 오쿠라 삿포로는 삿포로 여행의 중심이 되는 오도리 공원에 위치하고 있어 JR 역 및 스스키노 어느 지역으로나 이동이 편리하다. 일본 전통 다다미 객실까지 보유하고 있는 고급 호텔이기 때문에 배낭여행을 즐기는 학생들에게는 부담스럽지만 가족 여행, 커플 여행으로는 가장 추천할 만한 호텔이다.

위치 JR 삿포로 역에서 도보 약 15분, 지하철 오도리 역에서 도보 약 2분 전화 011-221-2333 요금 싱글 10,500엔, 트윈 12,000엔, 더블 20,000엔 홈페이지 www.sapporo-hotelokura.co.jp

MAPECODE 13038

삿포로 뷰 호텔 오도리 공원

札幌ビューホテル 大通公園

눈 축제가 열리는 오도리 공원이 한눈에 내려다보이는 호텔로 눈 축제 기간 및 주요 이벤트가 열리는 기간에는 객실을 구하기 힘든 인기 호텔 중 하나이다. JR 삿포로 역, 스스키노 지역에서 조금 떨어져 있다고 볼 수도 있지만 지하철 난보쿠센 오도리 역 1번 출구에서 불과 도보 5분 거리에 있다.

위치 지하철 난보쿠센 오도리 역에서 도보 5분, 지하철 도자이센 니시11초메 역에서 도보 3분 전화 011-261-1111 요금 싱글 9,500엔, 더블(트윈) 13,500엔 홈페이지 www.viewhotels.co.jp/sapporo

MAPECODE 13039

도미인 삿포로 아넥스 ドーミーイン札幌ANNEX

삿포로에서 가장 번화한 스스키노 지역에 위치한 비즈니스급 호텔로 규모와 객실이 큰 편은 아니지만 숙박자는 무료로 이용할 수 있는 온천 시설이 있어 여행의 피로를 풀기 좋다. 호텔의 접근성을 보완하기 위해 체크아웃 시 호텔에서 JR 삿포로 역까지 무료 송영 서비스를 제공하고 있다.

위치 지하철 오도리 역 또는 스스키노 역에서 도보 12분 / JR 삿포로 역에서 도보 25분 전화 011-232-0011 요금 싱글 7,500엔, 세미더블 11,000엔, 트윈룸 12,000엔 홈페이지 www.hotespa.net/hotels/sapporo_ax

MAPECODE 13040

APA 호텔 삿포로 스스키노 에키니시

アパホテル 札幌すすきの駅西

삿포로 유흥의 중심인 스스키노 지역에 위치한 호텔로, 지하철역 바로 앞에 있어 접근성이 좋다. 우리나라 관광객들이 가장 많이 이용하는 호텔 중 하나로 저렴한 가격에 비해 객실 및 호텔의 규모가 큰 편이다.

위치 지하철 오도리 역 또는 스스키노 역에서 도보 8분, JR 삿포로 역에서 도보 20분 전화 011-511-4111 요금 싱글 6,000엔, 세미더블 7,500엔, 더블(트윈) 8,500엔 홈페이지 www.apahotel.com.e.ju.hp.transer.com/language/hokkaido/06_sapporosusukino-ekinishi

JR 삿포로 역 지역

MAPECODE 13041

JR 타워 호텔 닛코 삿포로 JRタワーホテル日航札幌

JR 삿포로 역에서 바로 연결되어 있는 JR 타워 상층부에 위치한 특급 호텔이다. 객실이 JR 타워의 23층에 있기 때문에 낮은 층으로 배정 받더라도 충분히 훌륭한 전망을 제공한다. 22층에는 지하에서 끌어 올린 천연 온천수를 이용한 스파가 있어 삿포로 시내의 경치를 감상하며 온천욕을 즐길 수 있다.

위치 JR 삿포로 역 남쪽 출구에서 바로 연결 전화 011-208-0182 요금 싱글 18000엔, 더블 26,000엔, 트윈 34,000엔 홈페이지 www.jrhotels.co.jp/tower

MAPECODE 13042

게이오 프라자 호텔 삿포로 京王プラザホテル札幌

일본의 특급 호텔 체인인 게이오 호텔의 삿포로 지점은 JR 삿포로 역에서 도보 3분 거리에 있다. 다른 게이오 호텔 체인에 비해 저렴하지만 특급 호텔의 품격은 동일하다. 비수기인 겨울에는 비즈니스급 호텔과 비슷한 특가 요금이 제공되기도 한다.

위치 JR 삿포로 역 남쪽 출구에서 도보 3~4분 전화 011-271-0111 요금 싱글 10,000엔, 더블 14,000엔, 트윈 15,000엔 홈페이지 www.keioplaza-sapporo.co.jp

MAPECODE 13043

호텔 그레이스리 삿포로 ホテルグレイスリー札幌

JR 삿포로 역에서 도보 3분 거리의 삿포로 워싱톤 호텔이 약 2년의 기간에 걸친 리뉴얼을 통해 2006년부터 영업을 재개하면서 이름을 그레이스리 삿포로로 변경하였다. 역에서 가까운 비즈니스급 호텔로 배낭여행객의 이용이 많으며, 호텔의 규모는 다른 비즈니스급 호텔과 달리 큰 편이다.

위치 JR 삿포로 역 남쪽 출구에서 도보 3분 전화 011-251-3211 요금 싱글 8,200엔, 세미더블 9,500엔, 더블(트윈) 11,300엔 홈페이지 www.gracery.com/sapporo

MAPECODE 13044

호텔 루트 인 삿포로 에키마에 기타구치 ホテルルートイン 札幌駅前北口

북해도 여행의 중심역인 삿포로 역에서 도보 1분 거리에 있어 근교 여행을 중심으로 일정을 정한 사람들에게 가장 추천할 만한 호텔이다. 모든 싱글 침대가 폭 140~160cm로 세미더블룸이 다른 호텔보다 쾌적하다.

위치 JR 삿포로 역 북쪽 출구에서 도보 1분 전화 011-727-2111 요금 싱글 6,400엔, 세미더블 8,300엔, 더블(트윈) 13,000엔 홈페이지 www.route-inn.co.jp/search/hotel/index.php?hotel_id=241

MAPECODE 13045

크로스 호텔 삿포로 クロスホテル札幌

부티크 호텔 체인인 크로스 호텔은 비즈니스급 호텔 요금으로 세련된 객실을 이용할 수 있다는 것이 매력이다. 2007년 7월 삿포로에 오픈하면서 실버톤의 고급스러운 인테리어를 선보였다. 18층에는 숙박자 전용의 대욕장이 있다.

위치 JR 삿포로 역 남쪽 출구에서 도보 5분 전화 011-272-0010 요금 싱글 8,300엔, 세미더블 10,300엔, 더블(트윈) 12,000엔 홈페이지 www.crosshotel.com/sapporo/index.html

계절성이 강한 삿포로의 호텔

삿포로 호텔의 가장 큰 특징은 계절성이 강하다는 것이다. 여름 성수기가 지나고 비수기인 겨울이 되면 호텔의 숙박비는 현저하게 낮아진다. 도쿄에서는 3~4성급 호텔에서 숙박할 수 있는 예산으로 특급 호텔을 이용할 수도 있다. 단, 겨울에도 2월 초의 눈 축제 기간 중 숙박비는 여름 성수기 이상으로 치솟으며, 객실을 확보하기도 어려우니 최소 2~3개월 전에 예약해야 한다.

오타루

영화 〈러브레터〉의 촬영지

오타루는 삿포로의 근교 여행지라고 표현해도 될 만큼 삿포로 시내에서 가깝다.

홋카이도가 개척되던 1800년대 말부터 삿포로로 연결되는 외항(外港)으로 발달하기 시작했으며, 그로 인해 삿포로에 종속된 듯한 느낌이 강한 도시지만 관광지로서의 매력을 따지면 오히려 삿포로보다 만족도가 높은 곳이다.

우리나라에서도 많은 인기를 얻은 영화 〈러브레터〉의 촬영지이며, 우리나라 인기 가수의 뮤직 비디오에도 등장해 마니아층의 방문도 많다. 홋카이도 3대 야경 중 하나인 오타루 운하를 비롯해 홋카이도의 공예품, 특산품을 한곳에 모아둔 사카이스지도리 등의 볼거리가 있다.

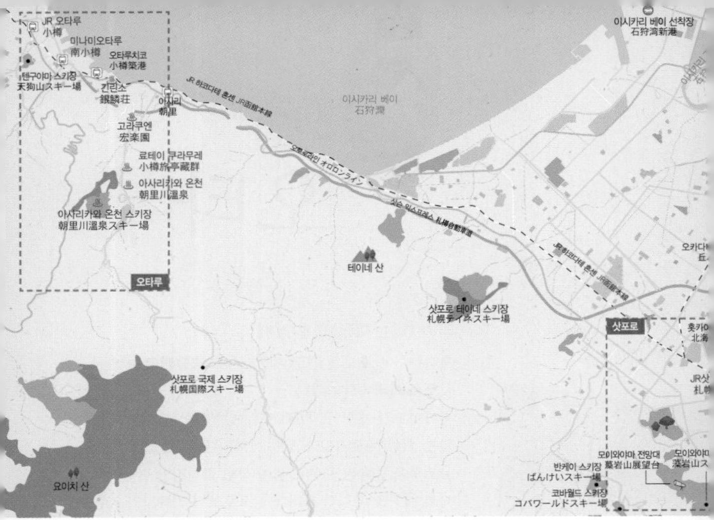

JR 오타루 小樽
미나미오타루 南小樽
오타루치코 小樽築港
텐구야마 스키장 天狗山スキー場
긴린소 銀鱗荘
아사리 朝里
고라쿠엔 宏楽園
료테이 구라무레 小樽旅亭蔵群
아사리카와 온천 朝里川温泉
아사리카와 온천 스키장 朝里川温泉スキー場
오타루
JR 하코다테 혼센 JR函館本線
이시카리 베이 石狩灣
이시카리 베이 선착장 石狩湾新港
오로로라인 オロロンライン
삿포로 테이네 스키장 札幌テイネスキー場
테이네 산
삿포로 국제 스키장 札幌国際スキー場
요이치 산
삿포로
반케이 스키장 ばんけいスキー場
모이와야마 전망대 藻岩山展望台
코바월드 스키장 コバワールドスキー場

오타루–삿포로

찾아가기

삿포로에서 오타루까지는 JR 열차를 이용해서 쉽게 이동할 수 있다. 보통(普通), 구간 쾌속(区間快速), 쾌속 에어포트호(快速エアポート号)의 등급으로 구분되는 JR 열차는 등급에 따라 소요 시간은 다르지만 요금은 640엔으로 동일하다.

삿포로 신치토세 공항(新千歳空港)에서 오타루까지는 쾌속 에어포트(快速エアポート) 열차가 삿포로를 경유해 오타루까지 바로 연결된다. 오타루 여행의 시작은 오타루역보다는 한 정거장 전의 미나미오타루 역에서 시작하는 것이 편리하다. 삿포로에서 미나미오타루까지의 요금은 동일하며, 미나미오타루에서 오타루까지는 열차로 2분 거리에 있다.

출발지	열차명 또는 구분	편도 요금	소요 시간	운행 간격	기타
삿포로	구간 쾌속(区間快速)	640엔	약 40분	30분	
	에어포트호(エアポート号)	640엔	약 30분	30분	지정석 U-Seat 520엔 추가
신치토세 공항	에어포트호(エアポート号)	1,590엔	약 70분	30분	지정석 U-Seat 520엔 추가

오타루 시내 중심부
오타루 시 종합 박물관 운하관
小樽市総合博物館 運河館
오타루 해안 해상 유람선 선착장
하나고코로 오타루점
花ごころ 小樽店
후나미자카 언덕
船見坂
오타루 중앙시장
小樽中央市場
오타루 그린 호텔
小樽グリーンホテル
도미인 프리미엄 오타루
ドーミインPREMIUM小樽
오타루
小樽
호텔 노드 오타루
ホテルノルド小樽
호텔 소니아
ホテルソニア
런던 가라쿠리 박물관
ロンドンからくり博物館
오타루비루 오타루소코 No.1
小樽ビル小樽ソコロ No.1
칸타로 오타루점
函太郎 小樽店
오타루 운하 식당
小樽運河食堂
하오 레스토랑
好レストラン
데누키코지
出抜き小路
마사즈시 젠안
おたる 政寿司 ぜん庵
나가사키야
長崎屋
오타루 우체국
小樽郵便局
기타노 월가
北のウォール
와라쿠 오타루점
回転寿し和楽 小樽店
가마에이 공장 직영 매장
かま栄
오타루 미술관
小樽 美術館
일본은행 구오타루지점 금융자료관
日銀旧小樽支店金融資料館
오센트 호텔 오타루
オーセントホテル小樽
오타루 렌가 요코초
おたる屋台村レンガ横丁
사카이마치도리 境町通
기타이치 베네치아 미술관
北一ヴェネツィア美術館
스시야도리 寿司屋通
오타루 마사즈시 본점
小樽政寿司本店
시립 초등학교
市立小学校
스이텐구
水天宮
기타이치 크리스탈관
北一クリスタル館
롯카테이
六花亭
르 타오 치즈케이크 라보
Le Tao チーズケーキラボ
기타카로 본점
北菓楼本店
오타루 오르골당 2호관
小樽オルゴール堂2号館
르타오
Le Tao
메르헨 교차점
メルヘン交差点
시립 도서관
市立図書館
오타루 시청
小樽市役所
고엔도리 公園通
오타루 오르골당 본관
小樽 オルゴール堂本館
하나조노그린도리 花園グリーンロード
오타루 공원
小樽公園
하나조노 시립 초등학교
花園市立小学校
이리후네도리 入船通
미나미오타루
南小樽
시립 중학교
市立中学校
홋카이도류코쿠학원 중학교, 고등학교
北海道龍谷学園 中学校、高校
오타루 시립 병원
小樽市立病院
오로로라인 オロロンライン
JR 하코다테 혼센 函館本線

시내 교통

오타루 도보 여행

JR 오타루 역에서 오타루 운하를 지나 오르골당이 있는 메르헨 교차로까지 도보 30분 정도가 걸리며, 몇몇 관심 있는 상점들을 둘러보다 보면 2~3시간 이상을 걷게 된다. 중간중간 식사도 하고, 카페에서 쉬기도 하면 대중교통의 이용 없이 도보로 여행을 할 수 있다. 오타루 역 앞의 버스 터미널에서 클래식한 외관의 오타루 산책 버스와 시내버스를 하루 동안 무제한 이용할 수 있는 '오타루 시나이 바스 이치니치 죠샤켄(おたる市内線バス1日乗車券)'을 750엔에 판매하고 있는데, 처음 찾은 지역에서 버스 정류장을 찾는 것도 어렵고 버스 운행 간격도 길며, 한번 타도 5~10분 이상 가지 않고 내려야 하기 때문에 2~3인이 함께 여행 할 때는 1~2회 정도 택시를 이용하는 것이 편리하다. JR 오타루 역에서 메르헨 교차로까지 택시 요금은 1,000엔이다.

JR 열차를 이용해 동선 줄이기

대부분의 여행객이 오타루 여행을 JR 오타루 역에서 시작한다. 오타루 역에서 나와 우선 내리막길을 따라 운하로 내려간 후 운하에서 기타노 월가를 지나 맛집과 기념품숍이 모여 있는 사카이마치 도리를 지나 오르골당이 있는 메르헨 교차로에 이르게 된다. 오타루에서 삿포로로 되돌아가기 위해 JR 오타루 역으로 가려면 왔던 길을 거슬러 올라가야 하는데 가까운 거리는 아니다.

메르헨 교차로에서 도보 5분 거리에 JR 미나미오타루 역이 있는데 JR 미나미오타루 역에서도 삿포로 역으로 갈 수 있으니 JR 오타루 역과 JR 미나미오타루 역 두 곳을 모두 이용하면 보다 편리한 여행이 될 수 있다. 오타루 역에서 많은 승객을 태운 열차가 미나미오타루에 정차한 후 삿포로로 가기 때문에 JR 미나미오타루 역에서 오타루 여행을 시작해 JR 오타루 역에서 마무리하는 것이 보다 편안한 일정이 된다.

TIP 키타카 Kitaca

삿포로와 오타루를 방문하는 여행자들에게 인기 있던 할인 패스인 오타루 웰컴 패스가 2017년 4월 이후 판매가 중지되었다. 일본 현지의 IC 카드 활성화 정책에 의한 것이다. JR 홋카이도에서 판매하는 IC 카드인 키타카(Kitaca)는 JR 홋카이도의 주요 역(신치토세 공항역, 삿포로 역 등)에서 구입할 수 있고, 최초 판매 금액은 2000엔(보증금 500엔, 사용 금액 1500엔)이다. 도쿄의 스이카(Suica), 오사카의 이코카(Icoca)가 있다면 홋카이도에는 키타카가 있다. 홋카이도 내에서 사용, 충전할 수 있으며 키타카 역시 일본의 다른 도시에서도 사용할 수 있다.

오타루 산책버스

오타루 시내의 주요 관광지를 순환하는 버스이다. 오타루 운하와 메르헨 교차점까지의 오타루 시내의 핵심만 둘러본다면 걷는 것만으로 충분하지만 오타루 항 또는 오타루 수족관까지 방문하는 경우라면 버스를 이용하는 것이 좋다. 오타루 산책버스는 3가지 코스로 되어 있으며, A 마린 코스는 시내 중심에서 동쪽 끝에 있는 오타루 항까지 이동, C 우시오 코스는 서쪽 끝의 오타루 수족관까지 이동한다. 오타루 운하부터 사카이스지도리, 메르헨 교차점에 이르는 오타루 시내 여행의 핵심 스팟에는 세 가지 코스 모두가 운행되고 있다.

구입 장소 오타루 역 앞 버스 터미널, 오타루 운하 버스 터미널, 운하 프라자
요금 1회 승차 220엔, 1일 승차권 750엔(시내버스도 이용 가능)

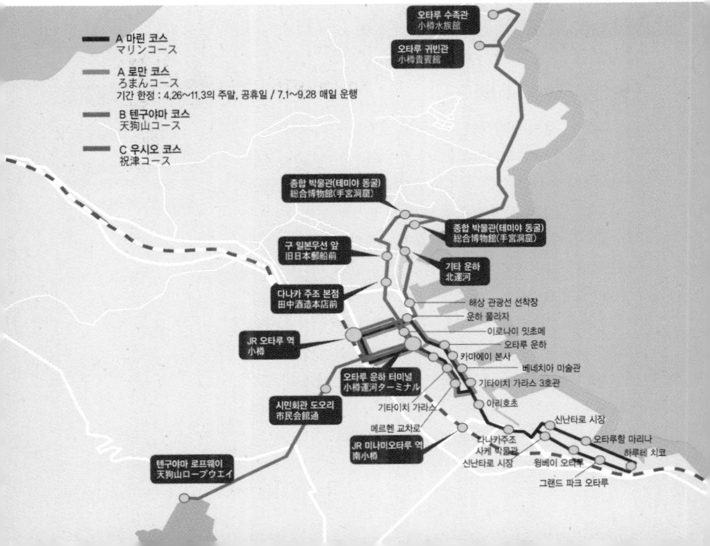

A 마린 코스
マリンコース
A 로만 코스
ろまんコース
기간 한정 : 4.26~11.3의 주말, 공휴일 / 7.1~9.28 매일 운행
B 텐구야마 코스
天狗山コース
C 우시오 코스
祝津コース

오타루 수족관
小樽水族館
오타루 귀빈관
小樽貴賓館
종합 박물관(테미야 동굴)
総合博物館(手宮洞窟)
종합 박물관(테미야 동굴)
総合博物館(手宮洞窟)
구 일본우선 앞
旧日本郵船前
기타 운하
北運河
다나카 주조 본점
田中酒造本店前
해상 관광선 선착장
운하 플라자
JR 오타루 역
小樽
이로나이 잇초메
오타루 운하
카마에이 본사
베네치아 미술관
오타루 운하 터미널
小樽運河ターミナル
기타이치 가라스 3호관
시민회관 도오리
市民会館通
아리호초
기타이치 가라스
신난타로 시장
메르헨 교차로
JR 미나미오타루 역
南小樽
다나카주조
사케 박물관
오타루항 마리나
하루테 치코
신난타로 시장
윙베이 오타루
그랜드 파크 오타루
텐구야마 로프웨이
天狗山ロープウエイ

오타루 역과 미나미오타루 역
小樽駅、南小樽駅

오타루 여행의 시작점

오타루를 찾는 여행객의 대부분이 삿포로 시내에서 숙박을 하기 때문에(국내에서 오타루의 호텔을 예약해 주는 곳은 거의 없다.) 여행객들은 대부분 JR 열차를 이용해 오타루로 이동한다. 오타루 역에 도착하기 한 정거장 전인 미나미오타루를 이용하는 여행객은 많지 않지만, 미나미오타루 역을 이용하면 보다 편한 여행을 할 수 있다. 미나미오타루 역에서 오타루 오르골당 본관이 있는 메르헨 교차로까지 약 5분 정도면 갈 수 있고, 이곳에서 사카이마치도리를 따라 운하로 이동하고, 운하에서 오타루 역까지 이동할 수 있다. 미나미오타루 역에서 오타루 시내 여행을 시작하고 오타루 역에서 여행을 마무리하거나 그 반대로 한다면 중복되는 동선 없이 자연스럽게 이어진다.

1 삿포로에서 JR 열차로 약 40분(620엔)
2 오타루 역과 미나미오타루 역 JR 열차로 3분 거리(160엔)
3 오타루운하에서도보약15분

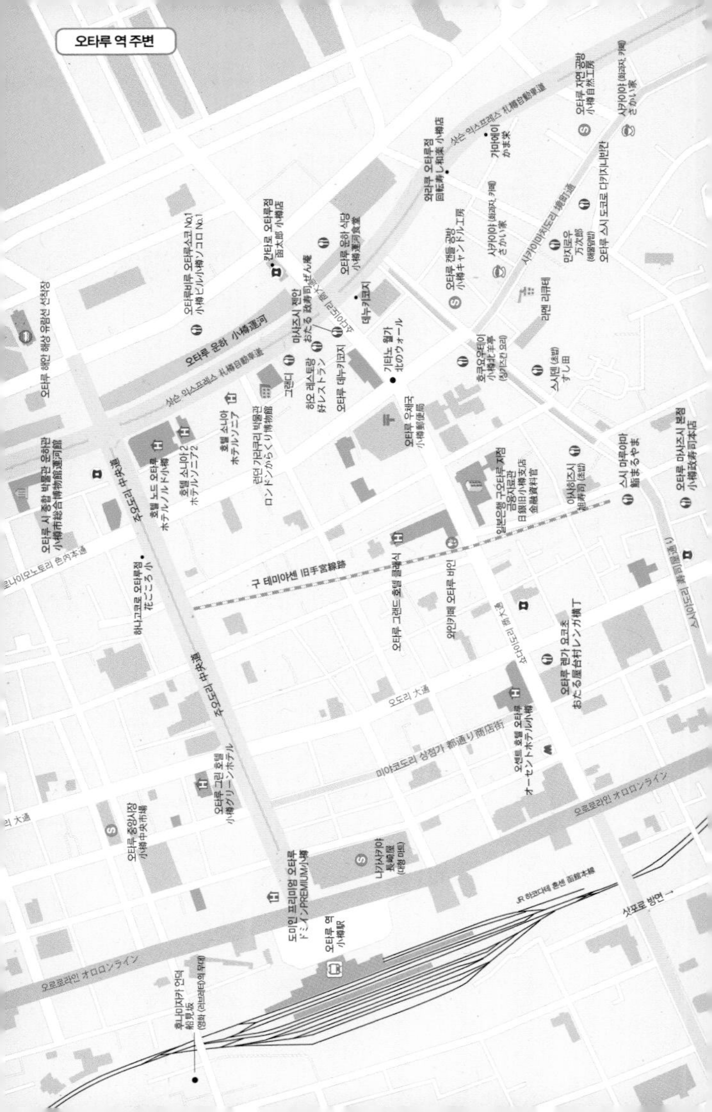

오타루 역 주변

오타루 해안 해상 유람선 선착장
오타루 시 종합 박물관 운하관
小樽市総合博物館運河館
이로나이오도리 色内本通
주오도리 中央道
하나고코로 오타루점
花ごころ 小
호텔 노드 오타루
ホテルノルド小樽
호텔 소니아 2
ホテルソニア2
호텔 소니아
ホテルソニア
삿슨 익스프레스 札樽自動車道
오타루 운하 小樽運河
오타루비루 오타루소코 No.1
小樽ビル小樽ソコロ No.1
칸타로 오타루점
函太郎 小樽店
오타루 중앙시장
小樽中央市場
후나미자카 언덕
船見坂
(영화 〈러브레터〉의 무대)
오타루 그린 호텔
小樽グリーンホテル
오로로라인 オロロンライン
구 테미야선 旧手宮線跡
런던 가라쿠리 박물관
ロンドンからくり博物館
그랜디
마사즈시 젠안
おたる 政寿司 ぜん庵
하오 레스토랑
好レストラン
오타루 데누키코지
쇼다이도리 商大通
오타루 운하 식당
小樽運河食堂
데누키코지
도미인 프리미엄 오타루
ドーミインPREMIUM小樽
오타루 역
小樽駅
나가사키야
長崎屋
(대형 마트)
미야코도리 상점가 都通り商店街
오도리 大通
오타루 그랜드 호텔 클래식
기타노 월가
北のウォール
오타루 우체국
小樽郵便局
와라쿠 오타루점
回転寿し和楽 小樽店
오타루 캔들 공방
小樽キャンドル工房
와인카페 오타루 바인
호쿠요우테이
小樽北羊亭
(칭기즈칸 요리)
사카이야 (화과자, 카페)
さかい家
가마에이
かま栄
일본은행 구오타루 지점
금융자료관
日銀旧小樽支店
金融資料館
오센트 호텔 오타루
オーセントホテル小樽
쇼다이도리 商大通
라멘 리큐테
사카이마치도리 境町通
JR 하코다테 혼센 函館本線
스시덴 (초밥)
すし田
만지로우
万次郎
(해물덮밥)
오타루 렌가 요코초
おたる屋台村レンガ横丁
아사히즈시
旭寿司 (초밥)
오타루 자연 공방
小樽自然工房
오타루 스시 도코로 다키지니반칸
스시 마루야마
鮨まるやま
사카이야 (화과자, 카페)
さかい家
삿포로 방면 →
스시야도리 寿司屋通り
오타루 마사즈시 본점
小樽政寿司本店

미나미오타루 역 주변
주오도리 中央通
이로나이오도리 色内大通
오도리 大通
호텔 소니아
ホテルソニア
칸타로 오타루점
函太郎 小樽店
소다이도리 商大通
마사즈시 젠안
おたる 政寿司 ぜん庵
오타루 운하 식당
小樽運河食堂
데누키코지
出抜き小路
오타루 우체국
小樽郵便局
기타노 월가
北のウォール
오타루 미술관
小樽 美術館
소다이도리 商大通
와라쿠 오타루점
回転寿し和楽 小樽店
오센트 호텔 오타루
オーセントホテル小樽
일본은행 구오타루지점 금융자료관
日銀旧小樽支店
金融資料館
가마에이
かま栄
사카이마치도리 境町通り
스시덴 (초밥)
すし田
오타루 렌가 요코초
おたる屋台村レンガ横丁
만지로우
万次郎
(해물덮밥)
와타루칸
和樽・館
아사히즈시
旭寿司 (초밥)
마치노 스시 (초밥)
町の寿司
히로즈시
寛寿司
사카이야 (화과자, 카페)
さかい家
오타루 마사즈시 본점
小樽政寿司本店
스시야도리 寿司屋通り
다쓰미즈시
巽鮨
기타이치 베네치아 미술관
北一ヴェネツィア美術館
르 타오 루 쇼코라
Le Tao ル シヨコラ
니키쿠라 본점
新倉屋本店
JR 하코다테 혼센 函館本線
오타루 에이로쿠
오타루 우오테이
사카이마치도리 境町通り
롯카데이 기타지노다이치
스시야요코초
すし屋横丁
스이텐구
水天宮
가스베
기타이치 3호관
기타이치 홀
오타루 후쿠로
오모로라인 オロロンライン
코엔도리 公園通
기타이치 크리스탈관
北一クリスタル館
쇼토쿠타이시 아스카점
롯카테이
六花亭
비스트로 구넨보
르 타오 치즈케이크 라보
Le Tao チーズケーキラボ
기타카로 본점
北菓楼本店
르 타오
Le Tao
오타루 오르골당 2호관
小樽オルゴール堂2号館
메르헨 교차점
メルヘン交差
수버니어 오타루칸
JR 하코다테 혼센 函館本線
오타루 오르골당 본관
小樽オルゴール堂本館
오타루 오르골도 수제 체험 공방
베리베리스트로베리
ベリーベリーストロベ
하나조노그린도리 花園グリーンロード
이리후네도리 入船通
오로로라인 オロロンライン
삿포로 방향
↓
미나미오타루 역
南小樽駅

MAPECODE 13046

메르헨 교차로 メルヘン交差点

메이지 시대의 기념품이 남아 있는 교차로

사카이마치도리(境町通り)의 남쪽 끝, 다섯 개의 차선이 모이는 교차로이다. 오르골당 본관 앞의 증기로 작동되는 시계는 15분마다 증기를 이용한 멜로디를 연주하고, 매시 정각에는 시각과 같은 수의 기적을 울린다. 교차점에는 메이지 시대에 설치되었던 등대의 기념품이 남아 있다.

위치 JR 미나미오타루 역에서 도보 약 5분

MAPECODE 13047

오타루 오르골당 본관 小樽 オルゴール堂 本館

15,000점 이상의 오르골을 판매하는 곳

오타루 오르골당은 오타루 시의 역사적 건조물로 지정된 이국 정서가 흐르는 창고 건물을 이용하고 있다. 오타루 오르골당 본관에서는 약 3,000종, 15,000점 이상의 오르골이 전시, 판매되고 있으며 일본 최대 규모를 자랑한다. 기념품으로 사기 좋은 작은 오르골, 아이들이 좋아할 만한 캐릭터를 이용한 오르골은 물론 세계 각국의 다양한 오르골이 전시되어 있다. 오르골당 본관 바로 옆에는 캐릭터 전문점인 '유메노오토(夢の音)'를 함께 운영하고 있다.

주소 小樽市住吉町4-1 위치 JR 미나미오타루 역에서 도보 약 5분, 메르헨 교차로에 위치 시간 09:00~18:00 요금 무료

MAPECODE 13048

사카이마치 도리 境町通り

관광객 대상의 상점이 즐비한 거리

메르헨 교차로에서 기타노 월가라 불리는 오타루 운하 인근까지 이어지는 약 900m의 거리로, 유리 공예점과 수공예품점, 홋카이도의 특산품, 디저트 전문점들이 모여 있다. 오타루 운하와 함께 오타루 여행의 하이라이트라 할 수 있으며 천천히 상점들을 둘러보며 걷는 데 최소 30분 이상이 소요되며 식사나 디저트를 즐긴다면 보다 오랜 시간을 보낼 수 있다. 같은 이름의 상점이 여러 개의 매장을 두고 있기도 한데 사카이마치 도리의 대표적인 상점으로는 오르골당, 기타이치, 긴노타케, 르타오, 롯카테이, 기타카로 등이 있다.

위치 JR 미나미오타루 역에서 도보 약 5분 / 메르헨 교차로에서 기타노 월가까지 이어지는 거리

MAPECODE 13049

르타오 본점 Le TAO

오타루를 대표하는 생초콜릿 전문점

오타루를 거꾸로 읽으면서 불어 발음을 연상케 하는 네이밍으로 1998년 오픈과 동시에 많은 주목을 받은 디저트 전문점이다. 피라미드 모양의 르 쇼콜라와 치즈 케이크가 인기 메뉴이다. 르타오 본점은 1층 테이크아웃 매장, 2층 카페, 3층 무료 전망대로 이루어져 있으며 무료 전망대에 오르면 메르헨 교차로와 오르골당 본관이 한눈에 내려다 보인다. 본관 외에 파토스, 플러스, 르 쇼콜라, 치즈 케이크 라보와 같이 조금씩 다른 테마와 네이밍으로 사카이마치도리에 매장을 두고 있다. 생초콜릿을 메인으로 하기 때문에 여행 선물로 구입하는 것은 공항의 매장을 이용하는 것이 좋다.

주소 小樽市堺町7-16 **위치** 메르헨 교차로에서 도보 10초, 오르골당 본관 건물 정면의 높은 탑이 있는 건물 **시간** 09:00~18:00

MAPECODE 13050

기타카로 北菓楼

무료 시식이 즐거운 디저트 전문점

일본 항공 기내식으로 선정되며 일본 전국적으로 큰 인기를 얻은 유바리 멜론 젤리(공항 면세점에서 구입 가능)로 유명한 호리(HORI)의 자회사인 기타카로는 일본스러운 느낌의 디저트와 과자를 전문으로 하고 있다. 무료 시식이 있기 때문에 다양한 메뉴들을 맛보고 선택할 수 있다는 것이 매력적이며 슈크림빵은 오전 중에 매진이 될만큼 인기가 많다. 오타루 본점에서만 한정 판매하는 나뭇결 모양의 빵인 바운쿠헨에 음료가 포함된 세트(515엔)도 인기 메뉴이다.

주소 小樽市堺町7-22 **위치** 메르헨 교차로에서 도보 1분 **시간** 09:00~18:30

MAPECODE 13051

롯카테이 六花亭

85엔 슈크림만 사도 무제한 커피 제공

홋카이도의 오비히로(帯広) 지역에 본점을 두고 있는 과자, 디저트 전문점으로 그룹 전체의 1년 매출이 200억 엔에 달하는 어마어마한 규모를 자랑한다. 회사의 이름인 롯카테이는 육각의 꽃, 즉 눈꽃을 상징한다. 쫄깃한 식감에 기름진 달콤한 맛의 '마루세이 버터샌드(マルセイバターサンド)'가 대표 메뉴이다. 85엔짜리 슈크림을 하나만 사도 커피를 무제한 제공하기 때문에 오타루에서 가장 적은 예산으로 디저트와 커피를 한번에 즐길 수 있는 곳이다.

주소 小樽市堺町7-22 위치 메르헨 교차로에서 도보 1분
시간 09:00~18:00

MAPECODE 13052

기타이치 3호관 기타이치 홀 北一3号館 北一ホール

167개의 유리 램프가 밝히는 카페

기타이치 3호관은 1890년에 세워진 목조 창고 건물을 이용하고 있어 그 당시 운하로 짐을 운반하기 위해 설치해 둔 열차 레일이 남아 있기도 하다. 1983년 내부를 개조해 유리 공예 상점과 카페로 이용하고 있으며, 167개의 유리 램프가 밝히고 있는 카페 내부는 오타루에서 가장 낭만적인 공간으로 손꼽히며 월, 수, 금 주 3회 오후 2시부터 피아노 라이브 연주를 하기도 한다. 카페의 인기 메뉴는 둘이 먹기도 벅찬 직경 15cm의 초대형 슈크림 빵으로 음료 1개와 슈크림 빵 세트 1,120엔, 음료 2개와 슈크림 빵 세트가 1,420엔이다.

주소 小樽市堺町7-26 **위치** 메르헨 교차로에서 도보 1분 **시간** 08:45~18:00

MAPECODE 13053

가마에이 공장 직영 매장 かま栄

110년 역사의 어묵집의 공장 직영 매장

1904년 창업해 110년의 긴 시간 동안 가마보코(어묵)를 만들고 있는 오타루의 대표적인 기업 '가마에이'의 공장 직영 매장이다. 150엔부터 200엔 내외의 다양한 맛의 가마보코를 맛볼 수 있다. 삿포로의 주요 백화점 지하와 공항에도 매장을 갖고 있는데 냉장 보관으로도 3~5일 정도로 유효 기간이 짧기 때문에 기념품으로 구입하는 것은 공항에서 하는 것이 좋다. 공장 직영 매장 앞의 작은 등대가 있는 건물은 '등대 찻집 라 칸파네라'로 가마에이 독그(어묵 핫도그), 소프트크림 등을 판매하고 있다.

주소 小樽市界町3-7 위치 오타루 운하에서 메르헨 교차로 방향 대로를 따라 도보 약 5분, 메르헨 교차로에서 도보 약 5분

MAPECODE 13054 13055

회전초밥 回転寿司

저렴하게 맛보는 오타루 스시

미스터 초밥왕의 무대가 되기도 했던 오타루의 스시야도리(초밥집 거리)에서 식사를 하면 1인 3천엔 이상의 예산이 필요하다. 오타루에서 부담스럽지 않은 예산으로 스시를 맛보려면 회전초밥집을 찾는 것이 좋다. 오타루 운하 바로 옆의 창고 건물에 있는 칸타로(函太郎), 운하에서 메르헨 교차로 방향으로 가는 곳에 있는 와라쿠(和楽)가 오타루의 대표적인 회전초밥집으로 1인 예산 1,500~2,000엔으로 홋카이도의 신선한 해산물을 이용한 스시를 맛볼 수 있다.

칸타로 오타루점 函太郎 小樽店

주소 小樽市港町5-4 위치 오타루 운하 바로 옆 창고 건물 시간 11:00~22:00

회전초밥 와라쿠 오타루점 回転寿し和楽 小樽店

주소 小樽市堺町3-1 위치 오타루 운하에서 메르헨 교차로 방향 대로를 따라 도보 약 5분, 메르헨 교차로에서 도보 약 5분 시간 11:00~22:00

MAPECODE 

기타노 월가 北のウォール

고풍스러운 건물들이 남아 있는 북쪽의 월스트리트

오타루 운하가 완성되던 시기에 오타루는 외국과의 교류가 활발했던 곳으로 일본의 주요 은행과 무역 회사의 지점들이 많이 개설되면서 북쪽의 월스트리트라는 별명을 갖게 되었다. 당시 지어진 고풍스러운 건물들이 아직까지 많이 남아 있으며 금융 박물관, 호텔 등 다양한 용도로 이용되고 있다. 구 홋카이도 척식 은행(旧北海道拓殖銀行) 건물이었던 비브란토 호텔은 영화 〈러브레터〉의 배경으로도 유명한 곳이다.

위치 JR 오타루 역에서 도보 약 15분

MAPECODE  

데누키 코지 出抜き小路

오타루 운하 옆 작은 음식점이 모인 곳

옛 건물들을 이전, 재보수해서 카페와 식당으로 이용하고 있는 곳으로 일본을 여행하는 분위기를 최대로 만끽할 수 있는 곳이다. 징키스칸 요리, 야키토리(꼬치구이), 라멘 등을 전문으로 하는 작은 음식점들이 모여 있으며, 전망탑에 오르면 오타루 운하를 한눈에 내려다 볼 수 있기도 하다. 원래는 마차가 창고에서 나가던 통로였던 건물을 이용했기 때문에 '나가는 작은 길'이라는 뜻의 데누키 코지라 이름 지었다.

위치 JR 오타루 역에서 도보 15분, 메르헨 교차로에서 도보 15분, 오타루 운하 바로 옆 **시간** 상점에 따라 다르며 대부분 21시 전후 영업 종료

오타루 운하 小樽運河

사계절이 아름다운 운하

오타루의 상징을 하나 꼽으라고 하면 단연 오타루 운하라고 할 수 있다. 1923년 완성 후 홋카이도(북해도) 물류의 거점으로 자리잡으며 창고를 비롯해 은행, 숙박 시설 등의 시설이 들어섰지만, 1950년대 이후 항구 시설의 발달로 운하 이용이 줄어들어 단계적으로 매립되고 있었다. 다행히 항구를 보존해야겠다는 움직임이 생겨 일부 구간은 산책로로 조성되고, 분위기 있는 가스 가로등 설치, 창고 시설의 상점, 레스토랑화 등에 힘입어 현재는 오타루 관광에서 빠져서는 안될 곳으로 자리잡았다. 밤과 낮, 여름과 겨울 언제나 아름다운 풍경을 감상할 수 있으며, 운하 주변을 도는 인력거를 타거나 배경으로 사진을 찍는 것도 오타루 운하를 즐기는 좋은 방법 중 하나이다.

위치 JR 오타루 역 정면의 대로를 따라 직진 도보 15분, 메르헨 교차로에서 도보 15분

오타루 시 종합 박물관 小樽市総合博物館 本館

오타루의 종합 박물관

오타루, 홋카이도의 자연·역사·과학을 주제로 몇 개의 박물관을 합쳐 2007년 새롭게 개관한 박물관이다. 오타루 교통 기념관(2006년 폐관)의 부지를 이용해서 철도와 관련된 전시물이 가장 많으며, 야외에는 증기 기관차를 비롯해 다양한 열차들이 전시되어 있다. 이 중 1909년에 제작된 증기 기관차 아이안호스호는 매일 3회(휴일 4회) 무료로 운행되고 있다. 운하 앞의 오타루 시 종합 박물관 운하관은 별도의 입장 요금을 지불해야 하지만, 본관과의 공통 입장권을 구입하면 저렴하다.

본관 주소 小樽市手宮1-3-6
본관 위치 JR 오타루 역에서 도보 15분
본관 요금 하계 성인 400엔, 고교생 200엔 / 동계 성인 300엔, 고교생 150엔
본관 시간 09:30~17:00(화요일 및 12.29.~1.3. 휴관)
본관 아이안호스호 시간 11:30, 13:30, 15:30(14:30 휴식)

운하관 주소 小樽市色内2-1-20
운하관 위치 JR 오타루 역에서 도보 15분
운하관 시간 09:30~17:00(12.29.~1.3. 휴관)
운하관 요금 성인 300엔, 고등학생 150엔
공통입장권(본관+운하관) 성인 500엔, 고등학생 250엔

MAPECODE 13060

하나고코로 오타루점 花ごころ 小樽店

역사적 건물을 이용하는 일본 요리 전문점

오타루 시 지정 역사 건조물인 구 야스다 은행의 중후한 건물을 이용하고 있는 일본 요리 전문점으로 높은 천정의 실내에는 벚꽃 나무가 있고, 화장실은 은행의 금고를 그대로 이용하고 있는 것이 특이하다. 스시를 메인으로 하지만 간단한 우동과 튀김 덮밥 세트(天丼とうどん御膳, 1,080엔) 등의 메뉴도 갖추고 있다. 점심 시간의 스시 세트는 1,260엔부터 2,100엔이며 저녁에는 단품 메뉴 위주로 영업을 하고 있다.

주소 小樽市色内2-11 **위치** JR 오타루 역에서 운하 방향으로 도보 약 7분 **시간** 11:30~15:00, 17:00~22:00

MAPECODE 13061

구 테미야선 旧手宮線跡

홋카이도 최초의 열차 노선

1884년에 부설된 홋카이도 최초의 열차 노선(일본 전체에서 3번째)이었던 테미야선의 흔적이 오타루 시내 중심에 아직도 남아 있다. 1985년 폐지되었지만 지속적으로 관리하고 있어 연인, 부부들의 여행이라면 선로를 배경으로 분위기 있는 연출 사진을 찍을 수도 있겠지만 큰 볼거리가 있는 곳은 아니다. 테미야선에 운행되던 열차의 일부는 오타루 시 종합 박물관에 전시되어 있다.

위치 JR 오타루 역에서 운하 방향으로 도보 약 7분

MAPECODE 13062

미야코도리 상점가 都通り商店街

오타루 역 근처의 대표적인 상점가

오타루의 시민들이 주로 이용하는 오타루 역 근처의 대표적인 상점가이다. 관광객을 대상으로 기념품을 파는 상점가는 아니지만 관심을 끌기 위해 초대형 상품을 전시해 두는 몇몇 상점들이 있어 재미있는 분위기를 연출하고 있다. 100엔 숍, 중고 서적과 CD 전문점, 개성 있는 보세 옷, 수제 가죽 제품을 파는 상점들도 있다.

위치 JR 오타루 역에서 운하 방향으로 도보 3분 **시간** 상점에 따라 다르지만 대부분 10:00~19:00

MAPECODE 13063

스시야도리 寿司屋通り

보다 특별한 맛의 회초밥 전문점

신선한 해산물로 유명한 홋카이도에서는 어디에서나 맛좋은 사시미(刺身, 회)와 스시(寿司, 회초밥)를 만날 수 있지만, 회초밥 거리라는 뜻의 스시야도리에서 맛보는 스시는 보다 특별하다. 약 20년 전 5곳의 회초밥 집에서 시작된 스시야도리의 회초밥 전문점들은 현재 약 20여 곳이 있으며, 저렴하다고는 할 수 없지만 신선함과 맛으로 많은 인기를 얻고 있다.

위치 JR 오타루 역에서 도보 10분, 미야코도리를 지나 바로

오타루 마사즈시 小樽政寿司

스시야도리 중에서 단연 최고

창업 76년이 넘은 오타루 스시야도리를 대표하는 스시집으로 도쿄의 긴자와 신주쿠에도 매장을 두고 있다. 최근 오타루 운하 바로 옆에 매장을 열었는데 관광객을 대상으로 하는 곳인 만큼 가격대는 조금 높은 편이다. 본점과 오타루 운하 옆 매장 모두 1,500~2,000엔대의 메뉴도 있지만 제대로 된 스시를 맛보기 위해서는 3,240엔(7점 세트), 5,400엔(11점 세트)를 주문하는 것이 좋으며 영어 및 사진 메뉴판도 잘 갖추어져 있다.

마사즈시 본점 おたる 政寿司 本店

주소 小樽市花園1-1-1 **위치** JR 오타루 역에서 도보 10분, 스시야도리 **시간** 11:00~22:00 / 수요일, 신년 연휴 휴무 **요금** 7점 세트 3,240엔, 11점 세트 5,400엔

마사즈시 젠안 おたる 政寿司 ぜん庵

주소 小樽市花園1-1-1 **위치** 오타루 운하 바로 옆 **시간** 11:00~22:00(월요일15:00~17:00, 화수금 16:00~17:00 휴식) / 매주 목요일 휴무

스시 마루야마 鮨まるやま

현지인들이 좋아하는 작은 스시집

스시야도리에서만 26여 년간 수련한 주인이 2004년에 개업한 스시집이다. 3개의 테이블석과 6명 정도가 앉을 수 있는 테이블석이 있는 곳으로 합리적인 가격 때문에 현지인들에게도 인기가 많은 곳이다. 스시 9피스 세트 메뉴인 특상니기리(特上潮にぎり, 2,160엔)와 이쿠라(연어 알), 우니(성게), 관자(호다테)가 들어간 3색 해물 덮밥인 도산동(道産丼, 3,024엔)이 인기 메뉴이다.

주소 北海道小樽市色内1-13-1 **위치** JR 오타루 역에서 도보 10분, 스시야도리 **시간** 10:00~22:00 (부정기 휴무)

오타루 료칸
小樽旅館

자연과 함께하는 천연 온천지

오타루 근교의 아사리카와 온천은 홋카이도의 온천지에 비해 역사도 짧고 많이 알려져 있지 않은 곳이다. 1950년대에서야 도로가 개통되어 온천지로 개발되기 시작한 이곳은 아직도 순수한 자연을 느낄 수 있다. 아사리카와 온천의 첫인상은 조용하고 어딘가 부족한 듯한 시골 마을이지만, 홋카이도의 다른 온천지와 달리 적은 객실수로 개인 전용 고급 료칸을 구비하고 있다. 아사리카와 강을 중심으로 한 풍부한 자연 환경을 둘러보면 이곳이 조용한 시골 마을이라 다행이라는 생각이 든다. 또한, 아사리카와 온천에서는 여름에는 골프를, 겨울에는 스키를 즐길 수 있기 때문에 레포츠와 온천을 함께 즐길 수 있는 곳으로 유명하다.

오타루 시내에서 가까운 오타루 칫코에는 홋카이도뿐만 아니라 일본 전국에서도 몇 손가락에 꼽히는 최고급 료칸 긴린소가 있다.

료테이 쿠라무레 小樽旅亭 藏群

훌륭한 인레리어의 료칸

료테이란 료칸과 요정을 합친 말로 엄밀히 따지면 료칸이지만 요정처럼 맛도 좋은 료칸이라는 것을 강조하기 위해 붙인 이름이다. 쿠라무레는 오타루 운하를 아름답게 해주는 창고 건물을 표현하고 있다. 하지만 내부에 들어서면 소박한 외관에서는 짐작할 수 없는 료칸의 모습을 찾을 수 있다. 많은 책, 잔잔한 음악이 흐르는 휴게실, 일본의 전통 와(和)와 모던함이 공존하는 객실은 창고 건물이라는 것이 믿기지 않는다. 햇빛이 들어오는 모습을 보는 것만으로도 마음의 평온을 찾을 수 있을 만큼 훌륭한 인테리어를 갖추고 있다. 료테이 쿠라무레는 일본의 전통술인 사케를 비롯해 바의 음료, 주류가 모두 숙박비에 포함되어 있기 때문에 애주가에게 추천하는 최고의 료칸이다.

주소 北海道小樽市朝里川温泉2丁目685番地 **위치** JR 오타루치코(小樽築港)에서 무료 셔틀 버스 이용 약 20분 **전화** 0134-51-5151 **숙박 요금** 1인당 요금 36,750엔 **홈페이지** www.kuramure.com

고라쿠엔 宏楽園

전용 노천 온천이 있는 저렴한 고급 료칸

객실에서 온천을 즐기고, 식사를 하며, 아름다운 정원을 산책하는 것이 료칸을 찾는 사람들이 가장 원하는 것이지만, 이 조건에 맞는 료칸을 찾기란 상당히 어렵다. 특히 온천 호텔이 많은 홋카이도에서는 더욱더 그렇다. 오타루 근교의 고라쿠엔은 총 35개의 객실 중 28개의 객실에 전용 노천 온천이 있으며, 2만 평의 부지는 홋카이도의 벚꽃 놀이 명소로도 유명하다. 온천 호텔과 비교해도 부담스럽지 않은 일반 객실과 다른 료칸에 비해 저렴한 전용 온천 객실이 있는 고라쿠엔은 조기에 예약이 다 끝나버리는 경우가 많기 때문에 일정을 여유 있게 정하고 예약하는 것이 좋다.

주소 北海道小樽市新光5丁目23-1 **위치** JR 오타루치코(小樽築港)에서 택시로 약 10분(1,500엔 내외) **전화** 0134-54-8221 **숙박 요금** 일반 객실 1인당 11,700엔~ / 전용 노천 온천 객실 1인당 18,000엔~ **홈페이지** www.otaru-kourakuen.com

긴린소 銀鱗荘

오랜 역사를 간직한 최고의 료칸

1873년에 개관하여 130여 년의 역사를 갖고 있다. 긴린소는 홋카이도에서 가장 오랜 역사와 가장 비싼 요금(最高)을 자랑하는 료칸이다. 다른 료칸과는 비교할 수 없는 일본의 전통을 제대로 느낄 수 있는 본관 객실과 2004년 완성된 신관 객실로 이루어져 있다. 본관의 특별실은 연회장을 연상케 할 만큼 넓다. 바닷가 언덕에 위치한 긴린소는 객실과 온천에서 아름다운 바다를 내려다볼 수 있다는 것이 가장 큰 매력이다. 가격 대비 만족도는 높지 않다는 평도 있지만, 일본 최고의 료칸에서 숙박한다는 프라이드가 있는 곳인 만큼 평일에도 객실 예약이 어려울 만큼 인기가 많다.

주소 北海道小樽市桜1-1 **위치** JR 오타루치코(小樽築港)에서 택시로 약 5분(1,000엔 내외) **전화** 0134-54-7010 **숙박 요금** 본관 객실 1인당 42,150엔~ / 신관 객실 1인당 52,650엔~ / 신관 특별실 1인당 105,150엔~ **홈페이지** www.ginrinsou.com

아름다운 운하가 있는 오타루 호텔들의 콘셉트는 '클래식'이다. 역사가 깊은 건물을 실제로 이용하는 호텔도 있으며, 새로 오픈한 호텔의 아웃테리어를 클래식하게 꾸미기도 했다. 호텔의 숙박비는 삿포로 지역에 비해 다소 높기 때문에 배낭여행객들의 경우 저렴한 삿포로에서 숙박을 하는 것이 일반적이다. 하지만, 허니문, 커플 여행이라면 로맨틱한 분위기의 오타루에서 숙박을 해보는 것도 좋다.

MAPECODE 13070

오센트 호텔 오타루 オーセントホテル小樽

2001년에 오픈한 195개 객실 규모의 시티 리조트 호텔로 역사적 경관을 고려한 클래식한 외관이 인상적인 고급 호텔이다. JR 오타루역과 오타루 운하, 스시야도리에서 도보 5분 거리에 위치하고 있어 오타루 여행에 최적의 조건을 갖춘 호텔이다.

위치 JR 하코다테 오타루 역에서 도보 5분 전화 0134-27-8100 요금 싱글 8,000엔, 더블 12,000엔, 14,000엔 홈페이지 www.authent.co.jp/top.html

MAPECODE 13071

호텔 소니아 ホテルソニア

소니아 호텔은 객실에서 운하의 야경을 감상할 수 있다는 것만으로도 오타루에서 가장 로맨틱한 호텔로 불리는 데 부족함이 없다. 로비와 객실은 앤틱한 가구와 조명으로 꾸며져 있으며 호텔 입구에서 바로 운하의 산책로로 연결되기 때문에 오타루의 아름다운 야경을 감상하기에 좋다.

위치 JR 오타루 역에서 운하 방향으로 도보 약10분 전화 0134-23-2600 요금 싱글 8,500엔, 더블(트윈) 14,000엔 홈페이지 www.hotelsonia.co.jp

MAPECODE 13072

호텔 노드 오타루 ホテルノルド小樽

오타루 운하 바로 앞에 위치한 석조로 된 유럽풍 호텔이다. 대리석을 이용한 중후한 외관에 실내에는 목재를 이용한 인테리어로 고급스러움을 더했다. 소니아 호텔과 함께 오타루에서 가장 인기 있는 부티크 호텔로 커플, 허니문 여행객에게 많은 인기를 얻고 있다.

위치 JR 오타루 역에서 운하 방향으로 도보 약 10분 전화 0134-24-0500 요금 싱글 9,500엔, 더블(트윈)14,400엔 홈페이지 www.hotelnord.co.jp

MAPECODE 13073

도미인 프리미엄 오타루 Dormy Inn Premium Otaru

JR 오타루 역 바로 앞에 있는 비즈니스급 호텔 체인이다. 천연 온천을 이용하는 대욕장을 갖추고 있으며, 매일 저녁 야식으로 소바를 무료 제공한다. 객실은 싱글 룸과 트윈 룸밖에 없지만 싱글 룸을 2인이 사용하는 세미더블 룸으로도 이용할 수 있다. 객실이 다소 좁다는 단점은 있지만 가격 대비 훌륭한 조식 서비스와 위치로 인기가 많다.

위치 JR 오타루 역에서 도보 1분 전화 0134-21-5489 요금 더블 룸/트윈 룸 19,000엔~ 홈페이지 www.hotespa.net/hotels/otaru

노보리베쓰

삿포로에서 당일치기 여행이 가능한 온천 중심지

홋카이도의 온천 중 우리나라 관광객에게도 가장 많이 알려져 있는 온천지이며, 몸에 좋은 다양한 온천 성분이 포함되어 치유력이 높은 것으로 알려져 있다.
아주 오래전부터 홋카이도의 원주민 아이누 족이 온천 성분으로 강이 짙어지는 것을 보고 '짙은 강이 흐르는 곳'이라는 뜻의 '누푸루페츠'라 부르던 곳으로 1858년 전후로 온천 거리가 생기기 시작했으며 러일 전쟁 때 부상병들의 요양지로 이용되면서 전국적으로 알려지기 시작했다.
삿포로에 숙박을 하면서 당일치기 여행도 가능하기 때문에 가장 많은 관광객이 찾는 온천 여행지이다.

JR 열차 이용하기

JR 삿포로 역에서 JR 하코다테 혼센의 특급 열차 호쿠토(北斗), 스파 호쿠토(スーパ北斗), 스즈란(すずらん)호가 미나미치토세(南千歳)를 거쳐 노보리베쓰(登別)까지 운행하고 있다. 삿포로에서 노보리베쓰까지 소요 시간은 약 1시간 10분이며, 요금은 4,480엔이다.

신치토세 공항에서 하코다테까지는 직행 열차가 없고 미나미치토세(신치토세 공항에서 한 정거장)까지 이동 후 특급 열차로 환승해야 한다. 소요 시간은 환승 시간까지 약 60분 정도이며, 요금은 삿포로에서 출발하는 것과 동일한 3,240엔이다.

❖JR 노보리베쓰 역에서 노보리베쓰 온천까지

노보리베쓰 역에서 노보리베쓰 온천까지 운행되는 시내버스는 노보리베쓰 역에 도착 · 출발하는 JR 열차 시간에 맞춰 운행되고 있으며 소요 시간은 약 20분이다. 버스는 뒷문으로 타고 앞문으로 내리면서 운임을 지불하며 요금은 330엔이다.

고속버스 이용하기

❖고속 노보리베쓰 온천 에어포트호 高速登別温泉エアポート号

신치토세 공항에서 노보리베쓰 온천까지 직행하는 버스는 오랜 기간 동안 하루에 1편만 운행했지만 2016년부터 하루에 2편이 운행되고 있다. 우리나라-신치토세 공항 구간의 도착 및 출발 시간을 고려하면 이용하기에 제한적이지만 빠르고, 저렴하게 이동할 수 있다.

소요 시간 70분 **요금** 1,330엔

공항 → 노보리베쓰			노보리베쓰 → 공항		
신치토세 공항 (국제선 터미널)	노보리베쓰 온천	아시유(足湯) 입구	아시유(足湯) 입구	노보리베쓰 온천	신치토세 공항
12:00	13:05	13:13	09:42	09:50	10:55
13:15	14:20	14:28	10:50	11:00	12:05

❖고속 온센호 高速おんせん号

도난 버스에서 운영하는 삿포로-노보리베쓰 온천 직행 고속버스이다. 하루 한 편만 운행하며 오후 2시에 출발하기 때문에 당일치기로 노보리베쓰로 가는 경우에는 이용하기 힘들다. 대부분 삿포로 시내에서 숙박 후 노보리베쓰 온천에서 1박을 하는 경우에만 이용한다.

출발 시간 삿포로 역 앞 버스 정류장 14:00, 노보리베쓰 온천 버스 터미널 10:00 **소요 시간** 1시간 40분 **요금** 1,950엔

❖홋카이도 주오 고속 中央バス과 도난 버스 道南バス

두 개의 회사에서 삿포로~노보리베쓰 역의 동일한 구간을 운행하고 있으며, 노보리베쓰 온천까지 직행하는 것이 아니고 노보리베쓰 역까지만 가기 때문에 이곳에서 다시 도난 버스(道南バス)를 이용해 노보리베쓰 온천 버스 터미널까지 이동해야 한다. 갈아타야 하는 번거로움이 있지만 많은 편수가 운행되고 있기 때문에 가장 이용 빈도가 높다.

소요 시간 100분 + 20분 **요금** 1,800엔 + 330엔

삿포로 역 앞 버스 터미널	07:30	08:40	09:30	10:30	11:30	13:00	14:00	15:00	16:00	17:00	18:00	19:00	20:00	21:00
노보리베쓰	09:07	10:17	11:07	12:07	13:07	14:37	15:37	16:37	17:37	18:37	19:37	20:37	21:37	22:37

노보리베쓰	07:35	08:05	08:33	09:15	10:13	11:15	12:13	13:13	14:13	15:15	16:15	17:13	18:15	19:13
삿포로 역 앞 버스 터미널	09:14	09:44	10:12	10:54	11:52	12:54	13:52	14:52	15:52	16:54	17:54	18:52	19:54	20:52

료칸의 송영버스 이용하기

노보리베쓰의 대부분의 료칸에서 삿포로 시내-료칸, 신치토세 공항-료칸 구간의 무료 송영 버스를 운행하고 있다. 료칸의 숙박비는 삿포로 시내의 호텔보다 비싸지만, 무료 송영 버스와 저녁 식사, 온천욕이 포함되어 있다는 것을 생각하면 삿포로 시내에서 숙박을 하며 노보리베쓰에 당일치기로 여행을 다녀오는 것보다 효율적이라는 계산이 나온다.

삿포로 호텔 숙박비 + 삿포로-노보리베쓰 왕복 교통비 + 저녁 식사비 > 노보리베쓰 료칸 숙박비(저녁 식사, 왕복 교통비 포함)

노보리베쓰 온천 登別温泉

산책하듯 가볍게 둘러보기 좋은 곳

노보리베쓰의 볼거리는 대부분 지옥 계곡만을 생각한다. 지옥에서 온 도깨비들과 지옥온천과 관련된 볼거리가 곳곳에서 보이는 만큼 지옥 계곡이 노보리베쓰의 상징이기는 하지만 기대를 너무 많이 하고 가면 의외로 작은 규모에 실망할 수도 있다. 노보리베쓰에서는 볼거리를 찾는 것보다는 뛰어난 온천 수질을 자랑하는 지옥계곡의 온천을 즐기고, 지옥계곡에서 오유누마까지 이어지는 길을 따라 여유롭게 산책을 하고, 자연 속에 둘러쌓인 듯한 천연 족욕장을 이용하는 등 여유로움을 느끼는 것이 좋다.
아이와 함께하는 여행이라면 온천만 하는 것보다는 케이블카를 이용해 노보리베쓰 곰 목장을 둘러보거나 일본의 전통 문화를 체험할 수 있는 다테지다이무라에 다녀오는 것을 추천한다.

오유누마
大湯沼
노보리베쓰온센도리 登別温泉通
오유누마 강 천연 족욕
大湯沼川の天然足湯
다이쇼 지옥
大正地獄
간코로드 観光道路
오유누마 전망대
大湯沼展望台
보루 노구치 노보리베쓰
望楼NOGUCHI登別
아시유(足湯) 입구
(공항행 버스 정류장)
세키스이테이
石水亭
노보리베쓰온센도리 登別温泉通
간코로드 観光道路
지옥계곡
地獄谷
지옥계곡 전망대
地獄谷展望台
다이이치타키모토칸
第一滝本館
노보리베쓰온센도리 登別温泉通
타키모토인호텔
滝本イン
엔마도
閻魔堂
다키노야
滝乃家
인포메이션 센터
インフォメーションセンター
마호로바
まほろば
노보리베쓰 로프웨이
아지노다이오우
味の大王
유메모토사기리유 온천
夢元さぎり湯
호텔 유모토 노보리베쓰
ホテルゆもと登別
노보리베쓰
곰 목장 방향→
のぼりべつクマ牧場
노보리베쓰 만세각
登別万世閣
버스 터미널
バスターミナル
우체국
郵便局
노보리베쓰온센도리 登別温泉通
굿타라호수
倶多楽湖
지옥계곡
地獄谷
노보리베쓰 곰목장
のぼりべつクマ牧場
다테 지다이 무라
登別伊達時代村
JR 노보리베쓰
JR 登別

MAPECODE 13074

온천 거리 温泉街

온천과 관련된 다양한 기념품을 판매하는 곳

버스 터미널에서 약간의 경사가 진 길을 따라 올라가면 노보리베쓰의 온천 거리가 나온다. 여름철 이 지역의 최대 축제인 지옥 마쓰리가 열리는 곳이기도 한 이곳에는 지옥의 느낌을 더해주는 도깨비 기념품과 효능이 좋기로 유명한 노보리베쓰 온천의 입욕제 등을 파는 상점가와 식당들이 모여 있다.

MAPECODE 13075

엔마도 閻魔堂, 염라대왕 사당

지옥 마쓰리의 염라 대왕

1993년 노보리베쓰의 지옥 마쓰리에 등장한 염라 대왕은 착한 사람에게는 자비의 얼굴로 천국을 가리키고, 나쁜 사람에게는 분노의 얼굴로 지옥의 심판을 내린다고 한다. 마쓰리 기간에는 사당에서 나와 온천 거리를 순례하며 마쓰리에 참가한 사람들의 1년간 죄를 씻어준다. 마쓰리 기간이 아니더라도 하루에 5~6회 음악에 맞춰 자비의 얼굴과 분노의 얼굴을 보여준다.

위치 노보리베쓰 버스 터미널에서 도보 7분
얼굴이 변하는 시간 10:00, 13:00. 15:00, 17:00, 20:00(여름에는 21:00에도 변함)

MAPECODE 13076

아지노다이오우 味の大王

지옥같이 매운 지옥 라멘

홋카이도 네무로 지역에서 카레 라멘의 원조로 유명해진 아지노다이오우. 우리말로 '맛의 대왕'이라는 뜻으로 다른 지역의 점포와 달리 노보리베쓰 지점은 지옥 계곡으로 가는 지옥 같은 매운 맛의 지옥 라멘(地獄ラーメン)이 인기 메뉴이다. 매운 것을 좋아하는 사람은 빨간 국물의 지옥 라멘을, 매운 것을 잘 못 먹는 사람은 카레 라멘을 추천한다. 맵기는 추가 요금을 지불하면 단계를 높일 수 있으며 한 단계에 50엔씩 추가된다.

위치 노보리베쓰 버스 터미널에서 도보 5분
시간 12:00~14:00, 21:00~02:00(1, 3, 5주 화요일 휴무)

지옥 계곡 地獄谷

유황 냄새가 코끝을 자극하는 황량한 곳

온천 거리의 끝에 있는 온천 호텔 다이이치 다키모토관(第一滝本館)을 지나면 강한 유황 냄새가 코끝을 자극하며, 눈앞에는 황량한 땅에서 하얀 연기가 솟아오르는 곳이 나온다. 온천의 열기로 풀이나 나무가 제대로 자라지 못하는 휑한 모습 때문에 지옥 계곡이라 불리고 있다.

우리나라에서는 볼 수 없는 일본 고유의 풍경이지만 대단한 볼거리는 아니므로 온천을 즐기기 전후, 산책을 겸해 둘러보는 정도면 충분하다. 산책 코스는 약 10~15분이면 둘러볼 수 있으며 뒤로 오유누마까지 이어져 있다.

위치 노보리베쓰 온천 거리 끝, 버스 터미널에서 도보 10분

오유누마 大湯沼

온천이 만든 늪지대

'커다란 온천이 만든 늪지대'라는 뜻의 오유누마(大湯沼)는 지고쿠다니(地獄谷)의 산책로를 따라 10분 정도 걸으면 나온다. 끊임없이 하얀 연기가 솟아나고 있는 표면의 온도는 40~50도이지만 깊은 곳은 130도가 넘는 고온의 늪지대이다. 둘레는 1km, 수심 25m의 대규모 온천 늪은 세계적으로도 매우 드물기 때문에 학술적으로도 가치가 높은 곳이라고 한다. 산책로 한편에는 늪지대에서 나오는 온천수를 이용한 무료 족욕장이 설치되어 있어, 대자연 속에서 여유로운 족욕을 즐길 수 있다.

위치 지옥 계곡에서 산책로를 따라 도보 10분

노보리베쓰 곰 목장 のぼりべつクマ牧場

120여 마리의 곰을 한눈에

노보리베쓰 온천 거리에서 로프웨이를 타고 올라가야 하는 시호레산(四方嶺)은 일명 곰 산(クマ山)이라고 불린다. 약 120여 마리의 곰들이 방목되는 이곳에서는 곰을 원 없이 볼 수 있다. 곰이 재주를 부리는 쇼를 비롯해 100엔을 주고 곰의 먹이를 사서 던져줄 수도 있다. 우리 속에서 사람들이 주는 먹이를 먹으며 편안히 사는 곰들이 먹이를 위해 재롱을 부리기도 한다. 목장 한편에는 곰과 관련된 박물관과 홋카이도의 원주민인 아이누 족의 부락을 재현한 유카라노사토(ユーカラの里) 등의 시설이 있다.

위치 노보리베쓰 버스 터미널에서 도보 약 5분 거리의 로프웨이 승차장에서 로프웨이 이용 7분 **시간** 08:00~18:00(4.21.~10.20., 최종 입장 17:20), 08:30~16:30 (10.21.~4.20., 최종 입장 15:50) **요금** 중학생 이상 2,592엔, 4세~초등학생 1,296엔(로프웨이 요금 포함)

다테 지다이 무라 登別伊達時代村

에도 시대를 재현한 민속촌

에도 시대(江戸時代, 1603~1868년)의 문화와 풍습 등을 재현한 테마파크로, 우리나라로 치면 민속촌이라고 할 수 있다. 고증을 통해 만들어진 목조 건축물들은 상점 및 공연장으로 이용되고 있으며, 이곳에서 일하는 스태프들도 기모노, 닌자 옷 등을 입고 당시의 모습으로 손님을 맞이한다. 에도 시대 풍경의 민속촌을 산책하는 것도 즐겁지만 이곳에서 빼놓지 말고 보아야 하는 것은 닌자들의 스펙터클한 액션쇼인 '닌자 카스미야시키(忍者かすみ屋敷)'와 게이샤들이 등장하는 연극인 '일본 전통 문화 극장(日本伝統文化劇場)'이다. 하루 4번 상영하며, 닌자 카스미야시키가 끝나는 시간에 맞춰 일본 전통 문화 극장이 시작되니 차례차례 모두 볼 수 있다. 각각 소요 시간은 약 30분이다.

위치 JR 노보리베쓰 역에서 노보리베쓰 온천행 버스 이용 7분, 노보리베쓰 다테지다이무라(登別伊達時代村) 하차 **시간** 09:00~17:00 (4.1.~10.31.), 09:00~16:00 (11.1.~3.31.) **요금** 성인 2,900엔, 어린이 1,500엔

MAPECODE 13081

다이이치 다키모토칸 第一滝本館

1858년 창업한 노보리베쓰를 대표하는 료칸으로 온천에서 지옥 계곡을 바라볼 수 있다는 것이 가장 큰 매력이다. 본관 건물에 이어 동관, 서관, 남관으로 증축되어 료칸 내에서 길을 잃을 수도 있을 만큼 큰 규모의 료칸이다. 남녀 각각의 실내 온천은 다양한 온천 시설이 마련되어 있으며, 실내 온천에서 한 층 내려가면 온천수로 된 수영장이 있어 어린이를 동반한 가족에게도 안성맞춤이다. 최근 1인부터 객실 정원(보통 4~6인)까지의 숙박 요금을 동일하게 적용하는 료킨 이치리쓰 플랜(料金一律プラン)을 공개해 혼자 온천욕을 하고 싶은 여행객들의 호응을 얻고 있다.

위치 노보리베쓰 온천 버스 터미널에서 도보 10분, 삿포로 시내 및 공항에서 송영 버스 운영 숙박 요금 11,000엔~21,000엔 당일치기 온천 2,000엔(온천+수영장, 09:00~17:00) / 2,500엔(온천+수영장+점심 식사) 홈페이지 www.takimotokan.co.jp

MAPECODE 13082

세키스이테이 石水亭

온천 거리 중에서 비교적 고지대에 위치하고 있어 보다 자연에 둘러싸여 있는 듯한 느낌이 드는 온천 호텔이다. 푸른 숲으로 뒤덮인 아름다운 경치를 보며 온천을 즐길 수 있는 7층과 8층의 공중 실내 온천과 공중 노천 온천이 세키스이테이의 큰 자랑거리이다. 훌륭한 온천 시설을 비교적 저렴한 요금으로 저녁 늦게까지 당일치기 온천으로 개방하고 있어 일반 여행객의 방문도 많다. 당일치기 온천이 가능한 료칸 중 가장 만족도가 높은 편이다.

위치 노보리베쓰 온천 버스 터미널에서 도보 15분, 삿포로 시내 및 공항에서 송영 버스 운영 숙박 요금 10,000엔~15,000엔 당일치기 온천 700엔(11:00~21:00) 홈페이지 www.sekisuitei.com

MAPECODE 13083

마호로바 ホテルまほろば

노보리베쓰는 온천 백화점이라고 불릴만큼 다양한 성분의 온천 원천이 있는 것으로 유명하다. 그중에서도 마호로바 료칸은 4종류의 원천을 즐길 수 있는 곳으로 지하 2층의 노천 온천은 일본에서도 손꼽히는 규모의 노천 온천이다. 전용 온천이 있는 고급의 객실부터 일반 호텔과 같은 침대 객실까지 다양한 타입의 객실이 있다. 우리나라의 패키지 여행사가 많이 이용하는 호텔이기 때문에 로비에는 한국어 응대가 가능한 직원도 있으며 우리나라 관광객과 마주치는 경우도 많다.

위치 노보리베쓰 온천 버스 터미널에서 도보 5분, 삿포로 시내 및 공항에서 송영 버스 운영 숙박 요금 침대 객실 9,500엔~ / 다다미 객실 10,000엔~ / 전용 온천 객실 21,000엔~ 홈페이지 www.h-mahoroba.jp

MAPECODE 13084

보루 노구치 노보리베쓰 望楼NOGUCHI登別

최신 유행하는 일본 전통 스타일의 와(和)와 모던 콘셉트를 살린 노보리베쓰의 최고급 료칸이다. 일본을 뜻하는 와(和)와 모던함이 만나 기존의 료칸과는 전혀 다른 느낌의 숙소가 탄생했다. 모든 객실은 스위트룸 형식으로 되어 있으며 각각 훌륭한 전망의 전용 온천이 있다. 허니문 및 커플 여행객을 위해 남녀가 함께 맛사지를 받을 수 있는 전용 마사지룸과 암반 욕장이 있다. 정숙한 분위기의 바, 음료가 무료로 제공되는 라운지, 다양한 책과 DVD 등이 있는 서재 등의 품격 있는 부대 시설도 잘 갖추어져 있다.

위치 노보리베쓰 온천 버스 터미널에서 도보 15분, 삿포로 시내 및 공항에서 송영 버스 운영 숙박 요금 (객실당 요금 / 2인 기준) 주니어 스위트 63,300엔, 스위트 룸 73,800엔, 럭셔리 스위트 86,400엔 홈페이지 www.bourou.com

도야

온천과 화산 활동의 중심지

삿포로와 하코다테의 중간에 위치한 도야 호수는 홋카이도에서도 손꼽히는 경치의 시코쓰토야(支笏洞爺)국립 공원에 있다. 아름다운 호수를 둘러싸고 있는 온천 거리에는 온천의 전망이 일품인 료칸들이 모여 있으며, 이 료칸들은 도야 호수에서 2007년 G8(주요 8개국) 정상 회담이 개최되면서 전 세계의 주목을 받기도 했다. 최근에도 활발한 화산 활동을 하고 있는 지역으로 온천뿐만 아니라 화산 활동의 위력을 알 수 있는 우스잔, 쇼와신잔 등의 볼거리가 있다.

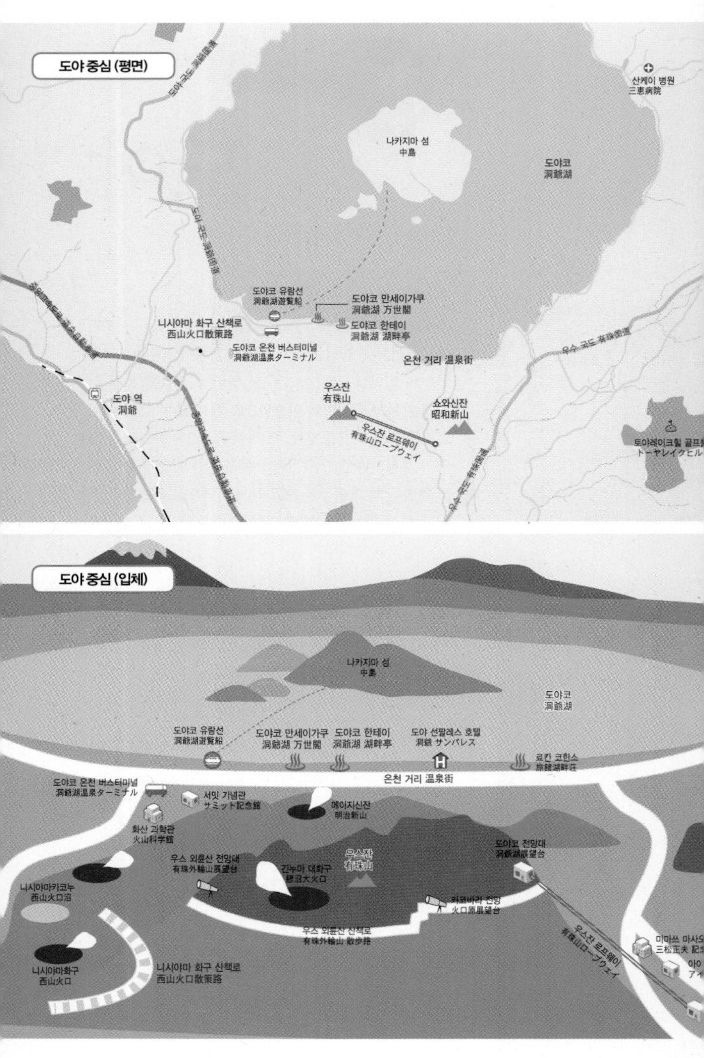
도야 중심 (평면)
산케이 병원
三恵病院
나카지마 섬
中島
도야코
洞爺湖
도야코 유람선
洞爺湖遊覧船
도야코 만세이가쿠
洞爺湖 万世閣
도야코 한테이
洞爺湖 湖畔亭
니시야마 화구 산책로
西山火口散策路
도야코 온천 버스터미널
洞爺湖温泉ターミナル
온천 거리 温泉街
우스 국도 有珠国道
도야 역
洞爺
우스잔
有珠山
쇼와신잔
昭和新山
우스잔 로프웨이
有珠山ロープウェイ
도야레이크힐 골프
トーヤレイクヒル
도야 중심 (입체)
나카지마 섬
中島
도야코
洞爺湖
도야코 유람선
洞爺湖遊覧船
도야코 만세이가쿠
洞爺湖 万世閣
도야코 한테이
洞爺湖 湖畔亭
도야 선팰레스 호텔
洞爺 サンパレス
료칸 코한소
旅館湖畔荘
도야코 온천 버스터미널
洞爺湖温泉ターミナル
온천 거리 温泉街
서밋 기념관
サミット記念館
메이지신잔
明治新山
화산 과학관
火山科学館
우스 외륜산 전망대
有珠外輪山展望台
긴누마 대화구
銀沼大火口
우스잔
有珠山
도야코 전망대
洞爺湖展望台
니시야마카코누
西山火口沼
카코바라 전망
火口原展望台
우스 외륜산 산책로
有珠外輪山 散歩路
우스잔 로프웨이
有珠山ロープウェイ
니시야마화구
西山火口
니시야마 화구 산책로
西山火口散策路

찾아가기

JR 열차로 도야 역까지 가기

삿포로와 하코다테에서 도야코 온천까지는 하루 11편의 특급 열차가 운행되고 있다. 삿포로에서 출발한 특급 열차 호쿠토(北斗)는 노보리베쓰를 지나 도야 역에 도착하고, 도야 역까지는 약 1시간 50분이 소요되며 요금은 5,920엔이다. 특급 열차 호쿠토는 도야 역을 지나 하코다테까지 운행된다. JR 도야 역에서 도야코 온천까지는 버스를 이용해야 한다.

JR 도야 역에서 시내버스로 도야코 온천까지 가기

도야 역에서 도야코 온천까지 운행되는 시내버스는 도야 역에 도착 · 출발하는 JR 열차 시간에 맞춰 운행되고 있다. 소요 시간은 약 25분이고, 버스는 뒷문으로 타고 앞문으로 내리면서 운임을 지불하며 편도 320엔, 왕복 580엔이다.

삿포로에서 버스로 도야코 온천 가기

삿포로 역 앞(札幌駅前) 버스 터미널에서 도난 버스(都南バス)를 이용해 홋카이도의 대표적 스키 리조트인 루스쓰(ルスツ) 리조트를 경유해 도야코 온천까지 갈 수 있다. 삿포로-도야코 온천은 약 2시간 35분이 소요되며, 요금은 편도 2,780엔이다.

삿포로 역 앞 - 루스쓰 - 도야코 온천				
삿포로 역 앞(札幌駅前)	10:10	14:10	16:10	17:10
루스쓰(ルスツ)	12:04	16:04	18:14	19:04
도야코 온천(洞爺湖温泉)	12:26	16:26	18:36	19:26
도야코 온천 - 루스쓰 - 삿포로 역 앞				
도야코 온천(洞爺湖温泉)	07:05	09:30	12:10	17:10
루스쓰(ルスツ)	07:47	10:11	12:51	17:51
삿포로 역 앞(札幌駅前)	09:54	12:10	14:50	19:50

도야코 온천
洞爺湖温泉

西山火口第2

호수를 바라보며 즐길 수 있는 온천

1910년 유스잔의 분화 후, 쇼와신잔의 생성 과정을 기록하기도 한 미마쓰 마사오와 동료들이 도야 호수 지역에서 온천을 발견했다. 이후 온천 이용 허가를 받고 '류우코칸(竜湖館)'이라는 료칸을 개업하면서 도야코 온천이 알려지기 시작했다. 이때 최초에 생긴 료칸의 이름 때문에 도야 호수의 상징이 용이 되었다. 초기에는 삿포로와의 거리가 있기 때문에 방문객이 많지 않았지만 1949년에 국립 공원으로 지정되면서 방문자가 급증했고, 이후 호수를 둘러싸며 온천 호텔들이 생기기 시작했다.
호수를 바라보며 온천을 할 수 있으며, 4~10월에는 매일 밤 화려한 불꽃놀이가 펼쳐지는 매력적인 이벤트가 있어 많은 관광객들이 도야코 온천을 찾는다.

Access

1. 삿포로에서 도야 온천 터미널까지 도난 고속버스로 약 2시간 35분(2,780엔)
2. 삿포로에서 JR 도야 역까지 JR 특급 열차로 약 1시간 50분(5,920엔)
3. JR 도야 역에서 도야 온천 터미널까지 버스로 약 25분(320엔)

도야코 洞爺湖

화산 폭발로 생긴 원형의 칼데라 호수

우스잔의 화산 폭발로 생겨난 둘레 43km, 직경 8km~11km의 원형 칼데라 호수이다. 빈영양호로 투명도가 매우 높아 햇빛을 받은 호수는 동남아 휴양지에서 본 듯한 아름다운 코발트 블루색을 띤다. 도야 호수에는 몇 개의 작은 섬이 있는데 그중 가장 큰 나카지마(中島) 섬은 자연 그대로 보존되고 있으며, 특히 야생 사슴이 많이 살고 있는데 4~10월 사이에 유람선을 이용하면 나카지마를 산책할 수도 있다. 이 외에도 유람선은 런치 크루즈, 불꽃놀이 유람선으로도 이용되고 있다.

위치 도야 역(洞爺駅)에서 버스 이용 약 25분, 도야 온천 하차 **유람선 시간** 08:00~16:30, 30분 간격 / (11월~3월은 09:00~16:00 1시간 간격) **불꽃놀이 유람선 시간** 20:30 (4월 말~10월 말) **런치 크루즈** 11:00 / 12:00 / 13:00 **요금** 일반 유람선 1,420엔 / 불꽃놀이 유람선 1,600엔 / 런치 크루즈 2,200엔

©Hokkaido Tourism Organization / ©JNTO

中島国有林
支笏洞爺国立公園
北海道森林管理局

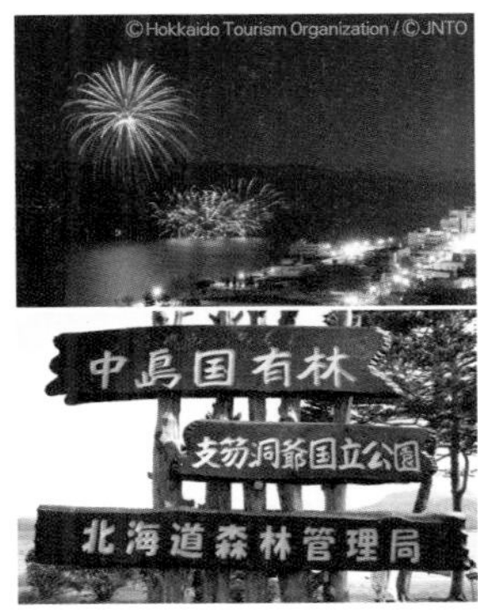

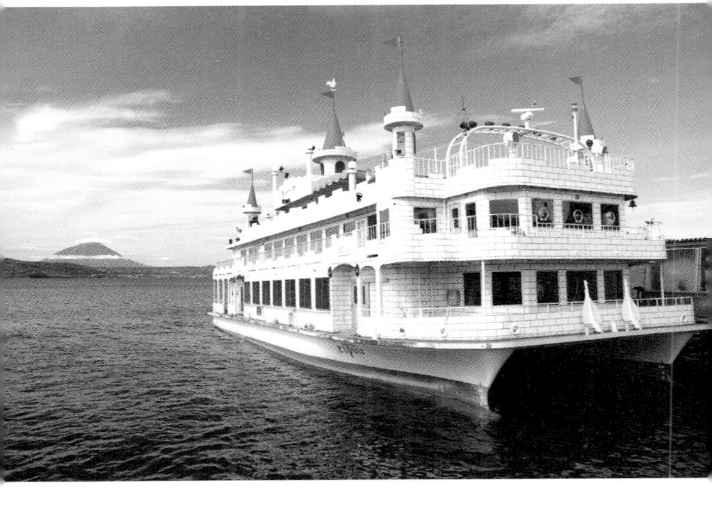

니시야마 화구 산책로 西山火口散策路

화산의 위력을 실감할 수 있는 산책로

니시야마 화구는 우스잔 화산이 최근 가장 활발하게 활동했던 2000년도에 생긴 화구이다. 화산 연기가 3500m 높이까지 치솟아 도야 호수 지역 전체가 화산재에 뒤덮이고, 수십 채의 집이 무너지고 도로 및 교각이 유실되었다.

하지만 우스잔의 화산 활동 및 폭발이 비교적 예측이 쉬운 화산이기 때문에 제법 큰 규모의 화산 폭발이었음에도 불구하고 인명 피해는 한 명도 없었다. 현재는 이때 무너진 도로와 가옥들을 그대로 보존하고 있어, 화산의 위력을 실감할 수 있는 산책로로 조성되어 있다. 산책로를 따라 둘러보는 데는 약 1시간 정도 소요된다.

위치 도야 온천 버스 터미널에서 도야 역(洞爺駅)행 버스로 약 5분(한 정거장), 도보 30분 **시간** 07:00~18:00 (10~11월은 17:00까지)

MAPECODE 13102

우스잔 有珠山

여전히 화산 활동을 하고 있는 활화산

도야 호수의 남쪽에 있는 우스잔은 2만여 년 전부터 지금까지 꾸준히 화산 활동을 하고 있는 활화산이다. 도야 호수도 우스잔의 화산 폭발로 생겨났으며 도야 호수의 온천도 1910년 우스잔의 분화로 인해 생긴 것으로 여기지고 있다. 도야에서 온천만 하는 것이 아니라 아름다운 풍경을 감상하고 싶다면 온천 거리에서 조금 떨어져 있는 우스잔 로프웨이(有珠山ロープウェイ)를 이용해 우스잔 전망대에 올라보자. 아름다운 도야 호수와 도야 호수를 둘러싸고 있는 산들을 바라볼 수 있으며, 쇼와신잔의 모습도 볼 수 있다.

로프웨이

위치 도야 온천 버스 터미널에서 쇼와신잔(昭和新山)행 버스로 15분, 종점 하차 **시간** 08:30~17:00, 15분 간격 운행, 6분 소요(계절에 따라 변동 있음 / 1~2월은 대부분 운휴) **요금** 왕복 성인 1,500엔, 어린이 750엔

MAPECODE 13103

쇼와신잔 昭和新山

우스잔의 화산 활동으로 생긴 기생 화산

우스잔의 활발한 화산 활동으로 지반이 천천히 융기하면서 생겨난 기생 화산이다. 처음에는 해발 402m까지 융기했지만 현재는 해발 398m로 화산의 온도 저하와 침식으로 인해 조금씩 낮아지고 있다. 제2차 세계대전 중이던 1943년12월부터 1945년 9월 사이에 생겨났지만 전쟁 중 흉흉한 소문이 돌 것을 우려해 공식적인 발표나 관측이 이루어지지 않았다. 그러나 도야 호수에 살고 있던 우체국장, 미마쓰 마사오(三松正夫)에 의해 꼼꼼히 기록되었다. 그의 관측 기록은 매우 귀한 자료로 평가되고 있으며 그의 업적을 기리기 위해 쇼와신잔 앞에는 조그만 기념관이 건립되었다.

위치 도야 온천 버스 터미널에서 쇼와신잔(昭和新山)행 버스로 15분, 종점 하차 **기념관 시간** 08:00~17:00(11~3월 09:00~16:00) **기념관 요금** 성인 300엔, 어린이 250엔

MAPECODE 13104

도야코 만세이카쿠 洞爺湖 万世閣

도야 호수를 한눈에 바라볼 수 있는 70년 역사의 온천 호텔

약 70년의 역사를 가진 온천 호텔로 우리나라의 홋카이도 지역 패키지 여행 상품에도 많이 포함되며, 보통 만세각이라는 이름으로 소개되고 있다. 로비에 들어서면 전면 통유리를 통해 도야 호수를 바라볼 수 있다. 대부분의 객실에서 도야 호수가 보인다. 여성 전용 노천 온천은 8층에 있어 도야 호수를 한눈에 내려다볼 수 있지만, 남성 노천 온천은 1층에 있기 때문에 남자 여행객들은 어딘지 모르게 서운해진다. 삿포로 역에서 무료 송영 버스가 매일 13:00 삿포로 역 북쪽 출구(JR 札幌駅北口)에서 출발(15:30 도착)하며, 돌아가는 편은 10:00에 출발(12:30 삿포로 도착)한다.

위치 도야 온천 버스 터미널에서 도보 10분 숙박 요금 1인 8,550엔(저녁 식사 뷔페식)~12,750엔(저녁 식사 객실에서 가이세키 요리) 무료 송영 버스 예약 0142-73-3500(도야코 만세이카쿠) / 010-252-3500(삿포로 영업소) 홈페이지 www.toyamanseikaku.jp

MAPECODE 13105

도야 코한테이 洞爺 湖畔亭

공중 노천 온천이 매력적인 료칸

호수면 32m 높이(9층)의 위치에 있는 히노키 공중 노천 온천이 자랑인 료칸이다. 1층 로비 앞의 정원에는 숙박객만 이용할 수 있는 족욕장이 마련되어 있어 이곳에서 도야 호수의 불꽃놀이를 여유롭게 감상할 수도 있다. 숙박 플랜 외에 숙박은 하지 않고 온천 이용과 식사만 할 수 있는 0박 2식 플랜 등 당일치기 여행을 하고자 하는 사람들을 위한 서비스도 충실하다. 삿포로 역에서 무료 송영 버스가 13:30 삿포로 역 남쪽 출구(JR 札幌駅南口)에서 출발(16:00 도착)하며, 돌아가는 편은 09:45에 출발(12:00 삿포로 도착)하는 스케줄로 운행되지만 이용일 7일 이전까지 예약해야 하며 예약자가 없을 경우 운행을 하지 않는 경우도 있다.

위치 도야 온천 버스 터미널에서 도보 12분 숙박 요금 1인 8,980엔(저녁 식사: 뷔페식)~16,000엔(저녁 식사: 객실에서 가이세키 요리) / 1인 5,000~6,000엔(식사 2회, 온천 이용, 객실 휴식) 홈페이지 www.toya-kohantei.com

온천을 하는 순서, 이렇게 하세요~

화장을 지우고 입욕

화장을 한 채로 입욕을 하면, 온천 성분이 피부 내에 침투하지 못한다. 당연한 이야기이지만, 화장을 지우고 입욕을 하는 것이 좋다. 또한 화장을 지우고 입욕을 하면 모공 속의 노폐물을 제거해 주며 낡은 각질을 부드럽게 해주는 데 더욱 효과적이다.

입욕 전의 가케유かけ湯의 의미

온천의 입구에 들어서면 조그만 바가지와 미지근한 온천수가 담겨 있는 통이 있는데, 이곳에서 물을 뿌리는 것을 가케유라고 한다. 가케유는 '지금부터 목욕을 한다'라고 몸에 신호를 보내는 의미를 갖고 있다. 가케유가 없이 바로 입욕을 하면 혈관이 급격하게 확대되어 혈압이 떨어질 수 있는데 가케유는 혈압의 부담을 덜어 주게 되므로, 심장으로부터 떨어져 있는 손, 발 순으로 하는 것이 좋다.

반신욕으로 느긋하게 입욕을 시작

입욕의 가장 이상적 스타일은 반신욕이라고 한다. 온천의 수압은 생각보다 강하기 때문에 온몸을 온천수에 담그면 폐가 밀려 호흡이 괴로워지며, 심장에도 부담이 간다. 반면 반신욕은 몸에 큰 부담을 주지 않는다.

적당한 시간의 전신욕

반신욕과 함께 두 번 정도의 적당한 전신욕은 보다 나은 입욕 효과를 볼 수 있다. 전신욕을 하는 동안 발바닥의 중심과 손바닥의 한가운데를 지압해 주면 호르문 분비의 균형이 맞춰져 편안한 기분을 느낄 수 있다.

입욕을 마치고 나올 때

온천 성분이 몸에 자연스럽게 흡수되기 위해 샤워를 하지 않고 나오는 것이 일반적이지만 피부가 약한 사람의 경우는 온천 성분의 자극으로 피부가 따가운 경우에는 샤워를 해야 한다. 입욕을 마치고 나올 때 무릎과 발쪽에 차가운 물을 흘려 주고 나오면 더욱 개운한 느낌을 느낄 수 있다.

입욕 후 수분 보충

온천에 들어가 있는 동안 체내의 불필요한 노폐물을 분비하기 위해 땀을 많이 흘리고 이뇨 작용이 촉진되어 체내의 수분이 감소하게 된다. 따라서 물 또는 차를 통해 수분을 보충해야 한다. 또한 피부가 촉촉해져 있을 때 화장수를 이용해 각질을 제거하게 되면 피부에 더할 나위 없이 좋다.

그림 제공 : 네이버 파워블로거 나니야, http://blog.naver.com/4086088

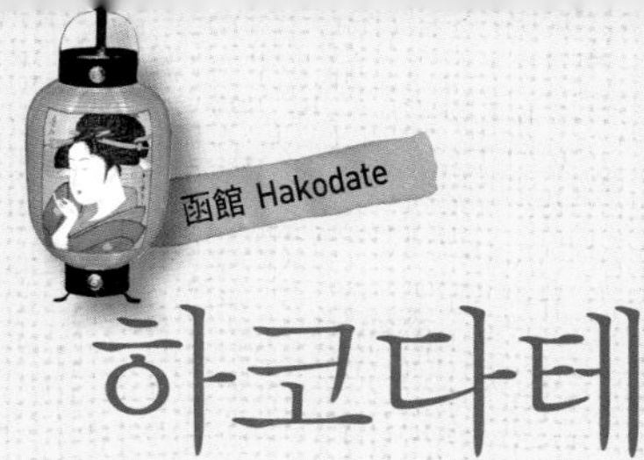

하코다테

아름다운 야경을 자랑하는 항구 도시

홋카이도를 도쿄, 오사카 등이 있는 일본의 본섬인 혼슈와 연결해 주는 홋카이도의 현관 역할을 하는 하코다테는 1854년 미일 화친 조약으로 시모다 항과 함께 가장 먼저 서양의 문물을 받아들이기 시작한 도시이다. 혼슈와의 접근성과 이른 개항 등으로 홋카이도의 중심 도시가 되었지만 1871년 삿포로로 행정의 중심이 옮겨지면서 행정 기능을 상실하고 항구 도시로 꾸준히 번영해 왔다. 아름다운 야경을 자랑하는 항구와 신선한 해산물, 공항 및 시내에서 가장 가까운 온천 여행지인 유노카와 등으로 많은 관광객이 방문하는 곳이다.

하코다테 시내 중심
하코다테 도쿠마에
函館どつく前
노면전차 하코다테 시덴 혼센 函館市電 本線
하코다테 항
函館漁港
하코다테 만
函館湾
다이쇼유
大正湯
(공동 욕장)
데라마치도리 寺町通り
벤텐스에히로도리 弁天末広通り
오오마치
大町
이리후네반야
入舟番屋
(오징어회)
신곤지
真言寺
쇼묘우지
称名寺
중국인 묘지
中国人墓地
러시아인 묘지
ロシア人墓地
코류우지
高龍寺
외국인 묘지
外国人墓地
카페테리아 모리에
カフェテリア・モーリエ
도기와자카 常盤坂
중화회관
中華会館
북방 민족
北方民族
모토이자카 基坂
페리제독 기념관
ペリー提督来航記念碑
모토마치 공원
元町公園
구 영국 영사관
모토마치 관광 안내소
旧北海道庁函館支庁庁舎
구 하코다테 공회당
旧函館区公会堂
가톨릭 모토마치 교회
カトリック元町教会
후나타마 신사
船魂神社
하코다테 하리스토 정교회
函館ハリストス正教会
성요하네 교회
函館聖ヨハネ教会
하코다테야마 등산 도로 函館山登山道路
하코다테야마 등산 도로 函館山登山道路
하코다테 야마
函館山
신정 전망대
하코다테야마 로프웨이 函館山ロープウェイ
산초
山頂
하코다테야마 후레아이 센터
函館山ふれあいセンター

JR 하코다테혼센 JR 函館本線
하코다테 호텔 역전
函館ホテル駅前
호텔 그란티아
ホテルグランティア
JR 하코다테
JR 函館
스마일 호텔 하코다테
スマイルホテル函館
에비스야식당
恵比寿屋食堂
(해물덮밥)
그린호텔
グリーンホテル
하코다테 아사이치
函館朝市
유노카와 온천
고료가쿠 방면
하코다테 역전
函館駅前
하코다테 만
函館湾
럭키피에로(하코다테 역전점)
ラッキーピエロ(函館駅前店)
도요코인하코다테
東横イン函館
세이류켄
星龍軒
(라멘)
컴포트 호텔
コンフォートホテル
오누마 국도 大沼国道
토요코인다이몬 호텔
東横イン函館大門
하코다테 국제 호텔
函館国際ホテル
하코다테 수산시장
하코다테 비루
はこだてビール
시야쿠쇼마에
市役所前
하코다테 시청
函館市役所
하코다테 시덴 혼센 函館市電 本線
하코다테 가이센이치바
はこだて海鮮市場
멘츄보 아지사이
럭키피에로(베이 에리어점)
ラッキーピエロ(ベイエリア店)
하코다테 니시하토바
はこだて西波止場
베이 하코다테
BAYはこだて
하코다테베이 미식클럽
函館ベイ美食倶楽部
하코다테 메이지칸
はこだて明治館
우오이치바도리
魚市場通
가네모리 요모노칸
金森洋物館
하코다테 팩토리
Hakodate Factory
하세가와 스토어
하코다테 히스토리 프라자
函館ヒストリープラザ
하코다테 다카다야
가헤이 자료관
가네모리 창고
金森倉庫街
큐차야테이
사진발상지 기념비
写真発祥の地碑
주지가이
十字街
하코다테 교회
럭키피에로(주지가이점)
ラッキーピエロ(十字街銀座店)
사카모토료마 자료관
北海道坂本龍馬記念館
고토우켄 본점
五島軒本店
치산그랜드호텔
チサングランド函館
펜션 오모테산도
ペンション表参道
호라이초
宝来町
료테이 후모토
料亭 冨茂登
호텔 하코다테야마
ホテル函館山
하코다테 공원
函館公園
하코다테 시덴 야치가시라센 函館市電 谷地頭線
아오야기초
青柳町

도쿄 경유해서 하코다테로 가기

주 3회 인천-하코다테를 취항하던 대한항공의 노선이 2013년부터 중단되면서 우리나라에서 하코다테로 가는 직항편은 없다. 전일본공수(ANA) 또는 일본항공(JAL)을 이용하면 하네다 공항을 경유해 하코다테 공항으로 갈 수 있다. 김포-하네다 2시간 10분, 환승 대기 시간 약 2시간, 하네다-하코다테는 1시간 20분이 소요된다. 경유를 하는 번거로움이 있지만 하코다테에서 일정을 시작해 삿포로의 신치토세 공항에서 하네다 공항을 경유해서 서울로 올 수 있기 때문에 보다 효율적인 일정이 될 수 있고, 현지에서의 교통비도 약 8,000엔 이상 절약할 수 있다.

하코다테 IN, 삿포로 OUT

전일본공수(ANA) 또는 일본항공(JAL) 경유편을 이용하면 '하코다테 IN, 삿포로 OUT' 또는 그 반대의 여정이 가능한데, 항공 스케줄을 고려하면 하코다테 IN,삿포로 OUT의 일정이 보다 좋고, 일본에서 가장 볼거리, 즐길거리, 먹거리가 많은 삿포로 신치토세 공항을 둘러보고 나오는 것을 추천한다. 두 항공사 모두 성수기 기간에도 50~70만원 미만의 직항편보다 저렴한 비용으로 항공권을 구입할 수 있으며, 전일본공수의 경우 스케줄은 일본항공에 비해 좋지 않지만 약간의 요금만 추가하면 국제선 구간은 2014년 새로 도입한 최신 기종의 비즈니스 클래스를 이용할 수 있다.
또한 귀국편도 진에어, 대한항공의 경우 13시, 14시 공항 출발편이라 11시에서 12시까지는 공항에 도착해야 하기 때문에 마지막 날 오전 일정이 어렵지만, 도쿄 경유편의 경우 신치토세 공항 국내선에서 나오기 때문에 2시 정도에 공항에 도착해도 되기 때문에 오전에 삿포로 시내를 둘러보고, 점심 식사까지 하고 공항으로 출발할 수 있어 마지막 날 일정이 보다 여유롭고 알차다.

	전일본공수 ANA	일본항공 JAL
출국일	07:40 김포 공항 출발 09:50 하네다 공항 국제선 도착. 활주로 전망대, 카페 등에서 휴식, 점심 식사 13:25 하네다 공항 국내선 출발 14:45 하코다테 도착	08:00 김포 공항 출발 10:10 하네다 공항 국제선 도착. 활주로 전망대, 카페 등에서 휴식, 점심 식사 13:00 하네다 공항 국내선 출발 14:20 하코다테 도착
귀국일	15:30 신치토세 공항 국내선 출발 17:05 하네다 공항 국내선 도착 20:15 하네다 공항 국제선 출발 22:25 김포 공항 도착	16:00 신치토세 공항 국내선 출발 17:35 하네다 공항 국내선 도착 19:45 하네다 공항 국제선 출발 22:05 김포 공항 도착

❖하코다테 공항에서 시내까지

공항에서 하코다테 여행의 시작이 되는 JR 하코다테 역까지는 셔틀버스를 이용한다. 버스는 비행기 출발과 도착 시간에 맞춰 운행되고, 고급 료칸이 있는 유노카와 온천을 경유한다.

버스 출발/소요 시간 항공편 스케줄에 맞춰 운행 / 약 20분 소요 **버스 요금** 편도 410엔 **버스 탑승장** 하코다테 공항 3번 승차장, 하코다테 역 앞 11번 버스 승차장 **택시 이용 시 요금** 3,000엔 정도

❖신치토세 공항에서 하코다테 가기

대한항공, 진에어를 이용해 신치토세 공항에 도착해서 바로 하코다테로 가는 경우 편도 7,910엔으로, 삿포로로 돌아오는 열차 요금까지 고려하면 'JR 홋카이도 레일 패스'를 구입하는 것이 낫다. 신치토세 공항 국내선 터미널 지하 1층에 JR 열차 역이 있으며 패스 교환을 하는데 10분 이상이 소요될 수도 있으니 여유를 갖고 일정을 정하는 것이 좋다. 신치토세 공항에서 하코다테까지 바로 가는 열차는 없으며 미나미치토세(南千歲) 역에서 1회 환승한다.

소요 시간 약 3시간~3시간 30분 (환승 시간, 이용 열차에 따라 소요 시간 다름) **요금** 편도 8,110엔 / 홋카이도 레일 패스 3일권 16,500엔

신치토세 공항 → 하코다테 열차 시간표

12:30 신치토세 공항 출발	12:33 미나미치토세 도착	12:45 미나미치토세 출발	16:08 하코다테 도착
13:45 신치토세 공항 출발	13:48 미나미치토세 도착	14:01 미나미치토세 출발	17:09 하코다테 도착
15:00 신치토세 공항 출발	15:03 미나미치토세 도착	15:15 미나미치토세 출발	18:25 하코다테 도착

하코다테 → 신치토세 공항 열차 시간표

06:10 하코다테 출발	09:15 미나미치토세 도착	09:24 미나미치토세 출발	09:27 신치토세 공항
07:28 하코다테 출발	10:52 미나미치토세 도착	10:54 미나미치토세 출발	10:57 신치토세 공항
08:54 하코다테 출발	12:10 미나미치토세 도착	12:24 미나미치토세 출발	12:27 신치토세 공항

❖삿포로 시내에서 하코다테 가기

삿포로에서 숙박을 하면서 당일치기로 하코다테를 여행한다면 조금 피곤하더라도 아침 일찍 출발하는 것이 좋다. 또한 당일치기 여행의 경우 열차 시간 때문에 하코다테의 야경을 볼 수 없다는 것을 염두에 두자. 단, 해가 일찍 지는 겨울에는 당일치기로도 야경을 볼 수 있지만 19:14 출발 열차이기 때문에 여유 있게 야경을 보기는 어렵다. 삿포로에서 하코다테까지 연결되는 하코다테혼선(函館本線)에는 노보리베쓰, 도야 등의 관광지가 있으며 삿포로에서 출발한 열차가 하코다테에 도착하기 약 1시간 전부터는 창밖으로 산과 바다가 함께 어우러지는 장관이 연출된다.

소요 시간 약 3시간 20분~40분 (이용 열차에 따라 소요 시간 다름) / 하루 8편 운행 **요금** 편도 8,830엔 / 왕복 할인 티켓(R きっぷ) 14,810엔 / 홋카이도 레일 패스 3일권 16,500엔

시내 교통

하코다테 시내의 대중교통은 버스와 노면전차(하코다테시덴, 函館市電 本戦)가 있다. 버스보다 노면전차의 이용이 쉬우며, 노면전차 1~2회 정도만 이용하면 하코다테 시내를 다 둘러볼 수 있고, 근교라고 할 수 있는 고료가쿠, 유노카와 온천까지 이용할 수 있다. 노면전차를 하루 동안 무제한 이용할 수 있는 1일 승차권(電車 1日乗車券)은 600엔에 판매하고 있으며, 하코다테 로프웨이를 포함해 총 25곳의 식당, 기념품점 등에서 계산 시 1일 승차권을 제시하면 할인 혜택을 받을 수 있다.

시간 06:30~22:30 **요금** 2km까지 210엔, 4km까지 230엔(하코다테 역~스에히로초 1.8km, 하코다테 역~고료가쿠 3.1km), 1일 승차권 600엔

하코다테 하이카라호 (箱館ハイカラ號)

하코다테에는 아주 특별한 노면전차가 운행되고 있다. 1910년 도쿄 옆의 치바 현 나리타 시에서 최초로 운행된 차량이 1918년 하코다테로 옮겨져 1937년까지 운행되었다. 1992년 하코다테 시 70주년 기념 사업의 일환으로 당시의 모습 그대로를 재현해 현재에도 운행하고 있으며 이름도 옛날 한자를 그대로 이용해 하코다테 하이카라호(箱館ハイカラ號)를 사용하고 있다. 단, 유지 보수 등의 이유로 5월부터 10월까지의 기간 중 하루 4~6편만 운행되고 있으며, 요금은 일반 노면전차와 동일하다.

모토마치
元町

이국적인 정취를 느낄 수 있는 언덕

하코다테의 상징이라고 할 수 있는 이국적인 정취를 느낄 수 있는 언덕 지대를 모토마치 지역이라고 한다. 개항 당시 외국의 문물이 들어오던 풍경들이 고스란히 남아 있고, 언덕길 곳곳에서 돌로 포장된 길을 만날 수 있다. 종교적인 건물들이 많이 있지만, 종교에 큰 의미를 두지 않는 일본인들의 특성 때문에 종교적 색채는 느끼기 어렵고 일반적인 관광지를 걷는 느낌이 난다. 일본 3대 야경 중 하나인 하코다테 항구의 야경이 펼쳐지는 하코다테야마까지 가는 케이블카도 이곳 모토마치에서 출발한다.

1 JR 하코다테 역에서 도보 약 30분
2 노면전차 주지가이(十字街)에서 도보 10분

가톨릭 모토마치 교회 カトリック元町教会

화려한 제단이 있는 인상적인 곳

중후한 고딕 양식의 빨간 지붕 위에 육각의 종루가 인상적인 건물이다. 1876년 프랑스인 선교사에 의해 목조 건물로 지어졌으나 1907년 화재로 인해 1910년 석조 건물로 재건했으나 다시 화재로 소실되었다. 1924년 불에 탄 건물의 외벽에 철근 콘크리트로 보수하면서 다시 재건했다. 이때 33m의 육각 종루와 모토마치 교회의 상징이기도 한 닭이 있는 풍경이 생기게 되었다. 일본에서 가장 화려하다는 평가를 받고 있는 제단은 교황 베네딕트 15세가 기증했다. 제단을 비롯한 다양한 볼거리를 감상할 수 있는 내부 견학이 가능하지만 교회 행사가 있을 경우 불가능하다.

위치 노면전차 주지가이(十字街)에서 도보 10분 **시간** 10:00~16:00(토, 일요일 오전 행사 있을 경우 견학 불가) **미사 시간** 일요일 10:30

MAPECODE 

하코다테 하리스토 정교회 函館ハリストス正教会

최초의 러시아 정교회 사원

고풍스러운 벽돌로 만들어진 아기자기하고 정겨운 느낌의 언덕길 다이산자카(大三坂)의 위쪽, 자차노보리(チャチャ登り)에 있는 하리스토 정교회는 1872년 일본에 최초로 생긴 러시아 정교회 사원이다. 아름다운 곡선의 창문, 하늘을 향하고 있는 첨탑 등 비잔틴 양식의 아름다움을 표현하고 있다. 현재는 종루에 커다란 종이 하나밖에 없지만, 처음 사원이 지어졌을 때는 다섯 개의 종이 있어 악기를 연주하는 듯하여 당시 사람들은 종소리 때문에 강강절(ガンガン寺)이라 불렀다고도 한다. 경내에서 1개에 100엔짜리 양초를 사서 경건한 기도를 올릴 수도 있다.

위치 노면전차 주지가이(十字街)에서 도보 10분 **시간** 10:00~17:00(토요일 ~16:00, 일요일 13:00~16:00) **요금** 관내 견학 200엔

MAPECODE 

하코다테 성 요하네 교회 函館聖ヨハネ教会

영국 성공회 계열의 교회

외벽에 십자가가 새겨진 독특한 디자인이 인상적인 영국의 성공회 계열의 교회이다. 1874년 영국인 선교사 데닝에 의해 건립된 후 몇 차례 화재로 소실되었다가 1921년 재건되었다. 내부는 공개하고 있지 않지만, 성공회 신자라면 일요일 예배에 참석해 보는 것도 좋다. 하리스토스 정교회, 가톨릭 모토마치 교회 사진을 찍는 장소로도 인기가 있다.

위치 노면전차 주지가이(十字街)에서 도보 10분 **요금** 외관 견학 자유 **예배 시간** 일요일 10:30

하치만자카

MAPECODE 13109

하치만자카 八幡坂

모토마치에서 가장 인기 있는 언덕길

모토마치 지역의 수십 개의 언덕길 중 가장 인기가 많은 곳이다. 언덕 위에서 내려다 보면 하코다테 항이 한눈에 내려다보이고, 해저 터널이 생기기 전 일본 본토와 홋카이도 사이에 운행되던 마슈마루(摩周丸)가 영구 정박되어 있는 모습까지 보인다. 길 옆의 가로수와 돌로 된 도로는 분위기를 보다 이국적으로 만들어 주어 일본의 영화나 드라마, CF의 인기 촬영지다.

위치 노면전차 스에히로초(末広町)에서 도보 5분

MAPECODE 13110

일본 기독교단 하코다테 교회 日本基督教団函館教会

하코다테 시의 경관 형성 건축물

1831년 건립되어 일본에 현존하는 기독교 교회 중 세 번째로 오래된 건물이며, 하코다테 시의 경관 형성 건축물로 지정되어 있다. 미국의 선교사에 의해 지어진 건물답게 심플한 외관을 하고 있으며, 인기 그룹 GLAY의 싱글 앨범 〈Happiness〉의 자켓에 등장하기도 했다. 평소에는 실내에 들어갈 수 없지만 일요 예배와 수요 예배에는 누구나 참석할 수 있다.

위치 노면전차 스에히로초(末広町)에서 도보 5분 **요금** 견학 자유(외관) **예배 시간** 일요일 10:30, 수요일 10:30, 19:00

구 하코다테 공회당 旧函館区公会堂

100억 원의 예산으로 만든 공민관

모토마치의 중심이라 할 수 있는 모토마치 공원의 정면에 위치해 있다. 파스텔톤 블루의 벽면에 노란색 테두리 장식이 눈에 띄는 건물이다. 1910년 당시 현재 금액으로 추산하면 100억 원에 이르는 어마어마한 예산을 들여 만든 공민관으로 일본의 왕인 덴노가 하코다테에 왔을 때 숙박을 했을 만큼 화려한 건물이다. 현재 2층에는 당시 덴노가 머물렀던 침실과 화려한 내부 장식이 재현되어 있다. 하이카라 의장관에서 20세기 초반의 드레스를 입고 기념 사진을 찍는 것으로, 이국적인 정서가 흐르는 하코다테에서의 추억을 만들기에 좋다. 발코니에서 바라보는 하코다테 항이 아름다우며, 주위를 산책하는 것도 즐겁다.

위치 노면전차 스에히로초(末広町)에서 도보 10분 **시간** 09:00~19:00 (11월~3월은 17:00까지, 하이카라 의장관 3.3~12.25. 17:00까지 **요금** 성인 300엔 / 초등학생~대학생 150엔 / 하이카라 의장관 1,000엔

MAPECODE 13112

하코다테 시 구 영국 영사관 函館市旧イギリス領事館

영국에의 문호 개방의 역사

모토마치 공원 바로 옆에 있는 건물로 1913년부터 1934년까지 영국 영사관으로 이용되었다. 1992년부터는 개항 기념관으로 영국에 문호를 개방하던 당시의 역사 등을 전시하고 있다. 베란다 부분에는 카페가 있어 영국의 정취를 느낄 수 있는 홍차와 케이크 등을 맛볼 수 있다.

위치 노면전차 스에히로초(末広町)에서 도보 5분 **시간** 9:00~19:00 (11월~3월 17:00까지) **요금** 성인 300엔, 학생 150엔

모토마치 관광 안내소 旧北海道庁函館支庁庁舎

하코다테 언덕에 있는 관광 안내소

1909년 지어진 르네상스 양식의 건물로 지붕에 창문을 만들고 입구에는 고대 그리스의 신전처럼 큰 기둥을 세워 두었다. 홋카이도 개척을 상징하는 건물 중 하나로 꼽히며 홋카이도의 유형문화재로 등록이 되었다. 1층은 JR 하코다테 역 앞의 관광 안내소와 마찬가지로 하코다테 시의 관광 지도, 진행 중인 이벤트 등의 정보를 얻을 수 있는 관광 안내소로 이용되고 있다. 2층은 한때 하코다테시 사진 역사관으로 활용되었으나 현재는 특별한 행사가 있을 때만 공개한다.

위치 노면전차 스에히로초(末広町)에서 도보 7분 **시간** 4~10월 09:00~19:00, 11~3월 09:00~17:00 **전화** 0138-27-3333

MAPECODE 13114

외국인 묘지 外国人墓地

다양한 종교의 묘지가 있는 곳

모토마치 중심 지역에서 도보로 20분 정도 거리에 떨어져 있는 곳으로 바다를 바라보며 서 있는 묘지들이 가득하다. 페리 제독이 하코다테에 도착하고 수병 2명을 매장하면서부터 이곳에 외국인 묘지가 생겼다고 하는데, 기독교, 천주교, 러시아 정교 등 다양한 종교의 묘지를 볼 수 있다. 근처에 중국인 묘지, 고류지(高龍寺), 신곤지(真言寺) 등의 절이 있다.

위치 JR 하코다테 역에서 고류지마에(高龍寺前)행 버스로 15분, 종점 하차 후 도보 5분

하코다테야마 函館山

세계의 3대 야경 중 하나

해발 334m의 높지 않은 산이지만 정상의 전망대에 오르면 하코다테 만과 쓰가루 해협에 낀 실루엣을 따라 펼쳐진 이국적인 빛의 아름다움을 눈으로 확인할 수 있다. 홍콩, 나폴리와 함께 세계 3대 야경, 일본에서는 나가사키, 고베와 함께 일본 3대 야경으로 불린다. 산 정상의 시설은 1층 안내 데스크, 로프웨이 탑승장, 흡연 코너, 2층 매점과 레스토랑, 3층 티 라운지와 옥외 전망대로 이루어져 있다. 야경 감상에 맞춰 하코다테 역에서 저녁 시간에만 6~8편 운행되는 버스가 운행 중이며, 대부분의 경우는 하코다테 로프웨이를 이용한다. 해가 완전히 지고 깜깜한 밤의 야경보다는 푸르스름한 빛이 맴도는 해지기 전후 30분간의 풍경이 보다 아름답다. 우리나라보다 해지는 시간이 빠르며 여름 6시 30분~7시, 겨울 4시 30분~5시면 해가 진다.

주소 函館市函館山 **위치** 로프웨이 이용 약 5분 / JR 하코다테 역에서 버스 이용 약 30분(성인 400엔, 어린이 200엔), 18시부터 21시 사이 8~9편 운행하며 11월부터 3월까지 동계 기간에는 운행하지 않는다.

하코다테야마 로프웨이 函館山ロープウェイ

125인승 케이블카

모토마치 지역에서 하코다테야마의 전망대까지 5분 만에 올라가는 125인승 케이블카이다. 시대의 흐름에 맞춰 변화를 거듭해 온 하코다테야마 로프웨이는 1997년에 데뷔한 4번째 로프웨이로 1대에 125명이 타며 시간당 왕복 3,000명이 이동할 수 있다. 하코다테 역, 베이 에리어에서 셔틀버스, 관광버스가 로프웨이 탑승장까지 연결되지만 운행 시간이 제한적이며 버스 탑승장을 찾는 것이 어렵기 때문에 택시 또는 도보로 이동하는 것이 편리한다. 모토마치 언덕의 하리스토 정교회, 성 요하네 교회에서 도보 3~5분 거리에 있다. 공식 홈페이지의 일본어 사이트에서는 할인 쿠폰(お得なクーポン)을 다운 받을 수 있으며, 프린트하지 않고 스마트폰을 제시해도 할인 혜택을 받을 수 있다. (성인 왕복 120엔, 편도 60엔) 올라가기 시작할 때는 오른쪽의 교회 건물들 풍경이 좋으니 참고하자.

주소 函館市元町 19-7 **탑승장 위치** 모토마치 언덕의 하코다테 성 요하네 교회에서 도보 약 3분 / 노면전차 주지가이(十字街)에서 도보 10분 **시간** 동계 10:00~21:00, 하계 10:00~22:00 (10분 간격 운행, 10월 중순 약 2주간 정비 기간 있음) **올라가는 마지막 시간** 21:50(4.25.~10.15.), 20:50(10.16.~4.24.) **내려가는 마지막 시간** 22:00(4.25.~10.15.), 21:00(10.16.~4.24.) **요금** 고등학생 이상, 성인 편도 780엔, 왕복 1,280엔 / 초 · 중학생 편도 390엔, 왕복 640엔

MAPECODE 13117

하코다테야마 후레아이 센터 函館山ふれあいセンター

걸어서 올라가기

대부분의 관광객이 로프웨이를 이용해 하코다테야마에 오르지만 시간의 여유가 있다면 가벼운 등산 기분을 느끼며 걸어서 올라가는 것도 좋다. 하코다테 후레아이 센터에서는 산책, 등산 코스를 소개하며 하코다테야마에 서식하고 있는 동식물에 대한 안내 자료를 받을 수 있다.

주소 函館市青柳町6-12 **위치** 노면 전차 주지가이(十字街)에서 도보 15분, 산 정상까지 약 50분 소요 **시간** 08:45~17:00 (4월~11월 월, 화, 공휴일 휴관 / 12월~3월 토, 일, 공휴일 휴관)

록 그룹 GLAY와 하코다테

1994년에 데뷔해 발표하는 앨범마다 밀리언셀러를 달성하며 20여 년간 변함없는 인기를 누리고 있는 록밴드 그룹 GLAY. GLAY의 주요 멤버들이 모두 하코다테 출신의 고교 동창생으로 하리스토 정교회, 공회당 옆 소프트크림 가게 등 멤버들이 자주 가던 곳은 팬들에 의해 성지화되기도 했다. GLAY 멤버들 역시 하코다테에 대한 애착이 강해 자주 라이브 공연을 하는데, 이 기간에는 하코다테의 호텔 전부가 수개월 전부터 예약이 마감되며 도쿄에서 하코다테로 가는 항공편, 심지어 열차로 3시간 거리의 삿포로쪽 항공편과 호텔 예약에도 영향을 준다.

베이 에리어
BAY AREA

옛 항구의 모습을 간직하고 있는 곳

JR 하코다테 역에서 항구, 바다를 따라 이어진 곳을 베이 에리어라 부른다. 오래된 창고 건물들이 옛 항구의 모습을 간직하고 있고 언덕 쪽으로 모토마치 지역으로 이어진다. 항구 주변의 빨간 벽돌로 만들어진 창고의 내부는 리뉴얼되어 아기자기한 기념품과 하코다테의 특산품을 팔고 있는 쇼핑몰, 식당으로 이용되고 있다.

JR 열차로 일본의 본토와 연결되어 홋카이도의 현관이라고 할 수 있는 하코다테 역 주변에 저렴한 호텔들이 많이 모여 있다. 볼거리가 많은 곳은 아니지만 홋카이도 최대급을 자랑하는 어시장인 하코다테 시장이 있어 이른 새벽부터 많은 사람이 모여든다.

1 JR 하코다테 역에서 도보 약 20분
2 노면전차 주지가이(十字街)에서 도보 10분

MAPECODE 13118

JR 하코다테 역 JR 函館駅

JR 하코다테 혼센의 기점

하코다테의 근교 고료가쿠, 오오누마 공원과 온천 휴양지인 노보리베쓰, 도야를 거쳐 삿포로까지 이어지는 JR 하코다테 혼센의 기점이며, 일본 본토로 연결되는 해저 터널 세이칸 터널(青函トンネル)의 홋카이도 지역 기점이기도 하다. 2003년 리뉴얼된 역청사 바로 옆에는 하코다테 관광 안내소가 있어 열차로 하코다테에 도착한 사람들은 이곳에서 우선 지도를 비롯해 다양한 할인 쿠폰 등을 받고 여행을 시작하는 것이 좋다.

하코다테 관광 안내소 09:00~19:00 (11~3월은 17:00까지)

MAPECODE 

하코다테 아사이치 (새벽 시장) 函館朝市

홋카이도의 3대 시장

1940년대 하코다테 시청 뒤편에 근교 농가의 사람들이 야채를 팔기 위해 모이면서 생긴 시장이다. 몇 번인가 자리를 옮기다가 1950년대 말에서야 현재의 JR 하코다테 역 앞에 자리를 잡게 되었다. 야채, 과일 등도 판매하지만 관광객의 눈길을 사로잡는 것은 홋카이도의 신선한 게와 오징어이다. 시장의 한편에는 어항의 오징어를 재미 삼아 낚시할 수 있는 이카쓰리보리(イカ釣堀)가 있다. 물론 낚시에 성공하면 바로 회를 쳐주기도 한다.

위치 JR 하코다테 역에서 도보 1분 **시간** 05:00~15:00 (겨울철에는 새벽 6시~7시경 시작한다.)

TRAVEL tip

하코다테 아사이치의 명물 해산물 덮밥 맛보기

관광객들도 많이 찾는 하코다테 아사이치(새벽 시장)에서 관광객들이 편하게 신선한 해산물을 이용한 식사를 할 수 있도록 2005년에 음식점을 모아 돈부리요코초라 이름 지었다. 돈부리는 덮밥류를 뜻하는 일본어로 하코다테 아사이치의 명물이 해산물 덮밥(海鮮丼, 가이센동)이라는 것을 눈치챌 수 있다. 10여 곳의 덮밥 전문점들은 대부분 시장이 여는 5시부터 15시까지(겨울에는 6시부터 14시) 영업하며, 라멘 전문점(8시~14시), 스시 전문점(7시~15시)도 있다.

럭키 피에로 Lucky Pierrot, ラッキーピエロ

맛있는 수제 햄버거집

하코다테 지역에 14개의 점포를 갖고 있는 하코다테에서 많은 인기를 얻고 있는 햄버거 프랜차이즈점이다. 미리 햄버거를 만들어 두는 경우가 없이 바로 바로 만들어진 따뜻한 햄버거를 맛볼 수 있다. 홋카이도 남부 지방의 신선한 식재료를 이용하고 있으며, 햄버거 패티도 냉동육은 사용하지 않을 만큼 맛에 대한 고집이 강한 곳이다. 냉동육을 사용하지 않기 때문에 하코다테 이외의 도시에는 점포가 생길 수 없어 오직 하코다테에서만 먹을 수 있다.

위치 하코다테 시내 14개 점포(하코다테 역 앞, 베이 에리어, 주지가이, 고료가쿠 공원 등) **시간** 대부분의 점포가 10:00 ~ 다음날 00:30 **요금** 1,000엔 내외

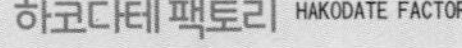

하코다테 팩토리 HAKODATE FACTORY

하코다테 베이 에리어의 복합 쇼핑몰

하코다테 팩토리란 마르카쓰 주식회사에서 운영하고 있는 하코다테 베이 에리어의 복합 쇼핑몰들을 말한다. '가네모리(金森)'에서 운영하는 아카렌가의 라이벌이라고 할 수 있지만 '가네모리의 창고들'과 달리 한 지역에 모여 있지 않기 때문에 그냥 보아서는 정확히 어느 것이 하코다테 팩토리에 속하는 것인지 쉽게 알 수 없다.

홈페이지 hakodate-factory.com

하코다테 비루 はこだてビール 하코다테 맥주

사장도 자주 마시는 맥주

JR 하코다테 역에서 창고 건물들이 모여 있는 본격적인 베이 에리어에 이르기 전 처음으로 보이는 빨간 벽돌 건물이다. 실내에는 비어홀과 레스토랑이 있으며, 자가 제조하는 시설을 볼 수 있다. 이곳의 맥주 중 '사장도 자주 마시는 맥주(社長のよく飲むビール)'라는 재미있는 이름의 맥주는 2002년 국제 맥주 대회에서 금상을 수상하기도 하였다. 입구 바로 옆의 기념품 숍에서 한정 판매하고 있다.

주소 函館市大手町5-22 **위치** 노면전차 우오이치바도리(魚市場通)에서 도보 3분 / JR 하코다테 역에서 도보 15분 **시간** 11:00~15:00, 17:00~21:30

하코다테 메이지칸 はこだて明治館

담쟁이 넝쿨로 뒤덮인 쇼핑몰

1911년 우체국으로 건설된 빨간 벽돌 건물을 이용한 쇼핑몰이다. 하코다테의 빨간 벽돌 건물 중 유일하게 담쟁이 넝쿨로 뒤덮여 있는 이곳에는 패스트푸드점, 카페, 오르골 전시관 등이 있다. 메이지칸과 가이센이치바 본점 사이의 광장에는 하코다테 비루의 오크통이 전시되어 있어 만남의 장소로 이용되기도 하며, 사진을 찍기에도 좋은 장소이다.

주소 函館市豊川町11-17 **위치** 노면전차 우오이치바도리(魚市場通)에서 도보 5분 / 하코다테 비루에서 도보 3분 **시간** 10:00~18:00

마루카츠 수산 まるかつ水産

하코다테의 신선한 해산물을 이용한 회전 초밥

하코다테 아사이치에서 소매업을 하는 곳에서 직접 운영하는 회전 초밥집인 만큼 신선함은 두말할 필요 없으며, 계절에 맞는 특선 메뉴, 매일 아침 잡은 하코다테에서만 볼수 있는 희귀 생선도 판매하고 있다. 가장 저렴한 접시는 130엔이며 성게, 오도로, 관자 등의 고급 재료는 680엔이고, 180엔, 280엔짜리 메뉴가 가장 많다. 본점 대각선 건너편에도 다른 매장이 있을 만큼 현지인들에게도 인기가 많은 곳이다.

주소 函館市豊川町12-10 **위치** 노면전차 우오이치바도리(魚市場通)에서 도보 5분 / 하코다테 비루에서 도보 3분 **시간** 11:30~15:00, 16:30~21:00

MAPECODE 13125

하코다테 니시하토바 はこだて西波止場

해산물부터 하코다테의 기념품까지

빨간 벽돌 건물들과 비슷한 외형을 하고 있는 2층의 목조 건물이다. 1층에는 해산물부터 하코다테 기념품까지 다양한 상품을 판매하는 가이센이치바의 분점이 있다. 2층에는 하코다테 항을 내려다보며 하코다테 지역의 맥주와 함께 식사를 할 수 있는 레스토랑 하코다테 가이센도락부(はこだて海鮮倶楽部)가 있다.

위치 노면전차 주지가이(十字街) 역에서 도보 약 5분, 가네모리 창고 히스토리 프라자(ヒストリープラザ) 옆 **가이센 도락부 영업 시간** 11:00~21:00

MAPECODE 13126

가네모리 창고 金森倉庫

하코다테 최초의 영업용 창고

하코다테가 개항했을 당시 서양의 세련된 물품을 판매하는 요모노칸(洋物館)을 시작으로 다양한 사업으로 막대한 부를 쌓은 와타나베 쿠마시로(渡邉熊四郎)가 1887년 하코다테 최초의 영업용 창고를 지은 것이 가네모리 창고의 시작이었다. 항공 운송의 발달로 창고 영업의 규모가 줄어들기 시작했지만, 1988년 창고의 일부에 상점 및 레스토랑을 입점시킨 '하코다테 히스토리 프라자'를 오픈하면서 이곳은 다시 활기를 얻기 시작했다. '빨간 벽돌 건물'이라는 뜻의 '아카렌가(赤レンガ)'라는 애칭으로 불리고 있는 창고 건물들은 '가네모리 요모노칸', '하코다테 히스토리 프라자', 'BAY 하코다테', '카네모리 홀' 등으로 구분되며, 아직까지도 일부는 창고 영업을 하고 있다.

홈페이지 hakodate-kanemori.com

MAPECODE 13127

가네모리 요모노칸 金森洋物館

이국의 꿈을 판매하는 상점

가네모리 창고의 초대 경영자가 서양의 풍족하고 여유로운 생활 문화를 동경하며 '이국의 꿈을 판매하는 상점(異国の夢を売る店)'을 콘셉트로 가네모리 요모노칸을 오픈했다. 당시의 조그만 상점이 현재는 커다란 창고 건물 2개 동을 가득 채울 만큼 다양한 상품들을 판매하는 쇼핑몰이 되었다. 1년 365일이 크리스마스인 크리스마스 숍을 비롯해 앤티크하고 개성 강한 상품들을 판매하고 있다.

위치 노면전차 주지가이(十字街) 역에서 도보 약 5분 **시간** 09:30~19:00

MAPECODE 13128

BAY 하코다테 BAY はこだて

운하를 사이에 두고 있는 로맨틱 플레이스

BAY 하코다테는 다른 가네모리 창고와는 조금은 다른 느낌을 주는 곳이다. 두 개의 창고 사이에 운하가 있다. 이곳에는 하코다테 항을 약 20분간 둘러볼 수 있는 가네모리 베이크루즈가 출발하고, 아름다운 선율의 오르골이 있는 오르골당이 있으며, 건물의 한 편에는 결혼식을 위한 교회가 있는 로맨틱한 곳이다. 두 창고 건물의 사이에 있는 종은 가네모리의 로고를 이미지화한 것이다.

위치 노면전차 주지가이(十字街) 역에서 도보 약 5분, 가네모리 요모노칸 맞은편 **시간** 09:30~19:00 **베이크루즈 시간** 4월~12월 10:00~18:00 **베이크루즈 요금** 성인 1,000엔 / 어린이 500엔

MAPECODE 13129

쁘띠 메르베이유 PETITE MERVEILLE

한입에 쏙 들어가는 치즈 케이크

하코다테를 대표하는 프랑스 스타일의 디저트 전문점으로 인기 상품인 메르치즈(メルチーズ)는 한입에 먹을 수 있는 작은 사이즈의 치즈 케이크이다. 세계적인 디저트, 과자 콘테스트인 몬도셀렉션에서 5년 연속 최고급상을 받기도 했으며, 하나하나 포장되어 있어 여행용 선물로도 인기이다. 플레인, 펌킨, 캐러멜 세 가지 맛이 있으며 8개들이 기준 1,247엔이다.

주소 函館市豊川町11-5 **위치** 베이 하코다테 내부 **시간** 09:30~20:00

MAPECODE 13130

미나토노모리 みなとの森

디저트, 와플 타임이 즐거운 레스토랑

베이 하코다테 뒤편에 자리잡고 있는 레스토랑으로 하코다테 비어홀의 자매점이기도 하다. 베이 하코다테의 수려한 풍경을 바라보며 런치와 디너를 메인으로 하는 곳이지만 14시부터 17시까지는 와플 타임으로 아이스크림, 커피와 함께 디저트를 즐기기에 좋다. 와플은 테이크아웃도 가능하다. 여름에는 테라스의 창문을 모두 개방해 시원한 바닷바람을 느낄 수 있고, 겨울에는 창밖으로 보이는 거대한 크리스마스 트리를 볼 수 있다.

주소 函館市末広町14-12 **위치** 베이 하코다테 내부 **시간** 11:30~22:00 (토, 일, 공휴일은 11:00~22:00)

MAPECODE 13131

하코다테 다카다야 가헤이 자료관 箱館 高田屋 嘉兵衛 資料館

하코다테 발전에 관한 작은 자료관

하코다테 발전의 은인이라 불리는 상인 다카다야 가헤이(高田屋嘉兵衛)와 관련된 자료를 전시하고 있는 곳이다. 간사이 지역 출신인 다카다야는 에도 시대 말기인 1796년 하코다테에 들어와 교역을 시작한 후 막부의 의뢰를 받아 항로를 개척하고 하코다테의 어업 기지를 조성하는 등 하코다테의 경제에 크게 공헌한 인물로 매년 7월 하순이면 다카다야 가헤이 마츠리가 개최되고 있다. 노면전차 주지가이 역에서 베이 에리어 반대 방향의 다카타야 거리에는 하코다테야마를 등지고 그의 동상이 세워져 있다.

주소 函館市末広町13-22 **위치** 노면전차 주지가이 역에서 도보 5분 **시간** 09:00~18:00 / 목요일, 연말연시 휴관 **요금** 성인 300엔, 어린이 100엔

MAPECODE 13132

살팀 보카 SALTIMBOCCA

칵테일을 마시기도 좋은 카페

핑크색의 화사한 외관이 눈에 띄는 작은 카페 겸 바로, 일리 커피를 좋아하는 주인의 친절함도 인기 비결이다. 커피, 젤라또 외에 피자, 파니니 등의 식사메뉴도 갖추고 있으며, 2,500엔의 칵테일 뷔페를 선택하면 90분간 80여 종류의 칵테일을 마실 수 있어 저녁에 찾기에도 좋다.

주소 函館市末広町13-25 **위치** 노면전차 주지가이 역에서 도보 5분 **시간** 11:00~18:00

MAPECODE 13133

스타벅스 베이사이드점 STARBUSKS

도남 지역 유일의 스타벅스 매장

하코다테의 유일한 스타벅스 매장으로 하코다테 분위기의 빨간 벽돌은 아니지만 니시하토바와 같은 붉은 빛의 안도 나무 소재의 외관으로 하코다테 베이 에리어의 분위기에 동화된 듯한 느낌이 든다. 2층 구조로 되어 있으며 크리스마스 때에는 특별한 장식으로 꾸며지기도 한다. 여행 중 스타벅스 커피를 자주 찾거나 텀블러 등을 구입할 계획이라면 우선 홋카이도 한정 스타벅스 카드를 구입해서 기념품으로 남기는 것도 좋은 방법이다.

주소 函館市末広町24-6 **위치** 노면전차 주지가이 역에서 도보 5분 / 스에히로초 역에서 도보 3분 / 니시하토바 옆 **시간** 08:00~23:00

MAPECODE 13134

큐차야테이 旧茶屋亭

일본과 서양의 전통이 어우러진 찻집

19세기 말 하코다테 상인의 상점 겸 주택이었던 건물로 하코다테시의 전통적 건조물로 지정되어 있다. 1988년 홋카이도와 본토를 연결하는 세이칸 터널 개통 기념으로 주택의 소유자가 기간 한정으로 카페를 운영해서 좋은 반응을 얻고 1992년 오픈한 카페이다. 일본의 전통적인 분위기의 외관이지만 실내는 클래식한 느낌의 서양식으로 꾸며져 있고, 메뉴는 일본식 차와 화과자를 중심으로 하고 있다.

주소 函館市末広町14-29 **위치** 노면전차 주지가이 역에서 도보 3분 **시간** 11:30~17:00(10~6월), 11:00~17:00(7~9월)

MAPECODE 13135

하세가와 스토어 ハセガワストア

당일치기 여행객에게 추천하는 도시락

하코다테 시를 중심으로 매장을 운영하고 있는 편의점 체인이다. 이곳의 꼬치구이 도시락(야키토리벤토 やきとり弁当, 439엔)는 1978년 발매 후 하세가와 하면 꼬치구이 도시락을 이야기할 만큼 유명하며, 다른 지역에서 여행 오는 일본인들이 하코다테 여행에서 꼭 먹어야 할 것으로 꼽고 있다. 하코다테에서 삿포로로 이동하는 열차에서 먹을 도시락으로 구입해 두면 좋다.

주소 函館市末広町23-5 **위치** 노면전차 주지가이 역에서 도보 5분 / 스에히로초 역에서 도보 3분 **시간** 07:00~23:00(하계), 07:00~22:00(동계)

MAPECODE 13136

홋카이도 제일보 기념비 北海道第一歩の地碑

홋카이도 개척의 시작을 알리는 비석

일본의 근대화 변혁인 메이지유신(1867년) 이후 본토의 사람들이 홋카이도로 들어오는데 현관의 역할을 한 하코다테에 1968년 세워진 기념비이다. 홋카이도 개척 당시 가장 큰 어려움 중 하나였던 야생곰을 모티브로 하고 있는 조형물이 있으며 주변은 산책로로 조성되어 있다.

위치 스에히로초 역에서 도보 2분

하코다테 근교
函館近郊

노면전차를 타고 하코다테 근교로 떠나다

모토마치 언덕 지역과 베이 에리어 항구 지역을 중심으로 하는 하코다테 여행의 중심지에서 조금 벗어난 곳에도 다양한 볼거리가 있다. 가장 인기 있는 곳은 일본에서도 매우 희귀한 별 모양의 성 고료가쿠이다. 고료가쿠에서 노면전차를 이용하면 모토마치, 베이 에리어로 편리하게 이동할 수 있기 때문에 삿포로에서 하코다테로 당일치기 여행을 하는 경우에도 다녀올 수 있다. 홋카이도의 신 3대 절경으로 꼽히는 오누마 공원과 유노카와 온천의 경우는 하코다테에서 1박 이상의 일정인 경우에 다녀오는 것이 좋다.

1 **유노카와 온천** JR 하코다테 역에서 노면전차로 30분, 하코다테 공항에서 순환버스로10분
2 **고료가쿠** JR 하코다테 역에서 버스 또는 노면전차 이용 약 25분
3 **오오누마** JR 하코다테 역에서 보통열차로 약 45분(540엔), 특급열차로 약 22분(1,680엔)

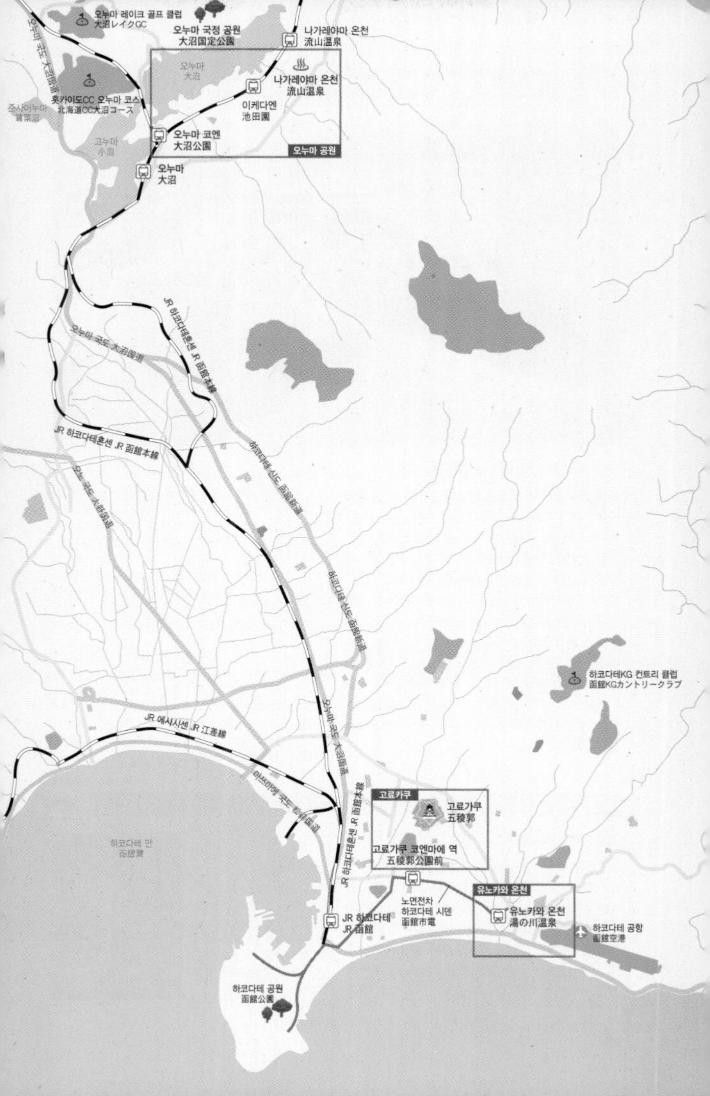

오누마 레이크 골프 클럽
大沼レイクGC
오누마 국정 공원
大沼国定公園
나가레야마 온천
流山温泉
오누마
大沼
나가레야마 온천
流山温泉
이케다엔
池田園
홋카이도CC 오누마 코스
北海道CC大沼コース
준사이누마
蓴菜沼
고누마
小沼
오누마 코엔
大沼公園
오누마 공원
오누마
大沼
JR 하코다테혼센 JR 函館本線
오누마 국도 大沼国道
JR 하코다테혼센 JR 函館本線
하코다테 신도 函館新道
하코다테 신도 函館新道
오누마 국도 大沼国道
하코다테KG 컨트리 클럽
函館KGカントリークラブ
JR 에사시센 JR 江差線
마쓰마에 국도 松前国道
오누마 국도 大沼国道
고료카쿠
고료가쿠
五稜郭
고료가쿠 코엔마에 역
五稜郭公園前
하코다테 만
函館湾
JR 하코다테혼센 JR 函館本線
유노카와 온천
노면전차
하코다테 시덴
函館市電
유노카와 온천
湯の川温泉
JR 하코다테
JR 函館
하코다테 공항
函館空港
하코다테 공원
函館公園

고료가쿠 五稜郭

북방 경비를 위해 축성된 오각형 성곽

하늘에서 보면 별 모양을 하고 있는 독특한 구조의 고료가쿠는 홋카이도 개항에 따른 북방 경비 강화를 위해 약 7년의 공사를 거쳐 1866년에 완공되었다. 북방 경비를 위해 축성했지만 메이지 유신 당시에 발생한 내전의 최후의 전쟁터로 이용되었고, 현재도 당시 설치되었던 대포 등이 전시되어 있다. 사계절 아름다운 풍경을 감상할 수 있지만 5월 벚꽃이 피는 기간과 겨울의 호시노유메(星の夢, 야간의 일루미네이션) 기간에 많은 관광객이 몰린다. 하코다테 역에서 고료가쿠까지 가는 가장 편한 방법은 버스를 이용하는 것이며, 돌아올 때는 노면전차를 이용해 모토마치, 베이 에리어 쪽으로 바로 이동하는 것을 추천한다.

주소 函館市五稜郭町44 **위치** ❶ 하코다테 역 앞 4번 버스 정류장에서 고료가쿠 타워, 트라피스치누 셔틀 버스(五稜郭タワー・トラピスチヌ シャトルバス) 이용 고료가쿠 타워까지 약 15분(편도 200엔, 5~10월 매일 운행, 11~4월은 토, 일, 공휴일 운행 / 9시~14시 매시각 정각 출발) ❷ 하코다테 역 앞 5번 버스 정류장에서 106루프27(106ループ27) 순환버스 이용 '고료가쿠 공원 입구(五稜郭公園 入口)'까지 약 17분(200엔), 버스 하차 후 도보 약 7분(매일 운행 / 운행 간격 20~30분, 반대 방향 순환버스인 27루프106은 도보 15분 거리의 '고료가쿠(五稜郭)' 정류장 하차 ❸ 하코다테 역 앞에서 노면전차 이용 '고료가쿠코엔마에(五稜郭公園前)'까지 약 17분(230엔), 노면전차 하차 후 도보 15분 ❹ JR 하코다테 역에서 일반열차 이용, JR 고료가쿠(五稜郭) 역까지 5분(210엔), JR 열차 하차 후 도보 30분(버스 이용 시 10분, 200엔) **시간** 05:00~19:00(4~10월) / 05:00~18:00(11~3월)

고료가쿠 타워 五稜郭タワー

고료가쿠를 내려다볼 수 있는 전망대

고료가쿠 축성 100년을 기념하기 위해 1964년 고료가쿠를 내려다볼 수 있는 전망대를 건설했다. 당시는 약 60m 정도의 낮은 전망대였지만 2006년 리뉴얼을 통해 현재의 107m의 높이를 갖추게 되었다. 전망대 1층에는 카페와 레스토랑, 기념품점이 있으며, 2개의 층으로 되어 있는 전망대에는 고료가쿠와 관련된 역사에 대한 설명과 고료가쿠의 모형 등이 전시되어 있다.

주소 函館市五稜郭町43-9 **위치** 고료가쿠 바로 옆 **시간** 08:00~19:00(10.21.~4.20. 09:00~18:00) **요금** 성인 840엔, 중고생 630엔, 초등학생 420엔

MAPECODE 13139

도립 하코다테 미술관 道立函館美術館

일본 및 아시아 예술가들의 특별전이 열리는 곳

고료가쿠 타워 옆에 있는 미술관으로 모던한 건축 양식이 눈에 띈다. 홋카이도의 도남에서 활동하는 작가들의 작품을 중심으로 전시되어 있는 상설전 외에도 주로 일본 및 아시아 지역의 작품의 특별전이 열린다. 누구나 알 만한 유명 작가의 작품은 없지만 시간의 여유가 있다면 잠시 들러보기 좋은 곳이다.

위치 노면전차 고료가쿠 코엔마에(五稜郭公園前)에서 도보 7분 **시간** 09:30~16:30 **요금** 성인 170엔, 고등학생 · 대학생 100엔, 중학생 이하 무료

MAPECODE 13140 13141

멘츄보 아지사이 麺厨房 あじさい

하코다테를 대표하는 맛집

창업 70년이 넘은 고료가쿠를 대표하는 라멘 집으로 하코다테 시오라멘을 대표하는 곳이기도 하다. 대표 메뉴인 시오라멘(味彩塩拉麺, 700엔, 하프 450엔)은 깔끔하면서도 진한 맛이 느껴지며, 한정 수량으로 판매하는 무카시후라멘(昔風拉麵, 820엔)은 창업 당시의 맛을 현대적으로 재해석하고 있다. 이밖에도 다양한 토핑의 20여 가지의 라멘이 있으며, 하코다테 베이 에리어, 신치토세 공항에 매장을 운영하고 있다.

멘츄보 아지사이 본점

주소 函館市五稜郭町29-22 **위치** 고료가쿠 타워에서 길 건너 바로 **시간** 11:00~20:25 / 네 번째 수요일 휴무

멘츄보 아지사이 쿠레나이점(베이 에리어)

주소 函館市豊川町12-7 **위치** 하코다테 베이 에리어 메이지칸 바로 앞 **시간** 11:00~22:00 / 세 번째 목요일 휴무

JR 고료가쿠 방향 (도보 30분)
고료가쿠 五稜郭
멘츄보 아지사이 麺厨房 あじさい
고료가쿠 타워 五稜郭タワー
도립 하코다테 미술관 道立函館美術館
고료가쿠 코엔마에 五稜郭公園前
수기나미초 역 杉並町
호텔 에스팔 ホテル エスパル
JR 하코다테 방향
주오보인마에 中央病院前

오누마 국정 공원 大沼国定公園

일본의 신 3대 절경으로 꼽히는 호수

고가마다케(駒ヶ岳) 화산의 활동으로 형성된 오누마(大沼), 고누마(小沼), 준사이누마(蓴菜沼) 세 개의 호숫가 일대를 가장 큰 호수의 이름을 따서 오누마 공원이라 부른다. 출구가 한 곳 밖에 없는 작은 오누마코엔 역을 나가면 정면으로 오누마가 연결되며 열차 선로 뒤쪽이 고누마이며, 그 위쪽으로 준사이누마가 있다. 역에서 정면으로 3~5분 정도 걸어가면 공원 광장이 나오며 이곳을 중심으로 각각 15분, 20분, 50분 코스의 산책 코스가 있다. 호수 위에 떠 있는 작은 섬들을 연결하는 다리를 건너고, 호수 건너편의 고가마다케의 풍경을 감상할 수 있다.

위치 JR 하코다테 역에서 보통 열차로 약 45분(540엔), 특급 열차로 약 22분(1,680엔) **요금** 무료

천의 바람 모뉴먼트 千の風モニュメント

오누마 공원은 클래식 최초 오리콘차트 1위를 하며 국민적인 사랑을 받은 노래 '센노카제니낫테(千の風になって)'의 영감이 되기도 했는데 이를 기념하기 위해 공원 바닥에 모뉴먼트를 만들어 두었다. 한글로는 천의 바람 모뉴먼트로 적혀 있는 안내 표지를 따라가면 찾을 수 있다.

오누마 호수 유람선 大沼湖クルージング

4월부터 12월 초순까지 유람선을 운항하고 있다. 여러 개의 작은 섬들 사이를 지나며 오누마 호수의 풍경을 감상할 수 있으며, 모터 보트, 직접 노를 젓는 보트도 이용할 수 있다. 5월부터 10월까지는 매일 운항하지만 4월, 11월, 12월에는 날씨에 따라 운항하지 않는 경우도 있다.

소요 시간 및 요금 유람선 30분(1,100엔), 모터보트 10분(1,300엔), 보트 60분(2인승 1,000엔, 4인승 2,000엔)

자전거 대여 レンタサイクル

오누마 호수를 감싸고 있는 14km의 산책로를 자전거를 이용해 둘러볼 수도 있다. 쉬엄쉬엄 산책을 하는 기분으로 달리면 1시간 30분 정도 소요되며, 서둘러서 달리면 60분이면 둘러볼 수 있다. 렌트하는 자전거 중에는 앞바퀴를 다른 자전거의 뒷바퀴에 올려 다인승 자전거로 이용할 수 있는 것이 있는데, 중국인 관광객이 도전한 52인승 자전거가 가장 긴 자전거였다고 한다.

요금 1시간 500엔, 1일 1,000엔

누마노야 沼の家

100년 전통의 오누마 당고

오누마 공원이 국립공원으로 지정되기 50여 년 전인 1905년에 창업한 곳으로 100년이 넘는 시간 동안 변함 없는 맛으로 오누마 공원의 상징이라고도 할 수 있는 곳이다. 한입에 쏙 들어가는 오누마 당고(370엔~)는 고마(胡麻, 참깨), 쇼유(しょうゆ, 간장), 안(あん, 팥)의 세 가지 맛이 있으며 가격도 저렴한 편으로 여럿이 나눠 먹기도 좋다. 누마노야 근처에는 오누마 공원의 또 다른 명물인 오징어 먹물 아이스크림(イカスミ ソフトクリーム, 이카스미 소후토 쿠리무)을 파는 곳도 있다.

주소 北海道亀田郡七飯町大沼町145 **위치** JR 오누마 공원 역에서 도보 3분 **시간** 08:00~18:00

나가레야마 온천 流山温泉

오누마 공원 안쪽에 자리 잡은 온천, 레저 시설

세계적인 조각가인 나가레 마사유키(流政之)가 프로듀스한 건물로 주목 받은 곳이다. 온천 시설뿐만 아니라 레스토랑, 캠핑장, 잔디 구장, 나가레 마사유키의 작품이 진열되어 있는 조각 공원 등이 있는 복합 문화, 레저 시설이라고 할 수 있다. 오누마 공원을 둘러본 후 열차를 이용해 찾아갈 수 있지만 열차 배차 시간이 길기 때문에 자전거를 이용해 찾아가는 것이 좋으며 오누마 역에서 자전거로는 약 30분 거리에 있다.

주소 北海道亀田郡七飯町字東大沼294-1 **위치** JR 오누마 역에서 나가레야마 온천 역까지 보통열차로 8분, 자전거로 약 30분 **시간** 11:00~20:00 / (4~11월) 매주 수요일 휴무, (12~3월) 매주 화, 수요일 휴무 **요금** 성인 520엔, 어린이 260엔 / 타올 200엔

MAPECODE 13145

유노카와 온천 湯の川温泉

우리나라에서 가장 가까운 온천 여행지

우리나라에서 가장 가까운 일본 온천 여행지는 어디일까? 비행 시간이 가장 짧은 후쿠오카를 생각할 수도 있겠지만, 공항에서 온천지까지 이동하는 시간을 감안하면 하코다테 공항에서 불과 10분 거리에 있는 유노카와 온천이 우리나라에서 가장 가깝다. 바닷가에 있는 온천 마을로 아기자기한 료칸이 아닌 비교적 큰 규모의 온천 호텔들이 많은 곳이다. 노면전차 유노카와 온천 역 앞에는 무료 족욕장도 설치되어 있다.

위치 JR 하코다테 역에서 노면전차로 30분 / 하코다테 공항에서 순환버스로 10분

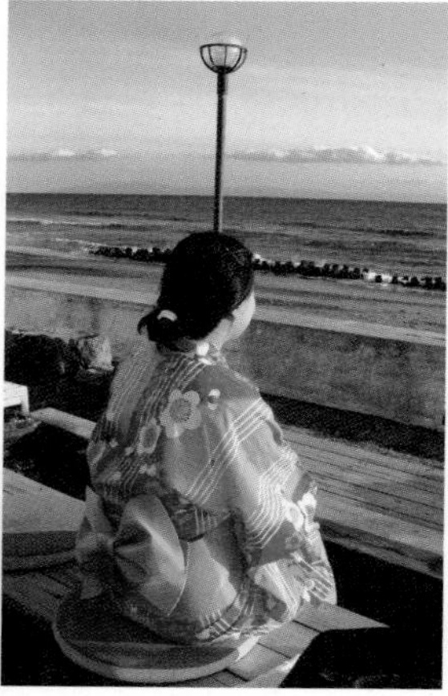

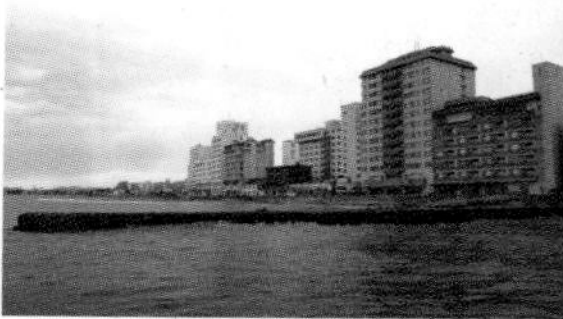

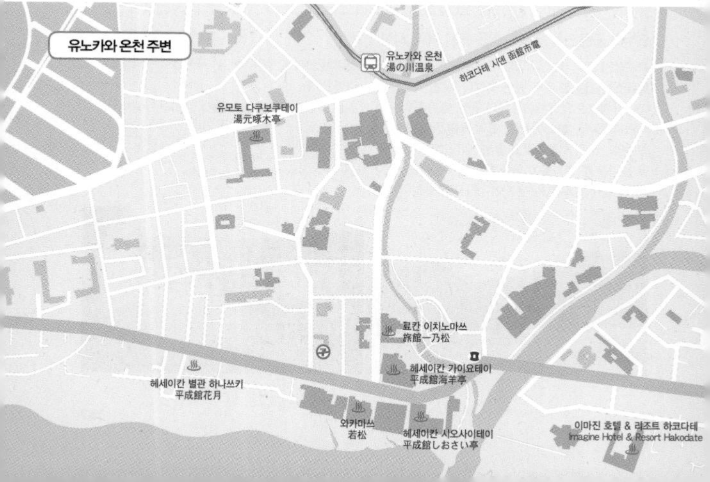
유노카와 온천 주변
유노카와 온천
湯の川温泉
하코다테 시덴 函館市電
유모토 다쿠보쿠테이
湯元啄木亭
료칸 이치노마쓰
旅館一乃松
헤세이칸 가이요테이
平成館海羊亭
헤세이칸 별관 하나쓰키
平成館花月
와카마쓰
若松
헤세이칸 시오사이테이
平成館しおさい亭
이마진 호텔 & 리조트 하코다테
Imagine Hotel & Resort Hakodate

MAPECODE 13146

이마진 호텔 & 리조트 하코다테 Imagine Hotel & Resort Hakodate

료쓰가루 해협을 한눈에 내려다볼 수 있는 곳

유노카와 온천에 있는 숙소 중 가장 큰 규모를 자랑하며, 해안에 있어 오션뷰 객실에서는 보다 아름다운 풍경을 감상할 수 있다. 옥상의 전망 노천온천, 바닷가의 족욕장에 이어 2018년 상반기에는 호텔 1층에 전망형 실내 온천이 설치되어 다양한 온천 시설을 즐길 수 있다. 객실은 전통 다다미 객실과 일본 스타일이 더해진 트윈 룸 와모던 객실로 구분된다.

숙박 요금 전통 다다미 객실 10,000엔~ / 와모던 객실 12,500엔~ **실내 대욕장** 남녀 각 1개 / 15:00~24:00, 05:00~10:00 **전망 노천 온천** 남녀 각 1개 / 15:00~24:00, 05:00~10:00 / 일 1회 남녀 욕탕 바뀜

홈페이지 www.imgnjp.com/hrhakodate

MAPECODE 13147

와카마쓰 若松

80여 년의 역사를 지닌 료칸

창업 80여 년의 오랜 역사를 갖고 있으며, 본관과 신관의 총 객실 수가 29실인 작은 규모의 료칸이다. 작은 규모이지만 신관의 최상층에 있는 복층 구조의 메조넷 객실은 1인 숙박비 5만 엔, 일본의 덴노가 숙박을 했던 본관의 특별실은 1인 숙박비 6만 엔으로 홋카이도뿐만 아니라 일본 전체에서도 최상급에 속한다. 전 객실에서 바다를 바라볼 수 있으며, 객실에서 가이세키 요리가 제공된다.

숙박 요금 본관 다다미 객실 22,600엔~ / 신관 다다미 객실 26,800엔~ / 복층 구조 전용 온천 객실 50,950엔 / 특별실 68,800엔~ **실내 대욕장(반 노천 온천)** 남녀 각 1개

헤세이칸 平成館

노천 온천이 있는 다양한 객실

유노카와 온천의 헤세이칸은 가이요테이와 시오사이테이, 별관 하나쓰키로 나뉘어져 있다. 12층에 전망 노천 온천이 있는 가이요테이(海羊亭)는 바닷가에서 조금 떨어져 있지만 비교적 저렴한 숙박비로 인기가 높다. 바닷가에 위치한 시오사이테이(しおさい亭)는 전용 노천 온천이 있는 객실, 바닷가가 보이는 객실 등 다양한 객실이 준비되어 있으며, 별관 하나쓰키(花月)는 모든 객실에 전용 노천 온천이 있는 고급 료칸이다.

숙박 요금 가이요테이, 시오사이테이 일반 객실 14,000엔~ / 시오사이테이 전용 온천 객실 17,000엔~ / 하나쓰키 전용 온천 객실 22,000엔~

유모토 다쿠보쿠테이 湯元 啄木亭

전통 정원이 있는 현대식 건물의 온천 호텔

유노카와 온천 중심에 11층 건물로 우뚝 솟은 현대식 건물이지만 실내는 일본 전통의 온천 호텔이라 하기에 부족함이 없는 곳이다. 전통 다다미 객실과 하코다테야마(산), 쓰가루 해협을 바라보며 온천욕을 즐길 수 있는 전망 노천탕이 있으며 전통 료칸의 중요한 부분을 차지하는 정원은 다쿠보쿠테이의 자랑이다. 당일치기 온천도 가능하기 때문에 숙박객이 아니어도 온천을 즐길 수 있으며, 식사를 1회만 하는 요금도 있어 비교적 저렴한 가격으로 숙박할 수 있다.

숙박 요금 1박 1식 7,500엔~ / 1박 2식 9,600엔~ / 1박 2식(객실에서) 10,650엔~ **당일치기 온천** 13:00~21:00 / 성인 700엔(타올 200엔 불포함)

료칸 이치노마쓰 旅館 一乃松

순수 일본풍 료칸

총 객실 29개의 작은 규모의 순수 일본풍 료칸으로 모든 객실이 교토 스타일의 일본 정원을 바라보며 있다. 홋카이도 지역에서는 드물게 아침 식사와 저녁 식사 모두 객실에서 제공되는 것을 기본으로 하고 있으며, 신선한 해산물을 중심으로 하는 가이세키 요리가 맛있는 것으로 유명하다.

숙박 요금 14,000엔~

아사히카와

홋카이도에서 두 번째로 큰 도시

홋카이도 중심부의 분지로 되어 있는 지대에 위치한 아사히카와 시내는 삿포로에 이어 홋카이도에서 두 번째로 큰 도시이다. 내륙성 기후의 특징으로 연간 기온차가 극심한 곳으로 여름에는 평균 26~28도로 홋카이도에서는 상당히 높은 편이며, 겨울에는 평균 영하 8도이지만, 1902년에는 영하 41도로 일본 기상 관측사상 최저 기온이 기록되기도 했다. 삿포로부터 일본의 최북단 왓카나이까지 연결되는 소우야혼센(宗谷本線)의 정차역으로 특급열차가 운행되며, 일반열차를 이용해 후라노, 비에이까지 이동할 수 있다. 여행지로서의 매력은 많지 않지만 아사히카와를 거점으로 후라노, 비에이, 아사히야마 동물원 등을 다녀오기에 편리하다.

아사히카와 시내 중심
아사히야마 동물원 →
旭山動物園
도키와 공원
常磐公園
아사히카와 시 중앙 도서관
旭川市中央図書館
도립 아사히카와 미술관
北海道立旭川美術館
욘조 도리 四条通
고 나나 코우지로 후라리토
5・7小路ふらりーと
하치야 라멘
蜂屋ラーメン
이치조 도리 一条通
바이코우켄
梅光軒
아사히카와
旭川
구라이무
蔵囲夢
디자인 갤러리
デザインギャラリー
다이세쓰 치비루칸
大雪地ビール館
컬렉션관 체어스 갤러리
コレクション館・チェアーズギャラリー
아사히카와욘조 역
旭川四条
JR 하코다테혼센 JR 函館本線
JR 후라노센 JR 富良野線
JR 소야혼센 JR 宗谷本線
다이세쓰 도리 大雪通
← 홋카이도 전통 미술 공예관
北海道伝統美術工芸村

찾아가기

아사히카와 공항에서

일본항공(JAL), 전일본공수(ANA) 항공편과 아시아나항공에서 운행(주로 여름과 겨울 성수기)하는 부정기편이 아사히카와 공항에 도착하는 시간에 맞춰 운행하는 공항 전용 버스가 있다. 또한 시내뿐 아니라 아사히야마 동물원, 후라노 방면으로 가는 노선버스도 운행되고 있다.
공항에서 시내까지 공항 전용 버스로 이동하면 노선버스와 동일하게 30~40분 정도 소요되며 요금은 620엔이다. 아사히야마 동물원행 버스는 550엔(35분 소요), 후라노행 버스는 770엔(1시간 소요)이다.

삿포로에서

아사히카와 공항에 도착하는 항공편을 이용하는 경우 아사히카와 시내에서 삿포로에 다녀오는 경우가 많다. 아사히카와에서 삿포로까지 편도 요금은 자유석 4,290엔, 지정석 4,810엔이지만 자유석 왕복 할인 티켓(自由席往復割引きっぷ)인 S킷푸(Sきっぷ)를 구입해서 가면 왕복 5,080엔에 다녀올 수 있다. 자유석 왕복 할인 티켓(S킷푸)은 6일 이내에 왕복 구간을 사용해야 하며 어린이 요금은 반액이다.
삿포로에서 아사히카와를 거쳐 후라노와 비에이를 함께 보는 일정이라면 삿포로-아사히카와 왕복 할인 티켓을 구입하기보단 후라노, 비에이 후리 킷푸를 구입하는 것이 좋다(p.181 참고).

후라노 & 비에이에서

JR 후라노 역에서 JR 아사히카와 역까지는 1시간 10분(1,040엔) 정도 소요되며, 1~2시간마다 1대 정도 있다. 비에이 역에서는 30분(530엔) 소요되며, 차는 1시간마다 있다.

시내 교통

아사히카와 시내는 대중교통을 이용할 필요가 없을 만큼 작지만 아사히야마 동물원, 홋카이도 전통 미술 공예관, 오토코야마 주조장, 아사히카와 라멘무라에 가기 위해서는 시내버스를 이용해야 한다. 시내버스는 JR 아사히카와 역을 기점으로 운행된다. 아사히카와 역에 있는 관광 안내소에서 주요 관광지로 가는 버스에 대한 자세한 시간표, 호텔 인근의 버스 정류장 위치 등을 안내받을 수 있다. 관광 안내소에서 자전거도 대여할 수 있으니 참고하자.

관광 안내소

위치 JR 아사히카와 역사 내 **시간** 08:30~19:00(6~9월), 09:00~19:00(10~5월) / 12월 31일~1월 2일 휴무 **자전거 대여 요금** 시티 사이클 1일 500엔, 크로스바이크(하이브리드 자전거) 1일 1,000엔

아사히카와 시내 旭川

보행자 전용 도로를 따라 즐비한 상점가

홋카이도 제2의 도시로 눈과 얼음 조각을 전시하는 아사히카와 겨울 마쓰리가 개최되며 일본에서 가장 인기 있는 동물원인 아사히야마 동물원이 있다. 시내에는 볼거리가 많은 편은 아니지만, 버스를 이용하면 일본 전국적으로 인기를 얻고 있는 아사히카와의 라멘집들이 모여 있는 '아사히카와 라멘무라'에 갈 수 있다. 또 맑은 공기 아래 깨끗한 물로 빚은 전통 사케 주조장인 '오토코야마', 애니메이션 〈겨울왕국(Frozen)〉으로 다시 인기를 얻고 있는 홋카이도 전통 미술 공예관 내 '눈의 미술관' 등의 볼거리가 있다. 또한 2015년 3월에는 JR 아사히카와 역 앞에 대형 이온몰이 오픈하면서 시내도 큰 활기를 띠기 시작했다.

Access

1 삿포로 역에서 JR 특급열차 이용 1시간 20분(편도 4,810엔, 왕복 S킷푸 5,080엔)
2 후라노에서 JR 보통열차 이용

이온몰 아사히카와 역 앞 Aeon 旭川駅前

시내 활성화를 위한 복합 상업 시설

2015년 3월 아사히카와 시 재개발 사업의 일환으로 오랫동안 방치된 터미널 빌딩의 부지에 설립된 복합 상업 시설이다. 대형 슈퍼마켓과 주류 매장을 중심으로 푸드 코트, 극장 등이 자리 잡고 있다.
무엇보다 관광객에게 편의를 제공하기 위해 아사히카와 시 관광협회와 제휴해 관광지, 교통 안내 등에도 적극적이다. 외국인 관광객을 위한 면세(Tax Free) 혜택을 주는 상점도 많으므로 쇼핑을 할 때 여권을 지참하자.

위치 JR 아사히카와 역과 연결 **시간** 이온 슈퍼마켓 08:00~22:00 / 푸드 코트 09:00~21:00 / 레스토랑 10:00~22:00

셈프레 피자 Sempre Pizza

일본식 풍미가 더해진 피자가 일품

가장 저렴한 피자가 380엔부터 시작하며 30여 가지가 넘는 피자 메뉴를 갖추고 있다. 마르게리타, 마리나라와 같은 정통 나폴리안 피자도 맛있지만 명란 소스, 데리야키 소스 등 일본만의 토핑이 더해진 메뉴가 인기이다. 메이플 시럽이 들어간 콘에 담아 파는 소프트크림도 인기이다.

위치 이온몰 1층 **시간** 09:00~21:00

MAPECODE 13152

헤이와도리 가이모노 코엔(평화 공원 쇼핑 공원) 平和通買物公園

일본 최초의 보행자 천국

아사히카와 역 앞에서 도키와 공원 인근까지 이어지는 1km의 보행자 전용 구간으로 백화점과 쇼핑몰, 상점 등이 모여 있다. 매년 2월에는 도키와 공원과 함께 아사히카와 눈 축제의 장으로 이용되며 8월과 9월에도 여름 축제, 음식 축제가 열리는 장소로 활용되고 있다. 대부분의 쇼핑몰이 문을 닫는 저녁 8시 이후에는 한 블록 옆의 쇼와 도오리(昭和通り)가 나이트 라이프의 중심이 된다.

위치 JR 아사히카와 역에서 도키와 공원에 이르는 약 1km의 거리

MAPECODE 13153

고・나나 코우지로 후라리토 5・7小路ふらりーと

라멘으로 유명한 거리

아사히카와 시내에서 라멘으로 유명한 거리이다. 고・나나(5・7)는 '5조도리 7초메'라는 이곳의 주소를 줄여서 말하는 것으로, 보통은 '후라리토'라고만 부른다. 아사히카와의 라멘 전문점 10여 개가 모여 있으며, 거리 입구의 목제 간판을 비롯해 약간은 허름한 콘셉트를 유지해 60~70년대의 느낌을 전해 준다.

위치 JR 아사히카와 역에서 도보 10분 **시간** 10:00~19:00 (점포마다 다름)

MAPECODE 13154

하치야 라멘 蜂屋ラーメン

개성 강한 라멘집

1947년부터 영업을 하기 시작한 역사 깊은 라멘집으로 아사히카와 라멘 중에서 가장 강한 개성을 보여주고 있는 곳이다. 마른 전갱이를 이용한 생선 국물과 돼지뼈를 푹 곤 국물이 조화를 이루며, 여기에 간장 소스가 더해진 것이 라멘 맛의 비결이다.

위치 고・나나 코우지로 후라리토 내 **시간** 10:30~19:50 (7~9월은 10:30~20:50, 매주 수요일 휴무) **요금** 500엔~1,000엔

MAPECODE 13155

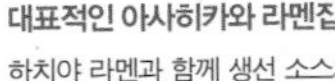

바이코우켄 梅光軒

대표적인 아사히카와 라멘집

하치야 라멘과 함께 생선 소스와 돼지뼈 소스를 이용하는 전형적인 아사히카와 라멘의 특징을 보여 주는 곳으로 제1회 아사히카와 라멘 대상에서 최우수상을 받기도 했다. 도쿄와 후쿠오카의 지점에 이어 2007년에는 해외 싱가포르에도 지점을 확장했다.

위치 JR 아사히카와 역에서 나와 보행자 전용 상점가 거리를 따라 도보 약 5분(BODY SHOP 맞은편) **시간** 11:00~15:30, 17:00~21:00 / 일요일 및 공휴일은 17:00~21:00만 영업 **요금** 500엔~1,000엔

MAPECODE 13156

구라이무 蔵囲夢

문화재로 등록된 상업 · 문화 시설

문화재로 등록되어 있는 1900년대에 만들어진 창고 건물들을 이용한 구라이무는 '다이세쓰 치비루관', '컬렉션관 체어스 갤러리' 등 4개의 상업, 문화 시설이 모여 있다. 역에서 가까운 곳에 있기 때문에 아사히카와를 경유해 후라노에 갈 때 잠시 들러보기 좋은 곳이다.

위치 JR 아사히카와 역 앞 광장에서 오른쪽 대로를 따라 도보 5분

MAPECODE 13157

디자인 갤러리 デザインギャラリー

생활, 문화, 창작을 교류하는 곳

아사히카와에서 활동하는 예술가들의 작품 발표는 물론 일반 시민들의 작품 발표에 도움을 주는 곳으로 생활, 문화, 창작 등을 제안하고 교류하는 곳으로 활용되고 있다. 갤러리의 한쪽에는 아기자기한 인테리어 소품 등을 파는 갤러리 숍이 있다.

시간 10:00~18:00 (11월~4월 11:00~17:00, 매주 월요일 휴관) **요금** 무료

MAPECODE 13158

다이세쓰 치비루칸 大雪地ビール館

눈을 이용한 지역 맥주를 맛볼 수 있는 곳

아사히카와 근교의 만년설로 뒤덮인 다이세쓰 산(大雪山)의 눈을 이용하는 지역 맥주(地ビール, 치비루)인 다이세쓰 맥주와 아사히카와에서 생산되는 양질의 식자재를 이용한 레스토랑이다. 창고 건물의 독특한 분위기 속에서 일본의 맥주 그랑프리 대상을 수상하기도 한 지역 한정 맥주를 맛볼 수 있다.

시간 11:30~22:00 (12월 31일~1월 1일 휴무) **요금** 다이세쓰 비루 500엔~, 런치 정식 780엔~

MAPECODE 13159

컬렉션관 체어스 갤러리 コレクション館・チェアーズギャラリー

세계 각국의 의자를 볼 수 있는 갤러리

개인으로는 세계 최대 규모의 의자 수집가이자 도카이 예술대학의 교수인 오다 노리쓰쿠(織田憲嗣) 소유의 1,000여 점의 의자 중 매년 2회에 걸쳐 50점씩을 공개하고 있다. 의자 하나하나에서 세계 각국의 지역성과 시대 양식을 엿볼 수 있다. 미니어처로 제작된 의자들의 전시도 볼만하다.

시간 10:00~18:00 (11~4월 11:00~17:00, 매주 월요일 휴관) **요금** 무료

MAPECODE 13160

도키와 공원 常磐公園

도시 공원 100선에 선정된 아름다운 공원

아사히카와의 상징적인 공원으로 도시 공원 100선에 선정된 아름다운 공원이다. 아사히카와 눈 축제의 메인 회장이며 여름의 불꽃놀이, 봄의 꽃 축제 등이 열린다. 넓은 부지를 효율적으로 돌아보기 위해서는 공원 사무실에서 무료로 대여해 주는 자전거를 이용하거나 JR 아사히카와 역의 관광 안내소의 유료 자전거를 대여해 이용하자. 공원 내에는 아사히카와 출신 작가의 작품을 전시하고 있는 '홋카이도 도립 아사히카와 미술관(北海道立旭川美術館)'도 있다.

위치 JR 아사히카와 역에서 도보 15분

홋카이도 도립 아사히카와 미술관

위치 도키와 공원 내 **시간** 09:30~17:00 / 매주 월요일 휴관 **요금** 성인 170엔 / 기획전에 따라 요금 다름

MAPECODE 13161

홋카이도 전통 미술 공예관 北海道伝統美術工芸館

〈겨울왕국〉으로 다시 주목받는 미술관

일본 버블경제 시대에 홋카이도에 지어진 대표적인 시설로 1990년에 45억 엔의 자금을 들여 유럽의 고성을 콘셉트로 지어졌다. 홋카이도 전통 염직물과 관련된 2개의 미술관은 2017년 12월부터 장기 휴관에 들어가 현재는 '눈의 미술관'만 관람이 가능하다. 화려한 성 외관과 하얀 눈을 콘셉트로 한 화사한 인테리어는 커플 사진을 찍기도 좋고, 실제 결혼식 장소로도 이용된다. 카페와 레스토랑을 갖추고 있으며, 애니메이션 〈겨울왕국〉을 떠올리며 찾는 어린이 동반 관광객도 많다.

위치 아사히카와 역 앞 버스 정류장 22번 승차장에서 56번 버스, 11번 승차장에서 53, 530, 630, 667, 669번 버스 이용 약 10분 이동 후 '다카사고다이 입구(高砂台入口)' 정류장에서 하차 후 도보 약 10분 (버스 요금 220엔) **요금** **눈의 미술관** 성인 700엔, 어린이 400엔 **유카라오리 공예관** 성인 500엔, 어린이 250엔 **국제 염직 미술관** 성인 600엔, 어린이 300엔 **3관 공통 입장권** 성인 1,300엔, 어린이 650엔 **시간** 09:00~17:00 / 12월 30일~1월 4일 외 연중무휴(단, 11~3월 국제 염직 미술관 휴관)

오토코야마 주조 자료관 男山酒造り資料館

일본 사케 주조와 관련된 자료관

340년의 역사를 갖고 있으며 아사히카와뿐 아니라 일본을 대표하는 사케 중 하나로 꼽히는 오토코야마(男山)의 본사에서 운영하고 있는 자료관이다. 2층과 3층에는 주조와 관련된 다양한 역사를 전시하고 1층에서는 다양한 종류의 사케를 시음하고, 구입할 수도 있다. 입구 옆에는 맛있는 사케의 기본 요소가 되는 맑은 물을 떠 갈 수 있는 곳이 있는데 현지인들이 물통을 들고 약수터처럼 이용하는 모습도 볼 수 있다.

위치 아사히카와 역 앞 버스 정류장 18번 승차장에서 68, 70, 71, 630, 667, 669번 버스, 7번 버스 승차장에서 81번 버스 이용 약 15~20분 / '나가야마 니노로쿠(永山2の6)' 정류장에서 하차(스포츠 용품 전문점 스포츠 데포 건너편) **시간** 09:00~17:00 (12월 31일~1월 3일 외 연중무휴) **요금** 전시실 및 시음 무료

아사히카와 라멘무라 旭川ラーメン村

아사히카와의 라멘 테마파크

삿포로 라멘 못지않게 일본 전국적인 인기의 아사히카와 라멘이 모여 있는 라멘 테마파크이다. 삿포로나 후쿠오카 등지에 있는 라멘 테마파크와는 다르게 오직 아사히카와의 라멘만으로 이루어져 있을 만큼 아사히카와 라멘에 대한 자부심이 강한 곳이다. 8개의 대표적인 라멘집이 있으며 라멘의 신이 모셔져 있는 라멘 신사와 기념품 코너도 갖추고 있다. 8개의 매장 중 바이코겐(梅光軒), 사이조(Saijo), 텐킨(天金)에서는 '하프(ハーフ)', 아오바(青葉)에서는 '미니(ミニ)' 사이즈가 있어 여러 곳의 라멘을 맛볼 수 있다.

위치 아사히카와 역 앞 버스 정류장 18번 버스 정류장에서 66, 72, 665번 버스 이용 약 25분 소요 / 나가야마 니노쥬(永山2の10)에서 하차 **시간** 11:00~21:00

아사히카와 라멘무라 방문

TRAVEL tip

아사히카와 라멘무라에 있는 라멘집은 시내에도 모두 매장을 운영하고 있어 오직 라멘을 먹기 위해서 방문할 필요는 없으며 대중교통을 이용해 찾아가는 것도 불편한 편이다. 렌터카를 이용하는 여행 중 아사히야마 동물원을 방문할 때 들르는 것이 좋다. 대중교통으로는 연결되지 않지만 오토코야마 주조 자료관과 가까운 곳에 있으니 아사히야마 동물원을 보고, 주조 자료관과 아사히카와 라멘무라를 함께 들렀다 시내로 돌아오는 것을 추천한다.

아사히야마 동물원 旭山動物園

旭川市旭山動物園

일본 최고 인기의 동물원 MAPECODE 13164

아사히야마 동물원은 마케팅 관련 서적 부분에서 큰 화제를 일으켰던 〈펭귄을 날게 하라-창조의 동물원, 아사히야마〉로 우리나라에도 많이 알려진 동물원이다. 일본에서 가장 북쪽에 위치한 아사히야마 동물원은 1967년 동물 아사히카와 시립 동물원으로 개장했다. 아사히카와의 인구 증가에 따라 방문자 수가 증가했지만 시설 노후 및 인기 동물의 죽음 등의 이유로 1983년을 정점으로 점차 방문자 수가 줄어들었다.

하지만 1997년 이후 아사히야마 동물원을 되살리려는 노력의 일환으로 실시된 '행동 전시'를 시작한 후 방문자 수가 급증해 1996년 26만 명에 불과했던 연간 방문자 수가 2006년에는 200만 명이 넘는 일본 최고 인기의 동물원으로 변모했다.

1 JR 아사히카와 역에서 41, 42, 47번 버스로 약 40분

2 시간
- 09:30~17:15 (4월 말부터 10월 중순)
- 09:30~16:30 (10월 중순부터 11월 초)
- 10:30~15:30 (11월 중순부터 4월 초)
- 8월 중순 1주일간 야간 개장 (21:00까지)

3 휴원
4월 초 약 2주간, 11월 초 약 일주일 및 연말연시(12.30.~1.1.)

4 요금
성인 820엔, 중학생 이하 무료

늑대의 숲 オオカミの森

행동 전시의 매력이 살아 숨 쉬는 곳

행동 전시는 물속에서만 이루어지는 것이 아니라는 것을 보여주는 곳이다. 실내 전시관을 통해 들어가면, 늑대의 우리 가운데 있는 유리관 속으로 안전하게 머리를 내밀고 늑대를 보다 가까이에서 볼 수 있는 것이 늑대의 숲의 매력이다. 자연 상태의 모습을 보다 사실적으로 보여주기 위해 홋카이도의 대자연에서 공존하던 늑대와 사슴 우리를 철창 하나로 구분하고 있다고 한다.

북극곰관 ほっきょくぐま館

보다 가깝게 볼 수 있는 북극곰

2개의 우리 중 1곳에는 거대한 수영장을 설치해 두어 북극곰이 다이나믹하게 물속으로 뛰어 들어가 수영하는 모습을 볼 수 있다. 또 다른 우리는 늑대의 숲과 마찬가지로 북극곰의 우리 가운데 있는 유리관을 통해 보다 가까운 곳에서 북극곰을 볼 수 있다.

펭귄관 ペンギン館

펭귄, 하늘을 날다

펭귄이 수영하는 모습을 물속 밑에서 올려다보면 파란 하늘을 배경으로 나는 듯한 모습으로 보인다는 것에 착안, 펭귄 수영장 밑에 수중 터널을 만들었다. 아사히야마를 일본 최대의 동물원으로 만들어준 것이 바로 이곳이며, 드라마틱한 그 과정은 이미 드라마로 방영(2006년)되었고, 2009년 영화로도 제작되었다. 하늘을 나는 수영만큼이나 인기 있는 것은 겨울철 눈이 쌓여 있을 때만 실시되는 '펭귄의 산책'이다. 겨울철 펭귄의 운동 부족 문제를 해결하기 위한 산책이었지만 관람객들의 시선을 받으며 단체로 걸어가는 펭귄들은 하늘을 나는 펭귄만큼이나 큰 화제가 되었다.

렛서팬더의 현수교 レッサーパンダの吊り橋

너구리를 닮은 귀여운 렛서팬더

너구리 팬더라고도 불리는 렛서팬더가 있는 곳이다. 귀여운 렛서팬더는 2007년 말 오픈과 동시에 많은 인기를 얻었다. 이곳 현수교에서 우리 위를 지나가는 렛서팬더의 모습을 올려다 볼 수 있다.

바다표범관 あざらし館

바다표범을 가까이에서 보고 싶다면

실외 수영장에서 실내 전시관에 있는 원기둥형 수조까지 연결되어 있어, 원기둥형 수조의 위아래로 잠수해서 지나가는 바다표범을 볼 수 있다. 펭귄관과 함께 가장 많은 인기를 얻고 있는 곳으로 실외에서는 매일 모그모그 시간(モグモグタイム)이라는 먹이 주는 시간이 있어, 먹이를 주면서 바다표범에 관한 자세한 설명을 들을 수 있다.

다양한 동물들

동물의 왕국

이 밖에도 다양한 동물들의 실제 모습을 보다 가까이에서 볼 수 있다.

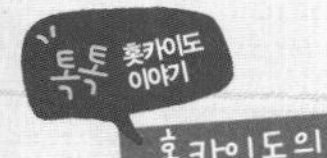

홋카이도의 소프트 아이스크림

일본의 우유 생산량 중 약 40%가 홋카이도에서 이루어진다. 풍부한 우유를 이용한 유제품이 홋카이도의 명물이며 이 중에서도 아이스크림은 홋카이도에서 만들어졌다는 것 하나만으로도 일본 최고를 자랑한다. 저자가 직접 맛본 홋카이도의 아이스크림들을 평가해 보았다.

라벤더 소프트 아이스크림

꽃과 언덕이 아름다운 비바우시 사계의 언덕에서 먹어본 시원한 라벤더 소프트 아이스크림은 한 입 머금었을 때 풍기는 라벤더 향이 은은하게 풍긴다. 라벤더 차를 마실 때의 여유로운 기분을 느낄 수 있고 부드러운 우유의 맛이 조화를 이루어 입안을 시원하게 해준다.

시원함 ★★★★☆ 진한맛 ★★☆ 독특함 ★★★★

비에이 아이스크림

비에이의 정보관인 미찌노에키 오카노쿠라에서 판매하는 비에이 목장의 우유가 잔뜩 들어간 아이스크림은 입안 가득 풍기는 우유의 진한 맛이 저온 살균 처리한 우유를 마시는 듯한 느낌이다.

시원함 ★★★☆ 진한맛 ★★★★☆ 독특함 ★☆

세이코 마트의 아이스크림

일본의 다른 지역에는 없는 홋카이도 토종 편의점인 세이코 마트에서도 소프트 아이스크림을 판매하고 있다. 바닐라향과 초코향 등이 가미되어 있으며 일단 한 번 냉동을 하기 때문에 부드러움은 덜하지만 우유가 듬뿍 들어갔다는 느낌은 충분하다.

시원함 ★★☆ 진한맛 ★★★ 독특함 ☆

안개 아이스크림

안개의 호수 마슈호에서는 안개의 소프트 아이스크림을 판매하고 있다. 안개를 이미지화한 이 아이스크림은 입 안에서 금방 녹아버리는데, 샤베트와 소프트크림을 섞어둔 느낌이다. 무언가 처음 먹어보는 독특한 향의 소프트 아이스크림이 절반, 생우유 소프트 아이스크림이 절반인 특이한 아이스크림이다.

시원함 ★★★★☆ 진한맛 ★★★ 독특함 ★★★★★

오징어 먹물 아이스크림

오징어가 특산물인 하코다테에서 맛 본 오징어 먹물 아이스크림. 숯 알갱이를 잘게 나누어서 아이스크림 속에 넣어둔 듯한 느낌이다. 시원하지만 우유의 진한 맛과 부드러움은 부족하다.

시원함 ★★★☆ 진한맛 ★☆ 독특함 ★★★★☆

생캐러멜 소프트 아이스크림

전통적이고 낭만적인 하코다테 하치만자카에서 사먹은 생캐러멜 소프트 아이스크림. 가격은 약간 비싸지만 입 안에서 살살 녹는 생캐러멜의 맛을 그대로 표현하고 있다. 달달한 맛이 우유의 맛을 감소시키지만 언덕길을 오르느라 지친 몸을 달래는 데는 최고이다.

시원함 ★★★☆ 진한맛 ★★★☆ 독특함 ★★★☆

홋카이도 전 지역을 돌아다니면서 맛본 아이스크림은 기본 재료도 좋은 것이지만, 각 지역의 특색을 살리고 있다는 것과 멋진 풍경과 함께했기에 더욱 맛이 좋았다. 위에 소개된 아이스크림들보다 훨씬 다양한 종류의 아이스크림이 있었지만 가격의 압박(보통 400~500엔)이 있어 모든 것을 맛보지는 못한 것이 조금은 아쉽다.

후라노·비에이

홋카이도 여름 여행의 하이라이트

홋카이도의 중심부에 위치하고 있어 홋카이도의 배꼽이라 불리기도 하는 후라노와 후라노 위쪽에 있는 비에이 지역은 일본 최고의 농업 지대이다. 특히 라벤더는 이 지역의 대표적인 농작물이면서 훌륭한 관광 자원이기도 하다. 여름철 홋카이도 여행의 하이라이트가 바로 후라노와 비에이 지역의 라벤더 밭이기 때문이다. 보랏빛 라벤더 물결을 이루는 후라노·비에이에는 한여름에도 눈이 쌓여 있는 도카치 다케의 연봉에서 시원한 바람이 불어온다.

계절성이 강한 곳으로 여름 성수기 외에는 볼거리도 많지 않고, 교통편도 불편해지니 참고하자.

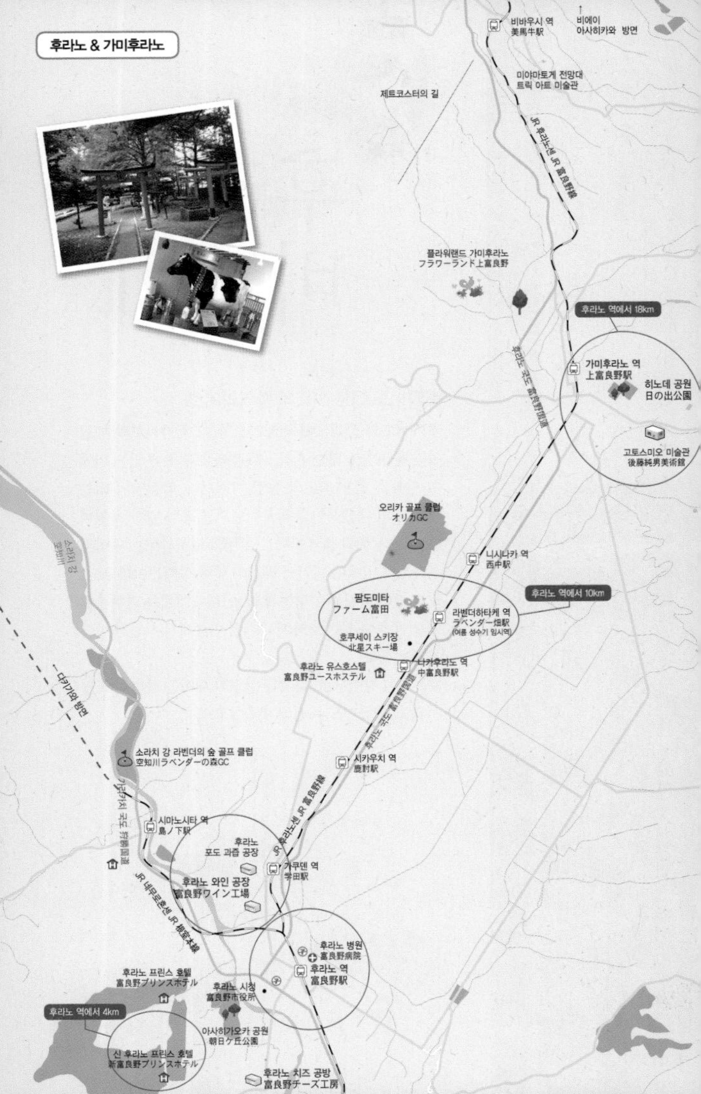

후라노 & 가미후라노
비바우시 역
美馬牛駅
비에이
아사히카와 방면
미야마토게 전망대
트릭 아트 미술관
제트코스터의 길
JR 후라노센 JR 富良野線
플라워랜드 가미후라노
フラワーランド上富良野
후라노 역에서 18km
가미후라노 역
上富良野駅
히노데 공원
日の出公園
후라노 국도 富良野国道
고토스미오 미술관
後藤純男美術館
오리카 골프 클럽
オリカGC
니시나카 역
西中駅
후라노 역에서 10km
팜도미타
ファーム富田
라벤더하타케 역
ラベンダー畑駅
(여름 성수기 임시역)
호쿠세이 스키장
北星スキー場
후라노 유스호스텔
富良野ユースホステル
나카후라노 역
中富良野駅
소라치 강
空知川
다키카와 방면
소라치 강 라벤더의 숲 골프 클럽
空知川ラベンダーの森GC
시카우치 역
鹿討駅
가리카치 국도 狩勝国道
시마노시타 역
島ノ下駅
후라노
포도 과즙 공장
가쿠덴 역
学田駅
후라노 와인 공장
富良野ワイン工場
JR 네무로혼센 JR 根室本線
후라노 병원
富良野病院
후라노 역
富良野駅
후라노 프린스 호텔
富良野プリンスホテル
후라노 시청
富良野市役所
후라노 역에서 4km
아사히가오카 공원
朝日ケ丘公園
신 후라노 프린스 호텔
新富良野プリンスホテル
후라노 치즈 공방
富良野チーズ工房

찾아가기

후라노, 비에이 여행 시기

홋카이도 여행 자체가 계절성이 강하지만 그중에서도 계절에 따라 전혀 다른 모습을 보여 주는 곳이 후라노와 비에이이다. 6월 초순부터 9월 중순까지가 여행하기 가장 좋은 시기이며, 라벤더 꽃밭을 기대한다면 6월 하순부터 7월 말, 8월 초에 여행을 하는 것이 좋다.

4, 5월까지도 일부 지역에는 녹지 않은 눈이 지저분하게 남아 있고, 가을에는 단풍을 기대할 만한 곳이 없기 때문에 봄과 가을의 후라노, 비에이 여행은 피하는 것이 좋다. 겨울에는 일본인들은 안전 때문에 많이 찾는 시기는 아니지만, 우리나라 여행객들은 여행 카페 등에서 진행하는 투어 상품을 이용해 다녀오기도 한다. 수년 동안 진행되면서 사고가 난 적은 없지만 겨울의 후라노 여행은 안전에 주의하도록 하자.

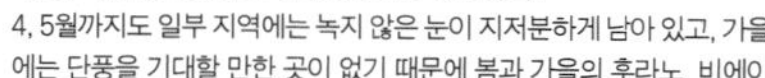

삿포로에서 후라노, 비에이 가기

삿포로에서 다키카와(滝川)를 지나 아사히카와(旭川)로 이동한 후 비에이(美瑛)를 보고 후라노로 이동하는 방법과 다키카와에서 후라노로 이동해 후라노를 보고 비에이, 아사히카와로 이동하는 방법이 있다. 열차 요금은 삿포로에서 아사히카와까지 특급열차 이용 시 4,810엔, 아사히카와에서 후라노까지 1,070엔 등 모든 구간 티켓을 구입하면 10,000엔에 가까운 비용이 들지만 앞서 이야기한 '후라노 비에이 후리 킷푸(프리 티켓, ふらの・びえいフリーきっぷ)를 구입하면 삿포로에서 프리 구간까지 왕복 1회 이용할 수 있고, 프리 구간(아사히카와–비에이–후라노–타키카와) 내에선 4일간 무제한 탑승할 수 있다. 요금은 6,500엔이다.

❖주요 구간의 열차

구간	열차	소요 시간	요금
삿포로 – 타키카와	특급 스파 카무이(特急スーパーカムイ) 특급 오호츠크(特急オホーツク)	55분	3,290엔
삿포로 – 아사히카와	특급 스파 카무이(特急スーパーカムイ)	85분	4,810엔
타키카와 – 후라노	보통열차(普通列車)	65~90분 (열차에 따라 다름)	1,070엔
아사히카와 – 비에이	보통열차(普通列車)	35분	540엔
아사히카와 – 후라노	보통열차(普通列車)	75분	1,070엔
비에이 – 후라노	보통열차(普通列車)	40분	640엔

❖후라노, 비에이 후리 킷푸 ふらの・びえいフリ・きっぷ

후라노와 비에이를 다녀오기 위해 'JR 홋카이도 레일 패스 3일권(16,500엔)'을 구입할지 고민하는 경우를 종종 볼 수 있는데, 대부분의 경우는 필요가 없다. 만약 3박 4일 이상의 일정에서 하코다테를 다녀오고, 후라노까지 가려고 하는 경우라면 '홋카이도 레일 패스 3일권'을 구입하는 것이 효율적이지만 삿포로, 오타루, 노보리베츠 등 공항에서 가까운 곳만 다녀올 예정이라면 6,500엔의 '후라노, 비에이 후리 킷푸'를 이용하는 것으로 충분하다. '후라노, 비에이 후리 킷푸'의 이용 구간 및 주의 사항은 다음과 같다.

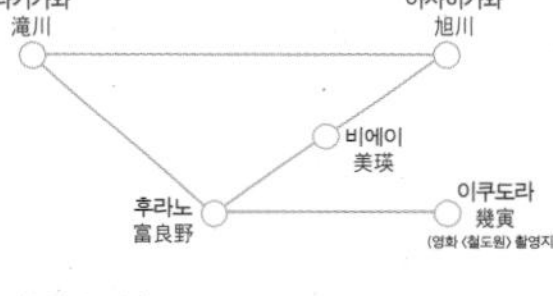

- 이용 기간이 정해져 있다. 단, 대부분의 경우 계속 연장되어 언제든 사용할 수 있다. 여행 출발 전 반드시 JR 홋카이도의 홈페이지에서 확인을 하자.
- 삿포로에서 프리 구간까지는 1회 왕복만 가능하며, 특급열차의 자유석까지 이용할 수 있다. 지정석(예약석) 이용 시는 520엔 추가. 프리 구간 내에선 4일간 무제한으로 탑승할 수 있다.
- 우리나라에서는 구입할 수 없으며 JR 홋카이도 역의 미도리노마도구치(열차 예약 센터), 트윙클 플라자 등에서 구입할 수 있다. (신치토세 공항 및 JR 삿포로 역에서 쉽게 구입할 수 있다.)

❖라벤더 익스프레스

6월 초부터 10월 중순까지 라벤더 시즌에 맞춰 삿포로에서 출발해 후라노까지 직행 열차 특급 '후라노 라벤더 익스프레스(フラノ ラベンダーエクスプレス)'가 운행된다. 특히 7월 초부터 8월 중순까지는 매일 2편이 운행되기 때문에 보다 편리하게 후라노까지 이동할 수 있다. 소요 시간은 약 2시간이다.

	삿포로 출발	후라노 도착		후라노 출발	삿포로 도착
하루 2편 운행 시 추가편	07:52	09:55	하루 1편 운행	16:49	19:02
하루 1편 운행	09:07	11:07	하루 2편 운행 시 추가편	17:36	19:44

*7/2~8/7 하루 2편 운행

*6/25~7/1, 8/8~8/21, 8/28, 9/3, 4, 10, 11, 17, 18, 19, 22, 24, 25 하루 1편 운행

❖후라노 비에이 노롯코호

여름 성수기 기간 후라노와 비에이의 여행을 보다 즐겁게 해주는 관광 열차이다. 아사히카와에서 비에이, 비바우시를 거쳐 후라노까지 운행되는 보통열차와 동일한 노선을 이용하고 있으며 7~8월은 매일, 6, 9월과 10월 초까지는 주말과 공휴일에만 운행된다. 클래식한 나무 의자에 창문이 없는 개방형의 노롯코호에 타면 시원한 홋카이도의 여름 바람을 느끼며 아름다운 풍경을 감상할 수 있다. 열차 내에서 판매하는 한정 기념품도 여행 선물로 인기이다.

시간표 아래 주요 구간 열차 환승 시간 안내 참고

❖주요 구간 열차 환승 시간 안내

7월과 8월 사이에는 라벤더 익스프레스가 매일 운행하지만 예약을 하지 못했을 경우는 아사히카와, 타키카와 등을 경유해야 한다. 경유를 하더라도 크게 시간 차이가 나지 않으며 아래의 주요 환승 시간을 알아 두면 여행 일정을 정하는데 도움이 된다.

삿포로 – 아사히카와 – 비에이 – 후라노 시간표

열차명	SK1	SK3	SK5	SK7	SK11	SK13		SK15	SB
삿포로 출발	06:35	08:00	08:25	09:00	10:00	11:00		12:00	12:30
타키카와	07:27	08:52	09:17	09:52	10:52	11:52		12:52	13:31
아사히카와 도착	08:00	09:25	09:50	10:25	11:25	12:25		13:25	14:08
열차명	보통	보통	NRK1	보통	보통	보통	NRK3	보통	보통
아사히카와 출발	08:46	09:34	09:56	10:35	11:33	12:30		13:46	14:23
비에이 도착	09:27	10:09	10:25	11:11	12:07	13:02		14:18	14:56
비에이 출발		10:09	10:38		12:08		13:06	14:19	
카미후라노		10:36	11:07		12:26		13:35	14:35	
라벤더 밭		10:46	11:14		12:32		13:42	14:44	
나카후라노		10:49	11:18		12:35		13:48	14:46	
후라노		10:55	11:36		12:40		13:56	14:56	

열차명		SK19	SK23	OK5	SK25	SK29	SK31	SK35	SK39
삿포로 출발		14:00	15:00	15:08	16:00	17:00	18:00	19:00	20:00
타키카와		14:52	15:52	16:03	16:52	17:52	18:52	19:52	20:52
아사히카와 도착		15:25	16:25	16:40	17:25	18:25	19:25	20:25	21:25
열차명	NRK5	보통	보통	보통	보통	보통	보통	보통	보통
아사히카와 출발		15:33	16:32	17:18	17:47	18:34	19:35	20:38	21:52
비에이 도착		16:06	17:04	17:57	18:20	19:12	20:08	21:11	22:25
비에이 출발	15:10	16:07	17:05		18:20	19:13		21:15	
카미후라노	15:39	16:25	17:22		18:40	19:33		21:32	
라벤더 밭	15:47	16:34	17:30						
나카후라노	15:53	16:37	17:32		18:49	19:42		21:39	
후라노	16:01	16:46	17:42		18:59	19:51		21:46	

후라노 – 비에이 – 아사히카와 – 삿포로 시간표

열차명	보통	보통	보통	보통	보통	보통	보통	보통	보통
후라노	06:00		06:48	07:24	08:20		09:58		11:42
나카후라노	06:10		07:00	07:34	08:28		10:05		11:52
라벤더 밭					08:30		10:08		11:55
카미후라노	06:20		07:11	07:43	08:40		10:18		12:00
비에이 도착	06:40		07:36	08:00	08:55		10:36		12:23
비에이 출발	06:41	06:57	07:42	08:01	08:56	09:49	10:37	11:48	12:23
아사히카와 도착	07:13	07:33	08:15	08:34	09:23	10:22	11:10	12:20	13:01
열차명	SK8	SK10	SK12	SK14	SK16	SS2	SK20	SK22	OK4
아사히카와 출발	07:18	07:55	08:30	09:00	10:00	10:41	12:00	13:00	13:11
타키카와	07:50	08:27	09:02	09:32	10:32	11:14	12:32	13:32	13:47
삿포로 출발	08:45	09:20	09:55	10:25	11:25	12:06	13:25	14:25	14:46

열차명	NRK2	보통	보통	NRK4	보통	보통	NRK6	보통	보통
후라노	11:53		13:38	14:02		15:42	16:12	16:55	18:00
나카후라노	12:12		13:48	14:21		15:53	16:37	17:05	18:11
라벤더 밭	12:15		13:51	14:25		15:56	16:41	17:08	
카미후라노	12:26		13:58	14:36		16:02	16:09	17:22	18:21
비에이 도착	12:55		14:15	15:05		16:23	17:20	17:38	18:38
비에이 출발		13:10	14:19		15:31	16:29	17:21	17:39	18:38
아사히카와 도착		14:42	14:53		16:04	17:02	17:46	18:16	19:10
열차명		SK24	SK28		SK34	OK6	SK38	SK40	SK44
아사히카와 출발		14:00	15:00		16:30	17:13	18:00	18:30	20:00
타키카와		14:32	15:32		17:02	17:49	18:32	19:02	20:32
삿포로 출발		15:25	16:25		17:55	18:47	19:25	19:55	21:25

*열차명 : SK – 슈퍼 카무이, SB – 사로베츠, OK – 오호츠크, SS – 슈퍼소야, NRK – 후라노 비에이 노로코
*노란색 라벤더 밭은 임시 정차역으로 보통열차는 정차하지 않으며, 보통열차(붉은색)는 7/15~18까지 4일간만 정차
*후라노 비에이 노롯코(NRK) 호는 6/25~8/21의 매일, 8/27, 28, 9/3, 4, 10, 11, 17, 18, 19, 22, 24, 25 운행

삿포로 – 타키카와 – 후라노 시간표

열차명	SK1	SK5	SK21	OK5	SK29	SK31	SK37
삿포로 출발	06:35	08:25	14:30	15:08	17:00	18:00	19:30
타키카와 도착	07:27	19:17	15:22	16:03	17:52	18:52	20:22
열차명	보통	보통	보통	보통	쾌속	보통	쾌속
타키카와 출발	07:33	09:40	15:27	16:23	17:57	19:12	20:45
후라노 도착	08:43	10:48	16:34	17:32	19:04	20:18	21:51

후라노 – 타키카와 – 삿포로 시간표

열차명	보통	보통	쾌속	보통	보통	보통	보통
후라노 출발	06:22	07:39	09:03	10:03	12:51	15:50	17:47
타키카와 도착	07:31	08:46	10:10	11:10	13:57	16:55	18:54
열차명	SK8	SK12	SK16	SS2	SK24	SK34	SK40
타키카와 출발	07:50	09:02	10:32	11:14	14:32	17:02	19:02
삿포로 도착	08:45	09:55	11:25	12:06	15:25	17:55	19:55

***열차명** : SK – 슈퍼 카무이, SB – 사로베츠, OK – 오호츠크, SS – 슈퍼소야

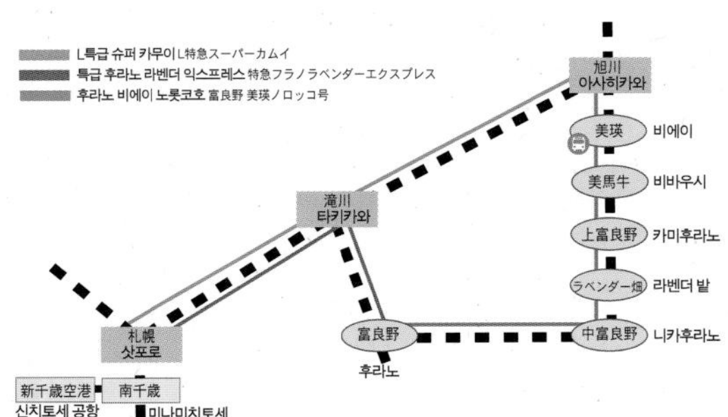

아사히카와 공항, 아사히카와 시내에서 가기

인천 – 아사히카와 노선은 비정기편으로 매년 여름과 겨울 성수기에만 아시아나에서 운항하고 있다. 또한 일본항공 JAL, 전일본공수 ANA의 도쿄 경유편을 이용하면 비에이에서 버스로 15분 거리의 아사히카와 공항을 이용할 수 있다. 후라노 역에서 출발하는 버스 '라벤더호(ラベンダー号)'는 비에이 역, 아사히카와 공항을 지나 아사히카와 역까지 운행된다. 버스 요금은 공항에서 비에이까지 370엔, 후라노까지 770엔이며, 아사히카와 역에서 공항까지는 620엔, 비에이까지 620엔, 후라노까지 880엔이다. 버스 '라벤더호'는 관광버스가 운행되지 않는 겨울에도 운행하기 때문에 겨울 여행에도 유용하게 이용된다.

시간표 www.furanobus.jp/lavender/index.html

후라노 – 비에이 – 아사히카와 공항 – 아사히카와 시내

신후라노 프린스 호텔	7:02	8:22	9:32	10:32	12:32	13:52	14:52	16:52
후라노 프린스 호텔	7:10	8:30	9:40	10:40	12:40	14:00	15:00	17:00
후라노 역 앞	7:20	8:40	9:50	10:50	12:50	14:10	15:10	17:10
나카후라노	7:32	8:52	10:02	11:02	13:02	14:22	15:22	17:22
가미후라노	7:44	9:04	10:14	11:14	13:14	14:34	15:34	17:34
미야마도우게	7:52	9:12	10:22	11:22	13:22	14:42	15:42	17:42
비에이 역	8:04	9:24	10:34	11:34	13:34	14:54	15:54	17:54
아사히카와 공항	8:20	9:40	10:50	11:50	13:50	15:10	16:10	18:10
아사히카와 역	8:55	10:15	11:25	12:25	14:25	15:45	16:45	18:45

아사히카와 시내 – 아사히카와 공항 – 비에이 – 후라노

아사히카와 역	9:35	10:55	12:05	13:05	15:05	16:25	17:25	19:25
아사히카와 공항	10:10	11:30	12:40	13:40	15:40	17:00	18:00	20:00
비에이 역	10:26	11:46	12:56	13:56	15:56	17:16	18:16	20:16
미야마도우게	10:38	11:58	13:08	14:08	16:08	17:28	18:28	20:28
가미후라노	10:46	12:06	13:16	14:16	16:16	17:36	18:36	20:36
나카후라노	10:58	12:18	13:28	14:28	16:28	17:48	18:48	20:48
후라노 역 앞	11:10	12:30	13:40	14:40	16:40	18:00	19:00	21:00
후라노 프린스 호텔	11:20	12:40	13:50	14:50	16:50	18:10	19:10	21:10
신후라노 프린스 호텔	11:28	12:48	13:58	14:58	16:58	18:18	19:18	21:18

라벤더 프리 패스 (ラベンダーフリーパス)

삿포로에서 후라노, 비에이를 여행할 때 유용한 할인 패스인 '후라노, 비에이 후리 킷푸(ふらの・びえいフリーきっぷ)'에서 삿포로에서 프리 구간까지의 특급열차 왕복 이용을 제외한 패스로 후라노, 비에이, 아사히카와 지역을 하루 동안 무제한으로 열차 탑승을 할 수 있다. 요금은 2,370엔이며, JR 홋카이도 역의 미도리노마도구치(열차 예약 센터), 트윙클 플라자 등에서 구입할 수 있다.

렌터카

대중교통이 발달하지 않은 후라노와 비에이를 구석구석 여행하고자 한다면 렌터카를 이용하는 것도 좋은 방법이다. 홋카이도의 렌터카 요금은 성수기와 비수기의 요금 차이가 큰 편으로 소형차 24시간 기준 비수기 7,000엔 전후, 성수기(7~8월) 10,000엔 전후이다. 삿포로에서 출발해 '타키카와 IC(滝川 IC)'로 나와 후라노, 비에이 순으로 방문하거나 '아사히카와 타카스 IC(旭川鷹栖 IC)'로 나와 비에이, 후라노의 순으로 방문할 수도 있다. 고속도로 톨게이트 비용은 삿포로에서 '타키카와 IC'까지 2,720엔, '아사히카와 타카스 IC'까지 3,730엔이며, 휴일에는 톨게이트 비용이 50% 할인된다.

일방통행이 많은 삿포로 시내에서의 운전이나 고속도로 운전이 불안하다면 후라노 역까지 열차를 이용한 후 후라노에서 렌터카를 이용하는 것도 좋은 방법이며, JR 패스 소지자는 렌터카 이용을 30% 가량 할인 받을 수 있는 '에키 렌터카(駅レンタカー, 역 렌터카)'를 사전에 한글 홈페이지에서 예약해서 이용할 수 있다. 홋카이도 렌터카 예약은 참좋은여행, 여행박사와 같은 국내의 주요 여행사를 통해서 할 수 있다.

후라노
富良野

후라노 · 비에이 지역 여행의 시작

후라노 역은 홋카이도 여름 여행의 백미라고 할 수 있는 후라노, 비에이 지역의 여행이 시작되는 곳이다. 삿포로에서 후라노까지 직행으로 연결하는 특급 라벤더 익스프레스가 여름 성수기를 중심으로 운행하기도 한다. 현지인들의 생활 중심지이기도 한 후라노 역 주변에는 음식점과 작은 상점들이 모여 있으며 여행객들이 즐겨 찾는 와인 공장, 치즈 공장, 닝구르 테라스 등은 후라노 역에서 제법 거리가 있기 때문에 버스 또는 택시를 이용하는 것이 좋으며, 팜 도미타는 라벤더 하타케 역에, 히노데 공원과 고토 스미오 미술관은 가미후라노 역에 있다.

Access

1 삿포로에서 JR 특급열차 이용 다키가와까지 이동 후, 보통열차 환승 약 2시간

2 아사히카와에서 JR 보통열차 이용 1시간 10분

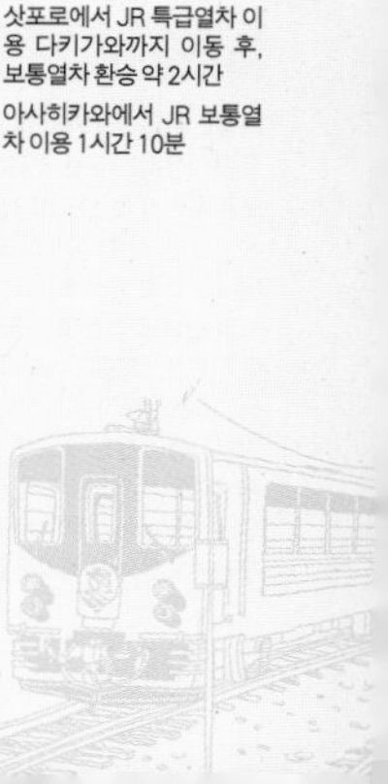

MAPECODE 13201

후라노 비에이 광역 관광 센터 富良野 美瑛 広域観光センタ

다양한 지역 여행 정보를 얻을 수 있는 곳

후라노 역 바로 옆에 있는 인포메이션 센터로 후라노와 비에이, 비바우시 지역의 최신 여행 정보를 전하고 있다. 인터넷이 가능한 컴퓨터가 비치되어 있으며 계절에 따라 다채로운 모습을 전하는 후라노의 최신 정보를 전하고 있으며, 자전거나 렌터카 이용객들을 위한 정밀 지도와 버스와 열차 운행 시간표 등을 받을 수 있다. 후라노 역에서 일정을 시작한다면 이곳에서 최신 정보, 이벤트 등이 있는지를 확인해보자.

주소 北海道富良野市日の出町1-30 **위치** JR 후라노 역 바로 옆, 도보 1분 **전화** 0167-23-3388 **시간** 09:00~18:00

MAPECODE 13202

유이가도쿠손 唯我独尊

후라노에서 가장 인기 있는 카레집 중 하나

역에서 가까운 거리에 있지만 숲속에 버려진 듯한 낡은 통나무집의 카레 전문점으로 30여 년의 오랜 시간 동안 많은 사람들이 이곳의 카레를 맛보기 위해 찾고 있다. 수제 소세지가 함께 나오는 카레(自家製ソーセージ付カレー)와 오믈렛 카레(オムカレー)가 가장 인기 있는 메뉴이며, 다른 카레집에서는 보기 힘든 맥주와 와인 리스트를 갖고 있다.

주소 北海道富良野市日の出町11-8 **위치** JR 후라노 역에서 도보 약 3분 **전화** : 0167-23-4784 **시간** 11:00~21:00

MAPECODE 13203

마녀의 스푼 魔女のスプーン

치즈를 베이스로 하는 스프 카레

야채 못지 않게 신선한 후라노의 치즈가 가득 들어간 치즈 스프 카레와 주인의 기분에 따라 재료가 다른 와가마마(わがまま, 제멋대로라는 뜻) 세트로 잘 알려진 곳이다. 역에서 비교적 가까운 거리에 있기 때문에 찾아가기도 좋으며 여름과 가을에는 모든 식재료를 직접 재배한 것들로만 사용하고 있다.

주소 北海道富良野市日の出町12-29 **위치** JR 후라노 역에서 도보 약 3분 **전화** 0167-23-4701 **시간** 12:00~15:00, 18:00~21:00

MAPECODE 13204

홋카이도 중심표 北海道中心標

배꼽 축제가 후라노에서 열리는 이유

동경 142도 16분, 북위 43도 24분은 홋카이도의 지리적 중심으로 후라노 초등학교(富良野小学校)에 세워져 있다. 이러한 이유에서 오래 전부터 후라노를 홋카이도의 중심, 배꼽이라 부른다. 많은 여행객이 방문하는 7월 말에는 '배꼽 축제'라는 뜻의 후라노의 대표적인 축제 헤소마쓰리(へそ祭り)가 열린다.

주소 北海道富良野市若松町 10-1 **위치** JR 후라노 역에서 도보 약 15분

MAPECODE 13205

후라노 신사 富良野神社

100여 년의 역사를 간직한 일본의 신사

약 100여 년의 역사를 갖고 있는 신사로 홋카이도 중심표가 있는 후라노 초등학교 바로 옆에 있다. 홋카이도에는 신사가 많지 않기 때문에 일본의 신사 문화가 궁금한 사람들은 이곳에 잠시 들러보는 것도 괜찮다. 인기 아이돌 아라시(嵐)의 니노미야 카즈나리(二宮和也)가 출연한 드라마 〈자상한 시간(優しい時間)〉에서 주인공이 부적을 산 곳으로 드라마 방영 후 방문자 수가 급증하기도 했다.

주소 北海道富良野市若松町17-6 **위치** JR 후라노 역에서 도보 약 15분, 후라노 소학교 뒤편

MAPECODE 13206

카레노 후라노야 カレーのふらのや

스프 카레와 루 카레를 함께 맛볼 수 있는 곳

후라노의 스프 카레 전문점으로는 흔치 않게 삿포로 시에도 매장(여행객들이 찾아가기는 먼 곳이지만)을 두고 있을 만큼 인기 있는 스프 카레 전문점이다. 시원한면서도 묽은 국물에 신선한 야채가 큼직하게 들어가 있는 스프 카레(スープカレー)를 메인으로 하고 있으며 치킨(チキン)과 야채(野菜) 메뉴가 인기이다. 스프 카레 외에도 루 카레(ルカレー)라는 이름으로 보통의 일본 카레 라이스 메뉴도 갖추고 있다.

주소 富良野市弥生町1-46 **위치** 후라노 신사 옆 **전화** 0167-23-6969 **시간** 11:00~18:00 / 부정기적인 휴업이 많음 **가격** 치킨 스프 카레 880엔(런치 한정 780엔), 야채 스프 카레 980엔

카레노 후라노야(외관)

카레노 후라노야(내관)

MAPECODE 13207

닝구르 테라스 ニングルテラス

숲속을 산책하며 즐기는 홋카이도의 쇼핑

신후라노 프린스 호텔에서 운영하고 있는 상점인 닝구르 테라스는 숲속에 열 다섯 채의 통나무 집으로 되어 있으며 각각의 통나무 집에서는 후라노, 홋카이도의 자연에서 영감을 받은 수공예품, 기념품 등을 판매하고 있다. 닝구르(ニングル)라는 말은 원로 각본가인 구라모토소의 저서 '닝구르'에 등장하는 요정을 뜻하는데, 숲의 지혜자라는 의미를 갖고 있으며 오래 전부터 홋카이도의 숲에 살고 있는 15cm 정도의 작은 요정이라고 한다.

주소 北海道富良野市中御料 **위치** 후라노 역에서 차로 약 20분, 신후라노 프린스 호텔 내 **맵코드** 919 553 421*32(신 후라노 프린스) **전화** 0167-22-1111 **시간** 12:00~20:45(7~8월은 10시부터)

MAPECODE 13208

모리노 토케이 森の時計

드라마의 무대였던 후라노의 인기 카페

닝구르 테라스와 함께 신후라노 프린스에서 운영하고 있는 시설인 '모리노토케이'는 드라마 '자상한 시간(2005)'의 주요 무대였다. 드라마 방영이 끝난 이후에도 촬영 당시의 모습 그대로 카페 영업을 하고 있으며, 후라노의 사계절을 바라보며 커피를 마실 수 있다. 9석이 있는 카운터 석에 앉으면 고객이 직접 핸드밀을 이용해 원두를 갈고 그 앞에서 핸드 드립 커피를 준비해 준다.

위치 신후라노 프린스 호텔 내, 닝구르 테라스 옆 **전화** 0167-22-1111 (호텔 전화) **시간** 10:00~21:00

후라노 치즈 공방 富良野チーズ工房

신선한 유제품을 맛볼 수 있는 체험 공방

유제품의 천국 홋카이도에서 신선한 우유를 이용해 치즈, 버터 등의 유제품을 직접 만들고 시식도 할 수 있는 체험 공방이다. 1층에는 치즈를 만드는 공정을 밖에서 볼 수 있도록 유리로 만들어진 치즈 공방이 있다. 제조실, 숙성실, 패키지실 등을 순서대로 볼 수 있으며, 2층에는 치즈를 비롯한 다양한 상품을 판매, 시식할 수 있는 코너가 마련되어 있다. 치즈 공방 바로 옆에 아이스크림 공방, 피자 공방이 있다.

주소 富良野市中五区 **위치** JR 후라노 역에서 자동차로 10분, 자전거 30분, 택시 약 1,000엔 **맵코드** 550 840 207*42 **전화** 0167-23-1156 **시간** 09:00~17:00(4월~10월), 09:00~16:00(11월~3월) / 연말연시 휴관 **요금** 무료

체험 코스	시작 시간	요금	비고
버터	09:15, 10:15, 11:15, 13:30, 14:30, 15:30	680엔	
아이스크림	09:15, 10:15, 11:15, 13:30, 14:30, 15:30	680엔	1강좌 4명 이하의 경우 취소
빵	10:00, 13:30	850엔	사전 예약(3일 전), 2명 이상 접수
치즈	09:30, 11:00, 13:30, 15:00	850엔	1강좌 20명 미만

MAPECODE 13210

후라노 와인 공장 富良野ワイン工場

후라노의 포도로 담근 와인 생산지

라벤더, 유제품만큼이나 유명한 후라노의 포도로 담근 와인을 생산하는 와인 공장. 지하 1층에는 오크통에서 숙성, 보관되고 있는 와인을 볼 수 있다. 2층에서는 오크통에 담겨 있는 레드, 화이트, 로제 3가지의 후라노 와인을 시음해 볼 수 있다. 와인을 판매하기도 하는데 후라노 지역 한정 와인(ふらの地域限定ワイン)은 기본이고, 공장 한정 와인(ふらの工場限定ワイン)과 같이 다른 곳에서는 찾아보기 힘든 와인들을 판매하고 있다.

주소 北海道富良野市清水山 **위치** JR 후라노 역에서 자동차로 10분, 자전거 30분, 택시 약 1,000엔 **맵코드** 349 090 841*21 **전화** 0167-22-3242 **시간** 09:00~16:30 (6~8월 18:00까지) **요금** 무료

MAPECODE 13211

라벤더 하타케 역 ラベンダー畑駅

팜도미타로 가는 여름 성수기 임시 역

후라노, 비에이 지역에서 가장 인기 많은 팜도미타에서 가장 가까운 역으로 역사도 없이 플랫폼만 있는 간이역이다. 라벤더가 개화하고 관광객이 몰리는 여름 시즌에만 열차가 정차하며 7월과 8월에는 '후라노, 비에이 노롯코호' 열차 외에도 일반 열차 중 몇 대가 정차하기도 한다.

주소 北海道空知郡中富良野町基線北15号 **위치** JR 후라노 역에서 열차로 12분, 비에이 역에서 열차로 38분

MAPECODE 13212

팜도미타 ファーム富田

사진작가들이 찾는 라벤더 화원

후라노의 라벤더 밭이 유명해지게 된 계기는 1976년 국철(현, JR)의 달력에 팜도미타의 아름다운 사진이 소개되면서부터였다. 라벤더 산업이 쇠퇴하던 시기에 큰 이슈를 일으키며 많은 관광객과 사진작가들이 후라노로 모여들면서 재배 작물을 바꾸었던 농장들도 다시 라벤더를 재배하기 시작했고, 그 모습이 지금까지 이어지게 되었다. 팜도미타의 실내 화원에 가면 라벤더가 피기 전인 4~5월에도 라벤더를 볼 수 있다. 팜도미타에서는 라벤더 추출액을 이용한 에센셜 오일, 라벤더 비누 등을 직접 제조해서 판매하고 있다. 에센셜 오일은 1990년 프랑스에서 개최된 라벤더 페어에서 1위를 차지하기도 했다. 여름 성수기에는 개방형 관광 열차 노롯코호의 임시 정차역 라벤더 하타케(ラベンダー畑) 역이 개설되어 보다 쉽게 찾아갈 수 있다.

주소 空知郡中富良野町基線北15 **위치** JR 후라노 역에서 자동차 약 20분, 자전거 40분 / JR 나카후라노(中富良野)에서 도보 30분 / 여름 성수기 기간 임시 정차역 라벤더 하타케 역에서 도보 7분 **맵코드** 349 276 801 **전화** 0167-39-3939 **시간** 08:30~17:30(6~8월), ~17:00(5, 9월), 09:00~16:30(10~4월)

MAPECODE 13213

히노데 공원 日の出公園

사랑의 종이 있는 아름다운 화원

언덕 위에 그리스식의 하얀 아치로 되어 있는 '사랑의 종(愛の鐘)'으로 잘 알려진 라벤더 화원이다. 사랑의 종 옆에는 후라노의 꽃향기를 담아 편지를 보내라는 의미가 담긴 '사랑의 우체통'도 함께 서있기 때문에 연인, 부부끼리의 여행이라면 일정에서 빼놓을 수 없는 코스이다. 후라노, 비에이에서 손꼽히는 풍경이지만 여름 성수기를 제외하고는 '사랑의 종'을 파란색 비닐에 감싸둔다. 역에서 많이 떨어져 있고, 주변에 추가로 볼 수 있는 곳이 없다는 것이 조금 아쉽다.

주소 北海道空知郡上富良野町東1線北27号 **위치** JR 가미후라노 역에서 도보 약 20분 **맵코드** 349 463 374

고토 스미오 미술관 後藤純男美術館

일본 미술계의 거장 고토 스미오의 작품 전시

일본 미술계의 거장으로 수많은 상과 훈장 등을 받은 고토 스미오(後藤純男, 1930~)가 홋카이도의 자연에 매료되어 1987년 이곳에 아틀리에를 만들고 작업한 것을 계기로 1997년 미술관이 개설되었다. 작품 하나에 수억원에 이르는 가치가 있는 그의 작품 130여 점이 전시되어 있다. 작품의 주제는 홋카이도의 자연 외에도 교토의 사찰들도 많이 있어 교토 여행을 다녀온 여행객들은 지난 여행을 색다르게 추억할 수 있는 기회가 되기도 한다.

주소 北海道空知郡上富良野町東4線北26号 **위치** JR 가미후라노 역에서 차로 약 5분 **맵코드** 349 434 047 **전화** 0167-45-6181 **시간** 09:00~17:00(4~10월), ~16:00(11~3월) **요금** 성인 1,000엔, 초중고생 500엔

후라노 그리루 ふらのグリル

토카치다케 연봉이 보이는 미술관 레스토랑

고토 스미오 미술관 2층에 있는 레스토랑으로 넓은 창으로는 미술관 6전시실에 전시되어 있는 약 7m의 신작 '토카치다케 연봉'의 실제 모습이 보이며 창 밖의 테라스로 나갈 수도 있다. 가미후라노 지역의 특산품인 돼지고기를 이용한 요리가 주를 이루며 사진 메뉴판이 있기 때문에 쉽게 주문할 수 있다.

위치 고토 스미오 미술관 2층 **시간** 09:00~17:00 (11~3월은 16:00까지) **가격** 1,000엔~

비에이 & 비바우시
켄과 메리의 나무
ケンとメリーの木
호쿠사이노오카 전망 공원
北西の丘展望公園
이시야마
石山
제루부노오카, 아토무노오카
ぜるぶの丘・亜斗夢の丘
패치워크노미치 パッチワークの路
비에이 고등학교
美瑛高等学校
후라노 국도 富良野国道
비에이 역
美瑛駅
비에이초우 도서관
美瑛町 図書館
사계의 탑
四季の塔
비에이 초등학교
美瑛小学校
마루야마 공원
丸山公園
이코이가모리 공원
憩ヶ森公園
JR 후라노선 JR 富良野線
파노라마 로드 パノラマロード
신아이노오카 전망 공원
新栄の丘展望公園
산아이노오카 전망 공원
三愛の丘展望公園
크리스마스 트리의 나무
クリスマスツリーの木
지요다노오카
千代田の丘
비에이 승마 클럽
美瑛乗馬クラブ
비바우시 중학교
美馬牛中学校
칸노 팜
かんのファーム
비바우시 우체국
美馬牛郵便局
비바우시 역
美馬牛駅
비바우시 초등학교
美馬牛小学校
시키사이노오카
四季彩の丘
다쿠신칸
拓真館
미야마 토게 深山峠
미야마 토게 라벤더 공원
深山峠ラベンダーオーナー園
트릭아트 미술관
トリックアート美術館
후라노 테디베어 뮤지엄
富良野テディベアミュージアム

비에이 시내 교통

자전거 렌탈

비에이 역, 비바우시 역 앞에는 자전거 대여점이 있기 때문에 쉽게 자전거를 빌릴 수 있다. 이 지역의 아름다운 언덕을 둘러보는 여러 개의 코스가 있는데 어느 코스라도 4~5시간 정도는 소요된다. 산악 자전거(MTB)보다는 전동 자전거를 선택하는 것이 좋으며, 전동 자전거라도 2~3시간 정도면 배터리가 나가기 때문에 언덕길을 오를 때만 전기를 이용하며 최대한 전기를 아끼는 것이 중요하다.

운행 기간 6월 28일부터 8월 31일까지 매일 **요금** 1,000엔

트윙클 버스 비에이호 ツインクルバス美瑛号

JR 홋카이도 열차 티켓, JR 패스 소지자만 탑승할 수 있는 관광버스로 비에이 역에서 출발한다. '트윙클 버스 비에이호'는 예약제이기 때문에 홋카이도에 도착하는 날 삿포로 역이나 공항의 JR 역에서 예약 가능 여부를 확인해야 한다.

판매 장소 신치토세 공항 역 인포메이션 데스크, 삿포로 역의 JR 티켓 카운터, JR 홋카이도의 주요역, 비에이 역 앞 사계절 정보관(비에이 관광 협회) **판매 기간** 여름 성수기에만 운행 / 6월 중순의 주말, 6월 말~8월 중순의 매일, 8월 말~9월 말의 주말 및 공휴일 **요금** 각 코스별 성인 1,500엔, 어린이(6~11세) 750엔

❖파노라마 코스(오전, 오후)

비에이 역 출발(10:50, 15:25) → 산아이노오카 전망 공원(차창 관광) → 다쿠신칸(약 20분 관광) → 시키사이노오카(약 30분 관광) → 신에이의 언덕(차창 관광) → 비에이 역 도착(12:30, 17:05)

❖패치워크 코스

비에이 역 출발(13:20) → 켄과 메리의 나무(약 10분 관광) → 세븐스타의 나무(약 10분 관광) → 부모와 자식의 나무(차창 관광) → 호쿠사이노오카 전망 공원(약 10분 관광) → 비에이 역 도착(14:40)

비에이 구룻토 버스 패스

트윙클 버스가 운행하지 않는 여름 성수기 기간에만 운행하는 순환 버스이다. 관광버스인 트윙클 버스와는 달리 시간에 맞춰 운행하며, 목적지에 도착하면 그곳에서 관광을 한 후 다음 시간대에 오는 버스를 타기 때문에 버스에서 내릴 때는 짐을 꼭 챙겨야 한다.

판매 장소 비에이 역 앞 사계절 정보관(비에이 관광 협회) **판매 기간** 여름 성수기에만 운행 / 6월 중순의 평일, 8월 말~9월 초의 평일 **요금** 1일권 각 코스별 성인 1,500엔, 어린이(6~11세) 750엔 / 2코스 모두 이용 시 성인 2,500엔, 어린이 1,000엔

❖파노라마 코스

비에이 역 출발 시간 10:30, 11:30, 13:30, 14:30, 15:30

비에이 역 → 산아이노오카 전망 공원 → 팜 치요다 → 다쿠신칸 → 시키사이노오카 전망 공원 → 비바우시 역 → 신에이의 언덕 → 비에이 역

❖패치워크 코스

비에이 역 출발 시간 10:00, 11:00, 13:00, 14:00, 15:00

비에이 역 → 제루부의 언덕 → 켄과 메리의 나무 → 세븐스타의 나무 → 호쿠사이노오카 전망 공원 → 마일드세븐의 언덕 → 비에이 역

비에이
美瑛

아기자기한 분위기의 라벤더 화원

유럽을 연상케 하는 깔끔한 주택들이 비에이 역을 중심으로 모여 있고 비에이 역과 비바우시 역 일대에는 패치워크노 미치, 파노라마 로드라 불리는 홋카이도의 대표적인 드라이브 코스가 있다. 여름에는 라벤더, 겨울에는 하얀 눈으로 덮히는 넓은 들판에는 재미있는 사연들을 갖고 있는 나무들이 있어 드라이브, 하이킹을 즐기기에 좋다. 전체를 둘러볼 예정이라면 렌터카를 이용하는 것이 가장 좋으며, 도보 또는 렌탈 자전거를 이용해서 둘러본다면 인기 있는 라벤더 화원 1~2곳을 조금 더 여유있게 보는 것을 추천한다.

1 후라노 역에서 JR 보통열차로 약 40분
2 아사히카와 역에서 JR 보통열차로 약 35분

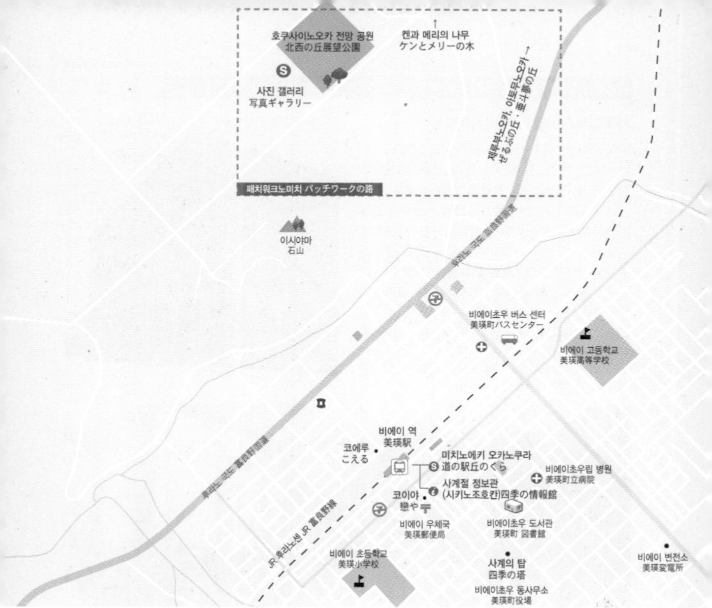

호쿠사이노오카 전망 공원
北西の丘展望公園
켄과 메리의 나무
ケンとメリーの木
사진 갤러리
写真ギャラリー
제루부노오카, 이토무노오카
ぜるぶの丘・亜斗夢の丘
패치워크노미치 パッチワークの路
이시야마
石山
후라노 국도 富良野国道
비에이초우 버스 센터
美瑛町バスセンター
비에이 고등학교
美瑛高等学校
비에이 역
美瑛駅
코에루
こえる
미치노에키 오카노쿠라
道の駅丘のくら
비에이초우립 병원
美瑛町立病院
사계절 정보관
(시키노조호칸)四季の情報館
코이야
戀や
JR 후라노센 JR 富良野線
비에이 우체국
美瑛郵便局
비에이초우 도서관
美瑛町 図書館
비에이 초등학교
美瑛小学校
사계의 탑
四季の塔
비에이초우 동사무소
美瑛町役場
비에이 변전소
美瑛変電所

MAPECODE 13216

비에이 역 美瑛駅

예스러운 정취가 흐르는 역

비에이 역은 회색 벽돌로 만들어진 아기자기한 맛이 살아 있는 역이다. 예스러운 정취가 흐르는 예쁜 모습 덕분에 도요타 자동차의 CF, 인기 아이돌 모닝구 무스메의 뮤직 비디오 등에 등장하기도 했다. 과거 홋카이도의 원주민이 이 지역을 '탁한 강이 흐르는 곳'이라는 뜻의 '비이에페쓰(ピイエペッ)'를 잘못 발음하면서 '아름다운 옥빛'이라는 뜻의 '비에이'로 부르게 되었다고 한다.

주소 北海道上川郡美瑛町本町1丁目9番21号 **위치** 아사히카와에서 약 35분, 후라노 역에서 약 40분 **맵코드** 389 010 596

MAPECODE 13217

미치노에키 오카노쿠라 道の駅 丘のくら

지역의 특산물을 판매하는 휴게소

미치노에키는 국가에 등록, 관리 받고 있는 도로 위에 설치된 휴게소를 뜻한다. 미치노에키 비에이 오카노쿠라는 JR 비에이 역 바로 옆에 있으며, 1900년대 초 돌로 만들었던 창고 건물을 사용하고 있다. 비에이 지역의 특산물을 판매하고 간단한 식사를 할 수 있으며, 비에이 지역의 예쁜 풍경 사진을 전시해 둔 갤러리도 있으며, 바로 앞의 관광안내소인 사계의 정보관과 함께 열차를 기다리며 잠시 둘러보기 좋은 곳이다.

위치 JR 비에이 역에서 도보 1분 **미치노에키 오카노쿠라 시간** 09:00~19:00(11~4월은 17:00까지, 레스토랑 11:00~14:30) **사계의 정보관(관광안내소) 시간** 08:30~19:00(11~4월은 17:00까지)

MAPECODE 13218

코에루 こえる

카레 우동 피자의 원조

후라노와 비에이는 바로 옆에 붙어 있는 지역이지만 후라노는 '후라노시', 비에이는 가미카와군 '비에이초'이다. 행정 구역이 다른 것처럼 후라노가 스프카레로 유명하다면 비에이는 카레우동으로 유명한데, 이는 비에이에는 밀 농사를 짓는 곳이 많기 때문이다. 2층에는 펜션도 함께 운영하고 있는 코에루는 카레 우동을 메인으로 하고 있으며, 2012년 리뉴얼 오픈 기념으로 개발한 '카레 우동 피자'라는 독특한 메뉴가 좋은 반응을 얻고 있다.

주소 上川郡美瑛町大町1-1-17 **위치** JR 비에이 역 뒤쪽, 도보 약 2분 **시간** 11:00~14:30, 17:00~21:00 **가격** 카레 우동 피자 780엔, 카레 우동 880엔

MAPECODE 13219

코이야 戀や

합리적인 예산으로 우동과 덮밥

비에이 역 바로 앞에 있는 카레 우동 전문점으로 카레 안에 우동이 있는 것이 아니라 츠케멘(찍어 먹는 라멘) 스타일로 카레에 우동 면을 조금씩 찍어 먹는 스타일이다. 코에루와의 차이점은 밥을 비에이의 특산품인 밀가루로 반죽한 우동을 중심으로 돈카츠 덮밥 등의 메뉴를 갖추고 있으며 비교적 저렴한 가격대로 부담 없는 식사를 할 수 있다.

주소 上川郡美瑛町栄町1-2-25 **시간** 11:00~14:00, 17:00~19:30 **위치** JR 비에이 역 **가격** 1,000엔 미만

MAPECODE 13220

사계의 탑 四季の塔

비에이의 풍경을 한눈에 볼 수 있는 전망 탑

높이 32.4m이지만 3층 이상의 건물이 없는 비에이에서는 이 탑에 오르는 것만으로도 비에이 지역의 아름다운 풍경을 내려다 볼 수 있다. 비에이, 비바우시 지역의 라벤더 화원들을 둘러보기 전 이곳을 오른다면 어떻게 움직일지에 대해 한번 생각해 볼 수 있으며, 비에이 역에서 이곳까지의 길도 예쁘다. 입장료는 무료이며, 사계의 탑 앞의 조그만 광장은 휴식을 취하기도 좋다

주소 美瑛町本町4丁目美瑛町役場に併設 **위치** JR 비에이 역에서 도보 10분 **맵코드** 389 011 255 **시간** 08:30~19:00(11~4월은 17:00까지) / 연말연시 휴관 **요금** 무료

MAPECODE 13221

패치워크노미치 パッチワークの路

각기 다른 농작물을 재배하는 아름다운 밭

파노라마 로드와 함께 비에이를 대표하는 2대 관광 코스 중 하나로, 연작을 방지하기 위해 구획된 밭에 각기 다른 농작물을 재배하는 모습이 천 조각들을 이어 붙여 1장의 큰 천을 만드는 수공예인 패치워크와 비슷해서 '패치워크의 길'이라는 뜻의 패치워크 노미치로 불리게 되었다.

위치 JR 비에이 역 서쪽 일대

MAPECODE 13222

호쿠사이노오카 전망 공원 北西の丘展望公園

피라미드 전망대가 인상적인 전망 공원

비에이 북서쪽 시내에 있는 전망 공원으로 피라미드 모양의 전망대가 인상적이다. 비에이 지역의 멋진 풍경과 비에이를 둘러싸고 있는 웅장한 산들을 직접 눈으로 확인할 수 있다. 여름 성수기 기간에는 관광 안내소 및 상점가가 운영된다.

주소 北海道上川郡美瑛町大久保協生 **위치** JR 비에이 역에서 도보 30분, 자전거 25분(2.5km) **맵코드** 389 070 315 **전화** 0166-92-4445

제루부노오카, 아토무노오카 ぜるぶの丘・亜斗夢の丘

팜도미타와 함께 가장 유명한 화원

후라노 지역의 팜도미타와 함께 가장 유명한 화원이며, 우리나라의 가이드 동반 패키지 상품으로 자주 방문하는 곳이다. 라벤더와 함께 늦여름에 피는 해바라기도 인기를 더한다. '바람(風, 카제)', '향기가 나다(香る, 카오루)', '논다(遊ぶ, 아소부)'의 뒷글자를 합쳐서 제루부의 언덕이라 이름 지었다고 한다. 제루부노오카의 뒤편에 있는 아토무노오카에는 레스토랑과 전망대가 있다.

주소 北海道上川郡美瑛町大三 **위치** JR 비에이 역에서 도보 35분, 자전거 20분(2.1km) **맵코드** 389 071 595 **전화** 0166-92-3160

MAPECODE 13224

켄과 메리의 나무 ケンとメリーの木

CF에 등장했던 유명한 포플러 나무

1923년에 농장의 경계로서 심어진 포플러 나무로 1970년대 닛산 자동차의 CF에 등장하면서 유명해졌다. 호쿠사이노오카 전망 공원에서 제루부노오카로 가는 방향에 있어 이동 중에 잠시 들러볼 만하다.

위치 JR 비에이 역에서 도보 30분, 자전거 25분(2.5km)
맵코드 389 071 727

MAPECODE 13225

사진 갤러리 写真ギャラリー

비에이의 풍경을 담은 갤러리

호쿠사이노오카 전망 공원의 상점가에는 기쿠치 하루오(菊地晴夫), 아베 순이치(阿部俊一) 등 비에이의 아름다운 풍경 사진을 전시, 판매하고 있는 갤러리가 있다. 아름다운 풍경 사진이 있는 액자와 달력, 엽서 등을 구입할 수 있다.

위치 호쿠사이노오카 전망 공원 바로 옆

파노라마 로드 パノラマロード

자전거 여행의 중심지

비에이 역의 동쪽과 비바우시 역 일대가 패치워크노미치와 함께 비에이 지역의 인기 관광 코스로 불리는 파노라마 로드이다. 자전거를 렌트한다 해도 하루 만에 패치워크노미치와 파노라마 로드를 모두 둘러볼 수 없기 때문에 두 곳 중 한 곳만 선택하는 것이 좋다. 파노라마 로드를 선택할 경우는 JR 비바우시 역에서 자전거를 렌트해 이곳을 거점으로 여행을 시작하는 것이 좋다.

TRAVEL tip

비바우시 역에서 자전거 렌탈

비바우시 역 바로 앞에는 자전거 렌탈 숍 '가이도노 야마고야(ガイドの山小屋)'가 있다. 일반 자전거와 기어가 달린 MTB, 전동 자전거 세 가지를 렌트할 수 있다. 경사가 반복되는 파노라마 로드를 일반 자전거로 다니려면 엄청난 체력이 필요하니, 전동 자전거를 빌리는 것을 추천한다.

	일반 자전거 (ママチャリ)	21단 기어 (MTB)	전동 자전거 (電動自転車)
1시간 단위	200엔	400엔	600엔
4시간	750엔	1,200엔	2,200엔
하루(18시까지)	1,000엔	1,500엔	3,000엔

※ 가이도노 야마고야 영업 시간 : 08:00~18:00

칸노팜 かんのファーム

역에서 가장 가까운 라벤더 밭

비에이 지역의 라벤더 밭 중에서 역에서 도보 15분 거리로 렌터카, 렌탈 자전거 없이 도보로도 부담 없이 다녀올 수 있는 곳이다. 라벤더 외에도 10여 종류의 꽃을 재배하고 있어 색다른 기분을 느낄 수 있고 밭 한쪽에 있는 매점 '킨콘칸노(きんこんかんの)'에서는 드라이 플라워와 라벤더를 이용한 화장품, 방향제, 비누 등의 다양한 제품을 판매하고 있으며, 감자, 옥수수, 아이스크림 등 먹거리도 있다.

주소 北海道空知郡上富良野町西12線北36 **위치** JR 비바우시 역에서 도보 15분, 자전거 10분(1.5km) **맵코드** 349 728 754 **전화** 0167-45-9528 **시간** 09:00~일몰(6월 중순부터 10월 중순까지)

MAPECODE 13228

비바우시 초등학교 美馬牛小学校

멋진 탑과 아름다운 종

비바우시 역을 나와 조금만 산길을 따라 가다 보면 마치 교회처럼 생긴 건물이 나온다. 가운데 높게 솟은 탑에 종도 있는 멋진 건물이 바로 비바우시 소학교(초등학교)이다. 일본의 유명 사진작가 마에다 신조(前田真三)의 사진집 '탑이 있는 언덕(塔のある丘)'을 통해 유명해졌다. 쉬는 시간에는 '마왕', '숭어' 등으로 유명한 슈베르트의 가곡 '들장미 D257'가 연주된다.

주소 北海道上川郡美瑛町美馬牛南2-2-58 **위치** JR 비바우시 역에서 도보 12분, 자전거 9분(0.9km) **전화** 0166-95-2113

시키사이노오카 四季彩の丘

파노라마 로드의 대표적인 전망 화원

파노라마 로드의 대표적인 전망 화원으로 찾아가기에 가장 편한 곳이다. 원내에는 상점도 있고, 비에이산 우유로 만든 소프트 아이스크림을 판매하고 있다. 트랙터를 이용한 열차 느낌의 차도 마련되어 있고, 겨울에는 스노모빌이 운영된다. 건초 더미를 이용해 만든 인형 롤군(ロール君, 남자)과 롤짱(ロールちゃん, 여자)이 시키사이노오카의 마스코트이다.

주소 北海道上川郡美瑛町字新星第三 **위치** JR 비바우시 역에서 도보 약 30분, 자전거 20분(2.2km) **맵코드** 349 701 160 **전화** 0166-95-2758

MAPECODE 13230

다쿠신칸 拓真館

마에다 신조의 유명 사진 80점이 전시된 갤러리

비에이, 비바우시 지역의 아름다운 풍경이 전국적으로 유명해진 것은 풍경 사진 작가 마에다신조(前田真三)의 공이 컸다. 1971년 일본 종단 촬영 여행으로 처음 이곳을 방문한 이후, 이곳의 사진을 알리기 시작했다. 다쿠신칸에는 마에다 신조의 유명한 사진 약 80점이 전시되어 있다. 유명한 작가의 구도를 참고하면 새로운 시점을 찾는데 도움이 되어, 보다 좋은 사진을 남길 수 있으니 이곳을 둘러본 후 비에이, 비바우시 지역을 여행하는 것도 좋다.

주소 北海道上川郡美瑛町字拓進 **위치** 시키사이노오카에서 도보 약 35분, 자전거 30분(2.7km) / JR 비바우시역에서 4.9km **맵코드** 349 704 272 **전화** 0166-92-3355 **시간** 09:00~17:00(11~4월은 16:00까지 / 동계 부정기 휴관인 경우 많음) **요금** 무료

MAPECODE 13231

지요다노오카 千代田の丘

비에이 전체를 볼 수 있는 전망대

로켓처럼 불쑥 솟은 탑이 있는 전망대인 미하라시다이(見晴台)가 있는 곳이다. 비교적 높은 지대에 있기 때문에 비에이 전체를 내려다보는 느낌이 들며 기후가 좋은 날에는 멀리 만년설로 덮인 다이세쓰 산(大雪山)과 북측의 미자와 댐(水沢ダム)이 보이기도 한다.

주소 北海道上川郡美瑛町春日台 **위치** 다쿠신칸에서 도보 약 30분, 자전거 20분(2km) / JR 비바우시 역에서 6.9km **맵코드** 349 734 579 **전화** 0166-92-1718 (지요다 농장)

산아이노오카 三愛の丘, 신에이노오카 新栄の丘 展望公園

해 질 녘 가장 아름다운 언덕

열차 노선을 가운데 두고 비슷한 이름의 언덕 두 개가 있다. 지요다노오카 쪽에 근접해 있는 산아이노오카가 신에이노오카에 비해 조금 높은 언덕이다. 이와 반대로 신에이노오카는 완만한 경사를 이루고 있어 편안한 마음으로 넓은 평원을 바라볼 수 있다. 해 질 녘에 가장 아름다운 언덕으로 알려져 있다.

산아이노오카

위치 지요다노오카에서 도보 약 30분, 자전거 20분(2km) / JR 비바우시 역에서 8.9km **맵코드** 349 792 477

신에이노오카

위치 다쿠신칸에서 도보 약 1시간, 자전거 50분(4.6km) / JR 비바우시 역에서 9.5km **맵코드** 349 790 676

크리스마스 트리의 나무 クリスマスツリーの木

입소문을 통해 만들어진 명소

신에이의 언덕에서 조금 내려가면 크리스마스 트리가 보인다. 이곳은 아무런 표시가 없어 찾기가 조금 힘들지만, 나무의 모습이 크리스마스 트리와 닮았다고 해서 이름 붙여진 곳이다. 관광지에는 전부 표지판이 있는데 이곳은 그저 사람들의 입소문에 의해 알려진 명소다.

위치 JR 비바우시 역에서 도보 약 30분, 자전거 15분(2km) **맵코드** 349 788 146

후라노, 비에이 관광 시 주의사항

가이드북에 소개된 곳 외에도 마을 곳곳의 예쁜 꽃과 나무들이 여행객을 즐겁게 해준다.
하지만 관광지이기 이전에 농사를 짓는 사유지이기 때문에 함부로 들어가면 안 되는 곳이 많다. 2016년 2월 말, 여행객들이 많이 찾던 '철학의 나무哲学の木'가 여행객들이 무단으로 밭에 들어가는 게 반복되어 결국 밭 주인의 요청으로 베어졌다. 60년간 서 있던 멋진 포플러 나무가 여행객의 비매너로 불과 1시간 만에 없어졌는데, 이러한 일이 다시 발생하지 않도록 여행 매너를 지키도록 하자.

MAPECODE 13235

제트 코스터의 도로 ジェットコースターの路

업 다운이 계속되는 직선 도로

비바우시 역에 약간 떨어진 곳에 있는 도로로 관광지로 연결되는 도로는 아니지만 업 다운이 계속되는 약 5km의 도로로 비에이 지역의 아름다운 풍경을 재미있게 감상할 수 있는 곳 중 하나이다. 렌터카 여행이 아니라면 도로 초입 정도만 보고 돌아가는 것이 좋다.

위치 JR 비바우시 역에서 237번 국도 방향으로 이동 후 237번 도로로 들어가지 않고 직진 **맵코드** 349 667 123

MAPECODE 13236

미야마 토게 전망대 深山峠展望台

고지대에 있는 라벤더 밭

비에이와 가미후라노의 중간 지대에 위치한 라벤더 밭으로 1972년 관광을 목적으로 세워진 최초의 라벤더 밭이다. 비에이와 가미후라노의 중간의 완만한 언덕에 자리 잡고 있다. 비에이 지역의 다른 라벤더 밭에 비해 비교적 높은 지대에 있어 조금 색다른 풍경이 펼쳐지며, 여름에도 하얀 눈이 덮여 있는 토카치다케 연봉도 함께 보인다. 전망대 옆의 50m 높이의 대관람차에 오르는 것도 색다른 경험이 된다.

주소 北海道空知郡上富良野町西8線北33号深山峠 **위치** JR 비바우시 역에서 도보 약 40분 **맵코드** 349 669 128 **대관람차 시간** 09:00~17:00(4월, 10~11월), 09:00~18:00(5, 9월), 09:00~19:00(6~8월) / 12~3월 휴무 **대관람차 요금** 성인 600엔

트릭아트 미술관 トリックアート美術館

트릭아트 작품 전시관

그림이 현실 세계로 튀어 나오는 듯한 느낌의 트릭아트 작품을 전시하고 있는 곳이다. 건물 외관에 크게 그려져 있는 그리스 신전의 그림은 일본 최대급의 트릭아트 작품으로 손꼽히고 있다. 약 50점의 작품이 전시되어 있는 내부는 사진 촬영이 가능하며 트릭아트와 관련된 기념품을 구입할 수도 있다.

주소 北海道空知郡上富良野町西８線北33号深山峠 **위치** JR 비바우시 역에서 자전거 30분 **맵코드** 349 639 700 **전화** 0167-45-6667 **시간** 09:00~17:00(4월, 10~11월), 09:00~18:00(5, 9월), 09:00~19:00(6~8월) / 12~3월 휴관 **요금** 성인 1,300엔, 중고생 1,000엔, 초등학생 700엔, 만 10세 미만 무료

MAPECODE 13238

파란 연못 青い池

맥북, 아이폰의 바탕화면으로 선정된 풍경

1988년 토카치산의 화산 분출 시 화산 이류 현상을 위해 만든 제방에 물이 고여 연못이 되었고, 인근의 시로가네 온천에서 솟아나는 수산화 알루미늄 성분을 함유한 물이 흘러들면서 연못의 물이 파랗게 보인다. 2012년 7월 발표된 MAC OSX 마운틴 라이언의 바탕화면으로 선정되었으며, 2013년 9월 발표된 iOS7에서도 바탕화면으로 선정되었다. 이 바탕화면의 사진은 비에이에 거주하는 사진가 켄토 시라이시가 눈이 내리기 시작하는 10월 말에 촬영했다고 한다. 비에이 역에서 대중교통, 렌탈 자전거로 찾기는 어려우며 렌터카를 이용하거나 JR 열차 이용객을 위한 예약제 관광버스인 '트윙클 버스 비에이 라벤더호'를 이용해야 한다.

위치 JR 비에이 역에서 약 17km, 시로가네 온천 가기 전 **맵코드** 349 568 888 **방문 시기** 눈이 녹기 시작하는 봄부터 눈이 쌓이기 전까지만 방문할 수 있음. 연못 2km 앞에 있는 시로가네 관광안내소(白金インフォメーションセンター) 4월 하순부터 10월 하순까지 운영.

라멘을 파는 작은 식당에서도 생맥주를 팔고 있는 일본에서 여행 중에 술 한잔을 마시는 묘미는 절대 빼놓을 수 없는 일 중 하나이다. 일본의 전통 술인 사케를 마시는 것도 좋지만 보다 쉽게 접할 수 있는 술은 역시 맥주이다. 건조하고 서늘한 기후인 홋카이도는 맥주의 원료인 홉이 자라는데 최적의 기후이며 여기에 맑은 물까지 더해져 최상의 맥주 맛을 자랑한다.

유사 맥주 음료? 우리나라에는 없는 일본 맥주, 발포주(発泡酒)

일본은 편의점에만 가더라도 우리나라와는 비교할 수 없을 만큼 맥주가 다양하며, 대형 마트에 가면 100여 가지의 맥주를 보고 어떤 것을 사야할지 고민하게 된다. 그렇기 때문에 우선은 일본의 맥주에 대해 알아두어야 할 것이 있다.

일본의 주세법(酒税法)에 의하면 맥주의 원료로 규정된 것 이외의 것을 사용한 것과 맥아 이외의 원료를 많이 사용한 것을 발포주(発泡酒, 핫포슈)로 정의한다. 맥주(ビール, 비루)를 제조하는 회사에서 발포주도 만들고 있고, 디자인이 맥주와 유사하기 때문에 맥주라고 착각할 수도 있다.

발포주는 알콜 함유량, 맛, 색 등 모든 것이 맥주와 비슷하기 때문에 잘 알아보고 마셔야 한다. 만약 ビール와 発泡酒를 구분하지 못한다면 발포주를 맥주라고 생각하고 그냥 마셔도 상관은 없다. 실제로 일본에 수입된 주류 중 생산국에서는 맥주로 판매되고 있지만 일본에서는 주세법에 의해 발포주로 규정되는 것도 있다. 이처럼 맥주와 발포주는 겨우 종이 한 장 정도 차이이다.

발포주가 인기를 얻는 이유는 맥아 함유량이 적은 만큼 쓴 맛이 덜하며, 맥주와 발포주에 적용되는 세금이 달라 발포주가 50~100엔 정도 저렴하기 때문이다.

홋카이도 한정판 맥주 맛보기

홋카이도에서는 여행 중 쉽게 '홋카이도 한정판'만날 수 있는데 맥주에도 홋카이도 한정판이 있다.

아사히 북쪽의 장인 장숙(アサヒ北の職人 長熟, 아사히 기타노쇼쿠닌 초쇼쿠)

북해도 시장 공략을 위한 독특한 네이밍이 눈에 띄는 맥주로, 정성스럽게 장기 숙성시켜 풍부한 맛이 특징인 맥아 100%의 맥주이다. 부드러운 목 넘김에서 풍부한 맛과 향을 느낄 수 있다.

삿포로 클래식(サッポロクラシック, 삿포로 쿠라싯꾸)

지역 한정 맥주의 선구자 역할을 한 삿포로 클래식이 발매된 것은 1985년이었다. 철저한 판매 관리로 홋카이도에서만 구입할 수 있기 때문에 홋카이도에 왔다면 술을 못 마시는 사람이라도 꼭 한번은 맛봐야 한다는 이야기가 있을 정도이다.

삿포로 도산소자이 셀렉트(サッポロ, 道産素材 SELECT)

삿포로 클래식과 마찬가지로 홋카이도 도민을 위한 상품으로 후라노산 홉을 비롯해 홋카이도에서 생산된 원료를 75% 이상 사용했다. 발포주이기 때문에 가격이 저렴하지만 맛과 향은 다소 가벼운 편이다.

홋카이도의 지역 한정 치비루(地ビール)

진정 맥주를 좋아하는 사람이라면 홋카이도 한정판 맥주는 기본이고, 치비루(地ビール)를 마시는 것도 잊지 말아야 한다. 치비루는 소규모 주조장에서 생산해 그 지역에서만 판매하는 '지역 맥주'라고 풀이할 수 있는데, 일본 전국적으로 약 100여 곳에서 치비루가 만들어진다. 국제 맥주 대회에서 금상을 차지한 하코다테의 '사장도 자주 마시는 맥주(社長のよく飲むビール)', 만년설로 뒤덮힌 다이세쓰 산(大雪山) 물을 이용한 아사히카와의 '다이세쓰 치비루(大雪地ビール)', 일본 맥주 역사의 증인이라고 할 수 있는 삿포로의 '개척사 치비루(開拓使地ビール)가 대표적인 홋카이도의 치비루이다.

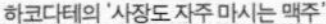
하코다테의 '사장도 자주 마시는 맥주'

아사히카와의 '다이세쓰 치비루'

삿포로의 '개척사 치비루'

구시로

일본 최대의 어획량을 자랑하는 안개의 도시

홋카이도 동부 태평양 연안에 있는 구시로는 제지 공업으로 번영했던 도시이다. 홋카이도 최대의 곡물 수출입항이 있는 항만 도시이며, 여름철에는 구시로 인해에서 한류와 난류가 만나 일본 최대의 어획량을 만들어낸다. 하지만, 한류와 난류가 만나는 지역에 있어 안개가 끼는 날이 매우 많기 때문에 안개의 도시로 불리기도 한다. 삿포로에서 멀리 떨어져 있어 쉽게 방문할 수는 없는 곳이지만 일본 최대의 습지 보호 구역인 구시로 습원과 아름다운 풍경과 온천 휴양지가 있는 마슈 호수, 굿샤로 호수 등 매력적인 생태 관광 자원이 있어 매년 많은 관광객이 구시로를 찾고 있다.

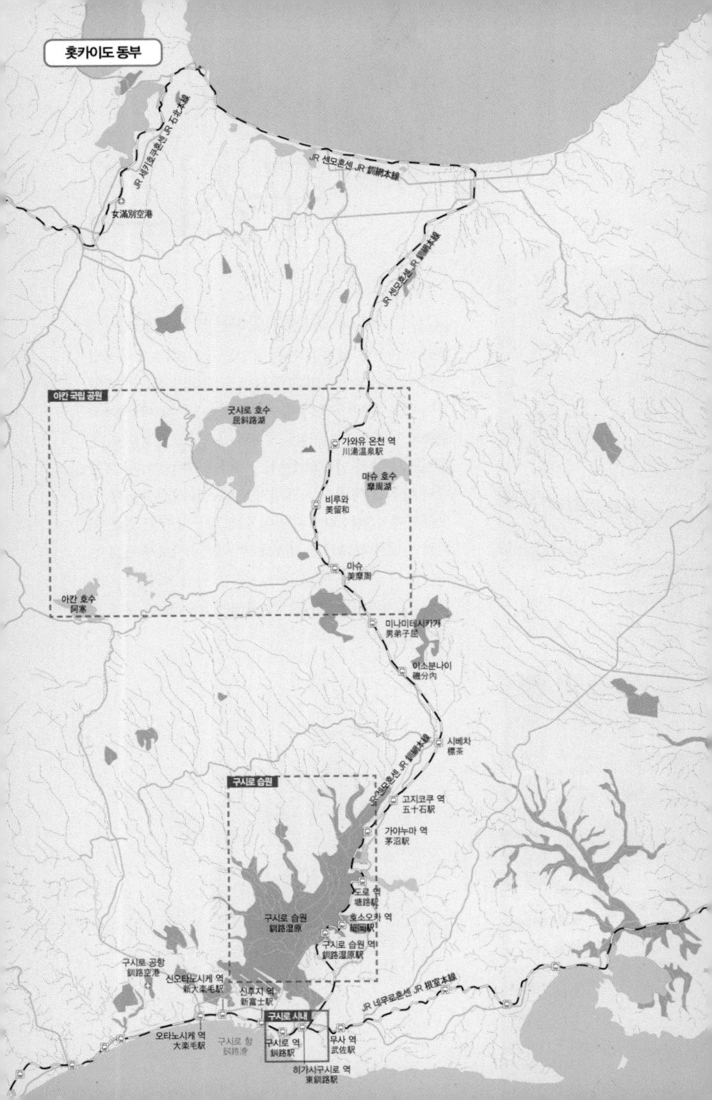

홋카이도 동부
JR 세키호쿠혼센 JR 石北本線
女満別空港
JR 센모혼센 JR 釧網本線
JR 센모혼센 JR 釧網本線
아칸 국립 공원
굿샤로 호수
屈斜路湖
가와유 온천 역
川湯温泉駅
마슈 호수
摩周湖
비루와
美留和
마슈
美摩周
아칸 호수
阿寒
미나미데시카가
男弟子屈
이소분나이
磯分内
시베차
標茶
JR 센모혼센 JR 釧網本線
구시로 습원
고지코쿠 역
五十石駅
가야누마 역
茅沼駅
도로 역
塘路駅
호소오카 역
細岡駅
구시로 습원
釧路湿原
구시로 습원 역
釧路湿原駅
구시로 공항
釧路空港
신오타노시케 역
新大楽毛駅
신후지 역
新富士駅
JR 네무로혼센 JR 根室本線
구시로 시내
오타노시케 역
大楽毛駅
구시로 항
釧路港
구시로 역
釧路駅
무사 역
武佐駅
히가시구시로 역
東釧路駅

찾아가기 

경유편 항공 이용하기

구시로 여행을 계획한다면 일본항공 JAL, 또는 전일본공수 ANA의 도쿄 하네다를 경유해 구시로로 오는 항공편을 이용하는 것이 좋다. 경유편을 이용한다면 '구시로 IN, 메만베츠 OUT', '구시로 IN, 삿포로 OUT' 과 같은 일정도 가능하다.

삿포로에서 JR 열차 이용하기

삿포로에서 출발하는 특급열차 슈퍼 오오조라(スーパーおおぞら)가 하루 6회 운행되고 있으며, 미나미치토세(南千歳, 신치토세 공항에서 5분), 오비히로(帯広)를 지나 구시로까지 연결된다. 구시로까지 소요 시간은 약 4시간 20분, 요금은 9,370엔이다. 왕복 요금보다 홋카이도 레일 패스가 저렴하며 패스에 관한 내용은 P.292을 참고하자.

아바시리에서 JR 열차 이용하기

아바시리에서 시레토코샤리, 가와유 온천, 마슈, 도로(구시로 습원) 등을 경유해 구시로까지 이동할 수 있지만 하루 4편의 열차가 전부이다. 아바시리-구시로 사이의 일부 구간만 운행하는 열차도 있는데, 한번에 이동을 하기 보다는 중간에 한두번 정차하면서 주변 관광을 하는 것도 좋다. 단, 열차를 놓치면 오랜 시간을 기다려야 하기 때문에 열차 출발 시간보다 조금 여유 있게 일정을 짜는 것이 좋다. 아바시리에서 구시로까지의 요금은 3,670엔이다.

아바시리 → 구시로

역 / 열차		보통	[쾌]시	노1	보통	보통	보통	마카	보통	노3	보통	보통
아바시리(網走)	출발	6:41	10:01		13:25		14:27				16:15	18:25
시레토코샤리(知床斜里)	도착	7:22	10:41		14:12		15:13				17:05	19:11
	출발	7:27	10:46				15:14				17:30	19:11
카와유온센(川湯温泉)	도착	8:17	11:39					16:15			18:15	20:10
	출발	8:17	11:40			13:40		16:29			18:16	20:26
마슈(摩周)	도착	8:34	11:55			13:56		16:45			18:31	20:44
	출발	8:37	12:00			13:57			17:21		18:32	21:10
호소오카(細岡)	출발	9:44		12:32		14:55			18:20	15:29	19:30	22:12
구시로 습원(釧路湿原)	출발	(09:48)	13:09	12:38		14:59			(18:24)	15:35	(19:34)	レ
구시로(釧路)	도착	10:07	13:27	13:06		15:17			18:46	16:03	19:56	22:35

구시로 → 아바시리

역 / 열차		[쾌]시	노2	보통	보통	보통	마카	보통	노4	보통	보통	보통
구시로(釧路)	출발	9:05	11:06	11:46		13:28			13:57	16:04	17:30	18:51
구시로 습원(釧路湿原)	출발	(09:25)	11:30	12:04		13:48			14:21	16:23	(17:51)	(19:10)
호소오카(細岡)	출발	レ	11:35	12:08		13:53			14:26	16:27	17:56	19:14
마슈(摩周)	도착	10:20		13:02		14:53				17:21	19:24	20:09
	출발	10:21		13:03			15:06			17:21		20:10
카와유온센(川湯温泉)	도착	10:35		13:18			15:22			17:37		20:25
	출발	10:36					15:40			17:38		20:26
시레토코샤리(知床斜里)	도착	11:19			12:37			16:28		18:28		21:10
	출발	11:25			12:37			16:28		18:29		21:10
아바시리(網走)	도착	12:05			13:24			17:14		19:19		21:52

※ [쾌]시 : 쾌속 시레토코 / 노1 : 쿠시로습원 노롯코 열차 1호 / 마카 : 마슈&카와유 온천 아시유 메구리 열차
※ 노1~4, 마카 열차는 여름 시즌에만 운행

구시로 시내
釧路

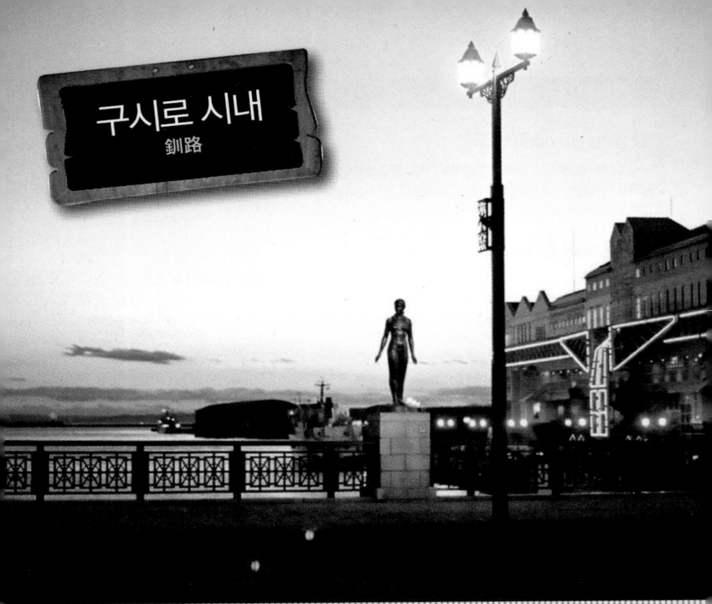

구시로 습원과 아칸 호수로 가는 관문

구시로 습원과 아칸 호수로 가는 관문이라는 도시 이미지 때문에 많은 관광객이 구시로 시내는 보지 않고 지나치는 경우가 많은데 의외로 이곳에도 아기자기한 볼거리가 많다. 야간 열차가 없어져 구시로를 당일치기로 여행하기는 힘드니, 이곳에서 여유를 갖고 시내를 둘러본 뒤 구시로 습원에 다녀오는 것으로 일정을 정하자.

Access

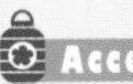

1 삿포로에서 JR 특급열차로 3시간 30분, 고속버스로 6시간 소요
2 아바시리에서 JR 쾌속열차 이용 3시간 20분

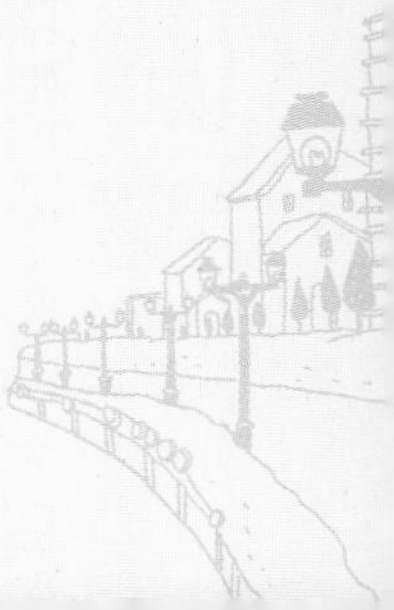

구시로 그레이스 교회
釧路グレース教会
구시로 역
釧路駅
왓쇼 시장
和商市場
구시로 중앙 우체국
釧路中央郵便局
구시로 에키마에 호텔 오션
釧路駅前ホテルオーシャン
호텔 루트 인 구시로 에키마에
ホテルルートイン釧路駅前
JR 네무로혼센 JR 根室本線
사이와이초 공원
幸町公園
구시로 시 어린이 유학관
釧路市こども遊学館
키타오도리 北大通り
사이와이초 평화 공원
幸町平和公園
구시로 시청
釧路市役所
구시로 국도 釧路国道
구시로 예술관
釧路芸術館
호텔 파코 구시로
ホテルパコ釧路
구시로 항
釧路港
피셔맨즈 와프 MOO
フィッシャーマンズワーフMOO
누사마이바시
幣舞橋
구시로 강
釧路川
오카와초시로야마도리 大川町城山通
교난칸센도리 橋南幹線通
구시로 캐슬
釧路キャッスル
고우분칸
港文館
누사마이 공원
ぬさまい公園
NHK
미나미오도리 南大通り
후지미자카도리 富士見坂通
구시로 시사이드 호텔
釧路シーサイドホテル
시립 구시로 초등학교
市立釧路小学校
시립 시로야마 초등학교
市立城山小学校
홋카이도 교육대 구시로 분교
北海道教育大学釧路分校
쓰루가다이 무도관
鶴ヶ岱武道館
쓰루가다이 공원
鶴ヶ岱公園
쓰루가다이코엔도리 鶴ヶ岱公園通

MAPECODE 13239

그레이스 교회 釧路グレース教会

결혼식을 하기 위한 장소로 이용되는 교회

구시로 역 앞에 있는 교회 건물이다. 일본인들은 대부분 '신도'라고 하는 일본 고유의 종교를 믿고 있다. 교회를 다니는 사람은 거의 없지만 결혼식만큼은 교회에서 하는 것이 일반적이다. 파스텔 컬러가 눈에 띄는 그레이스 교회도 이처럼 결혼식을 하기 위한 교회 건물로 애용되며 주말이면 결혼식을 올리는 모습을 볼 수 있다.

주소 北海道釧路市北大通14丁目 **위치** 구시로 역 바로 앞

MAPECODE 13240

구시로 시 어린이 유학관 釧路市こども遊学館

호기심과 창조력 증진 실내 놀이터

구시로 시에서 운영하는 어린이를 위한 놀이 · 교육 시설이다. 호기심과 창조력 증진을 목적으로 하는 실내 놀이터로, 높이 4미터의 암벽 등반 시설 등이 갖춰진 아소비 랜드(あそびらんど, 아소비=놀다), 호기심을 자극하는 과학 체험관 후시기 랜드(ふしぎらんど, 후시기=불가사의) 등으로 구성되어 있다. 어린이 유학관의 정원에는 넓은 잔디밭과 독특한 조형물들이 있어 휴식을 취하기에도 좋은 장소이다.

주소 北海道釧路市幸町10-2 **위치** 구시로 역에서 도보 8분 **전화** 0154-32-0122 **시간** 09:30~17:00(월요일 휴관) **요금** 대학생 이상 590엔, 고등학생 240엔, 초등학생 · 중학생 120엔

MAPECODE 13241

왓쇼 시장 和商市場

홋카이도의 3대 시장 중 하나

삿포로의 니조이치바, 하코다테의 아사이치와 함께 홋카이도의 3대 시장으로 손꼽히는 곳이다. 구시로는 태평양에 접하고 있으며 한류와 난류가 만나는 지리적 위치 덕분에 일본 최대의 어획량을 자랑한다. 항구에서 가까운 곳에 위치해 있어 스시집을 비롯한 식당이 많기 때문에 해산물을 좋아하는 사람이라면 이곳에서 식사를 하는 것도 좋다. 덮밥 그릇에 담아 파는 밥을 먼저 구입하고 취향에 맞게 해산물을 골라 자기만의 덮밥을 만들어 먹을 수 있는 갓테동(勝手丼, MY丼이라고도 함)이 인기이다.

주소 北海道釧路市黒金町13-25 **위치** 구시로 역에서 도보 3분 **전화** 0154-22-3226 **시간** 08:00~18:00(일요일 휴무) **갓테동 가격** 2,000~3,000엔

MAPECODE 13242

구시로 예술관 釧路芸術館

컬렉션을 중심으로 한 폭넓은 전시

국내외 우수한 미술 작품을 소개하는 특별전과 구시로와 네무로 지역의 자연을 테마로 아름다운 예술 작품 컬렉션을 중심으로 한 소장전 등 폭넓은 전시를 하고 있다. 뿐만 아니라 공연과 콘서트가 개최되기도 하며 뮤지엄 숍과 카페도 운영되고 있다.

주소 釧路市幸町4丁目1番5号 **위치** 구시로 역에서 도보 10분 **전화** 0154-23-2381 **시간** 09:30~17:00(월요일 휴관) **요금** 성인 600엔, 고등학생 · 대학생 300엔, 초등학생 · 중학생 100엔

피셔맨즈 와프 MOO フィッシャーマンズワーフMOO

구시로를 대표하는 관광 레저 시설

안개가 많이 생기는 구시로를 대표하는 도시형 관광 레저 시설이다. 구시로의 꿈(夢)과 구시로의 상징인 안개(霧)의 음독 '무'를 이미지해서 이름 지었다. 홋카이도 동부의 구시로, 네무로 지역의 특산품 등 여행 기념품을 파는 곳이 많으며, 신선한 해산물을 조리하는 음식점들이 모여 있다. MOO 건물 바로 옆의 EGG는 에버 그린 가든(Ever Green Garden)의 약자로 전면이 유리로 되어 있는 온실 화원이며 미니 콘서트 등의 소규모 이벤트가 자주 열린다.

위치 구시로 역에서 도보 15분 **MOO 시간** 10:00~19:00(7~8월은 09:00부터) **EGG 시간** 06:00~22:00(4~10월), 07:00~22:00(11~3월) **요금** 무료

누사마이바시 幣舞橋

홋카이도의 아름다운 3대 다리 중 하나

홋카이도의 아름다운 3대 다리 중 하나로 꼽히는 곳이다. 다리에는 네 명의 여신 동상이 있는데 각각 봄, 여름, 가을, 겨울을 표현한다. 안개가 많이 생기는 탓에 해가 뜨고 질 때 몽환적인 풍경을 연출한다. 피셔맨즈 와프 MOO의 바로 옆에 있다. 단, 규모가 작기 때문에 다소 실망할 수 있다.

위치 구시로 역에서 도보 15분, 피셔맨즈 와프 MOO에서 도보 3분 **맵코드** 149 226 465*52

고우분칸 港文館

항구의 문학관

항구의 문학관이라는 뜻의 코우분칸은 1900년대 유명했던 시인이자 평론가인 이시카와 다쿠보쿠(石川啄木)가 구시로 체재 중 머물렀던 곳이다. 1908년에 지어진 빨간 벽돌 건물로, 구시로 신문사의 사옥을 복원하여 항구의 자료와 구시로 신문사의 기자이기도 했던 그의 친필 연하장, 구 구시로 신문의 기사 등이 전시되어 있다.

주소 北海道釧路市大町2-1-12 **위치** 누사마이바시를 건너 도보 약 5분, 피셔맨즈 와프 MOO 건너편 **전화** 0154-42-5584 **시간** 10:00~17:00(5~10월은 18:00까지) **요금** 무료

구시로 습원
釧路湿原

©Y.Shimizu, ©JNTO

서울 면적의 3배에 달하는 넓은 습원

구시로 시 북쪽에 넓게 형성된 구시로 습원은 일본에서 가장 큰 습원으로 서울시 면적의 3배에 달한다. 약 6000년 전까지는 바다였던 이곳은 해수면이 낮아지면서 습원이 형성된 후, 희귀한 곤충, 동식물들이 서식하고 있다. 1935년 두루미 서식지로 지정된 것을 시작으로 1980년 국제적인 습지 보전을 위한 조약인 '람사 협약'에 등록되었고 현재는 '구시로 습원 국립 공원'의 특별 지역으로 지정되어 개발 및 접근을 제한하고 있다. 짙은 녹색으로 물드는 여름철 또는 하얀 눈으로 뒤덮인 겨울철에 볼거리가 풍부하며, 3~6월에는 다소 황량한 느낌이 들기도 한다.

1 **구시로 습원 역**
(호소오카 전망대)
구시로 역에서 JR 열차 이용 약 20분

2 **도로 역(도로 호수)**
구시로 역에서 JR 열차 이용 약 32분

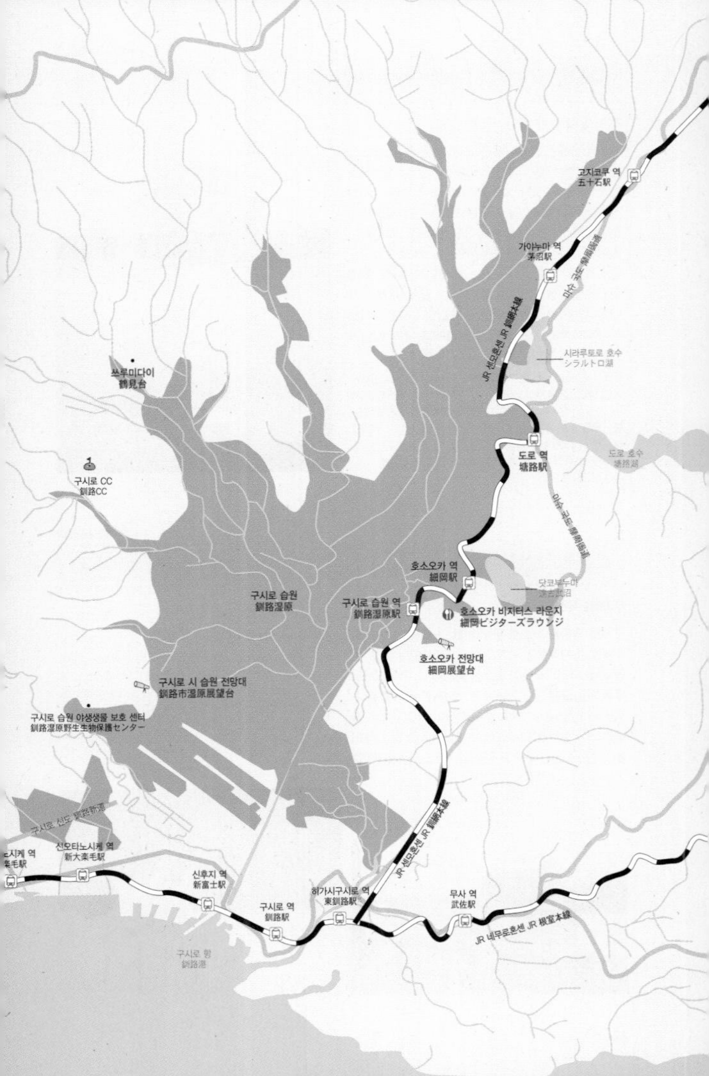

고지코쿠 역
五十石駅
가야누마 역
茅沼駅
JR 센모혼센 JR 釧網本線
시라루토로 호수
シラルトロ湖
도로 역
塘路駅
도로 호수
塘路湖
쓰루미다이
鶴見台
구시로 CC
釧路CC
호소오카 역
細岡駅
구시로 습원
釧路湿原
구시로 습원 역
釧路湿原駅
호소오카 비지터스 라운지
細岡ビジターズラウンジ
호소오카 전망대
細岡展望台
구시로 시 습원 전망대
釧路市湿原展望台
구시로 습원 야생생물 보호 센터
釧路湿原野生生物保護センター
구시로 신도 釧路新道
선오타노시케 역
新大楽毛駅
신후지 역
新富士駅
구시로 역
釧路駅
히가시구시로 역
東釧路駅
무사 역
武佐駅
JR 네무로혼센 JR 根室本線
구시로 항
釧路港

MAPECODE 13246

구시로 시 습원 전망대 釧路市湿原展望台

전망대 풍경과 하이킹을 한번에

구시로 습원은 전망대에서 내려다보는 것이 가장 일반적인 여행 패턴이다. 구시로 습원 전망대는 이러한 전망대의 기능뿐 아니라 습원과 관련된 다양한 자료를 전시하고 있는 자료관으로도 이용되고 있다. 전망대 외에도 나무로 만들어진 산책로가 조성되어 있어 약 1시간 코스의 습원 하이킹을 즐길 수 있다. 습원에 볼거리가 가장 없는 봄에도 자료실을 통해 구시로 습원을 간접적으로 접할 수 있다. 구시로 시내에서 가까운 거리에 있는 것이 장점이지만 구시로 시내에서 버스 노선이 많지 않기 때문에 하루 일정으로 잡아야 한다.

주소 釧路市北斗 6-11 **위치** 구시로 역에서 15km, 아칸 버스(阿寒バス) 이용 시 구시로 역에서 약 40분 (p.225 버스 시간표 참조) **전화** 0154-56-2424 **맵코드** 149 548 538*07 **시간** 08:30~18:00(5~10월), 08:00~17:00 (11~4월), 12.31.~1.3. **휴관** **요금** 성인 470엔, 고등학생 250엔, 초등학생 · 중학생 120엔

MAPECODE 13247

쓰루미다이 鶴見台

두루미 서식지

구시로 습원은 최초로 두루미(鶴, 쓰루)의 서식지로 주목받기 시작했던 곳으로 '보다(見,미)'의 뜻과 '전망대(台,다이)'의 뜻이 합쳐진 명칭이다. 이곳에서는 주로 겨울철에 천연 기념물로 지정된 두루미를 볼 수 있는데, 전망대라기 보다는 표지판이 서 있는 정도에 불과하다. 렌트를 해서 이동한다면 이동 중 잠시 들러 볼 만한 곳이며, 대중 교통을 이용해 오랜 시간과 교통비를 써가며 찾아갈 필요는 없다.

주소 阿寒郡鶴居村下雪裡 **위치** 아칸 버스(阿寒バス) 이용, 구시로 역에서 약 55분, 습원 전망대에서 약 15분 (p.225 버스 시간표 참조) **맵코드** 556 353 114*48 **초루미 관찰 시기** 매년 11월부터 3월까지

©JNTO

구시로 역-구시로 습원 전망대까지 버스 시간표

구시로 역 앞의 버스 정류장에서 아칸버스(阿寒バス)의 쓰루이센(鶴居線) 노선버스를 이용해 구시로 습원전망대를 지나 쓰루미다이까지 이동할 수 있다.

구시로 역	08:40	10:10	13:10	14:40	16:10	쓰루미다이	-	12:08	14:53	16:28	17:53
습원 전망대	09:34	11:04	14:04	15:34	17:04	습원 전망대	11:00	12:23	15:08	16:43	18:08
쓰루미다이	09:48	11:18	14:18	15:48	17:18	구시로 역	11:37	13:03	15:50	17:23	18:50

※ 빨간 글씨의 버스는 토요일, 일요일, 공휴일 운휴
※ 계절 및 시기에 따라 버스 운행이 중단되거나 스케줄이 변경되는 경우가 많으니 반드시 현지에서 버스 시간을 확인해야 한다.

구시로 습원 열차

구시로 습원을 둘러보는 가장 편한 방법

일반적으로 구시로 습원을 둘러보는 가장 편하면서 선호하는 방법으로 습원 열차를 이용하는 것이다. 구시로 습원 열차는 개방형 열차인 노롯코(ノロッコ) 열차, 증기 기관차인 SL 열차가 있다.
노롯코 열차는 4월 말, 5월 초의 일본의 골든위크 때부터 하루 1회 왕복 운행을 시작하며 여름 성수기인 6~9월까지는 하루 2회 왕복 운행한다. 창문이 없는 개방형 열차이기 때문에 구시로의 아름다운 자연을 온몸으로 만끽할 수 있다. 10월 하순까지 '단풍 노롯코호'로 운행된 후 휴식 기간을 갖고, 유빙이 내려오는 2월 경에 다시 운행을 시작하며, 이때는 노롯코호와 SL겨울의 습원호(증기 기관차)가 함께 운행된다. 노롯코 열차는 기간에 따라 구시로-도로, 구시로-시베차까지 운행되니 현지에 도착해서(또는 인터넷을 통해) 기간에 따른 스케줄을 사전에 확인해야 한다. 노롯코 열차와 증기 기관차 열차 외에도 구시로-아바시리 간의 일반 열차를 이용해서 구시로 습원 역, 도로 역 등으로 이동할 수 있다.

시간 기간에 따라 다름 **요금** 구시로 역-구시로 습원 역 350엔, 구시로 역-도로 역 530엔 **홈페이지** www.jrkushiro.jp/shitsugennoro

(©Hokkaido Tourism Organization, © JNTO)

MAPECODE 13248

구시로 습원 역 釧路湿原駅

통나무로 지어진 작고 예쁜 역

구시로 시내에서 불과 20분 거리에 있다는 것이 믿기지 않을 만큼 습원의 정취를 느낄 수 있는 이곳은 숲속의 오두막을 연상케 하는 통나무로 지어진 작은 역이다. 구시로 습원 역에 도착하기 전 차창 밖으로 보이는 이와봇키 수문(岩保木水門)도 구시로 습원의 대표적인 풍경이며, 구시로 습원 역에서 도보 5분 거리에는 호소오카 전망대가 있다.

위치 구시로 역에서 JR 열차 이용 약 20분

MAPECODE 13249

호소오카 비지터스 라운지 細岡ビジターズラウンジ

열차를 기다리며 보내기 좋은 곳

구시로 습원을 한눈에 내려다볼 수 있는 호소오카 전망대를 둘러본 후, 부담 없이 방문하기 좋은 식당이다. 구시로 습원의 풍경으로 장식되어 있는 실내에는 간단한 식사와 차를 마시며 쉴 수 있는 시설이 있어 배차 간격이 긴 열차를 기다리며 시간을 보내기에 좋다. 구시로 습원뿐 아니라 홋카이도와 관련된 기념품을 판매하는 코너도 있다.

주소 釧路郡釧路町達古武 **위치** 구시로 습원 역에서 도보 5분(호소오카 전망대에서 산책로를 따라 도보 5분) **맵코드** 149 654 432*60 **시간** 09:00-17:00(4, 5월), 09:00-18:00(6~9월), 09:00-16:00(10,11월), 10:00-16:00(12~3월)

MAPECODE 13250

호소오카 전망대 細岡展望台

구시로 강과 아칸 산의 장관이 펼쳐지는 곳

구시로 습원 역에서 가까운 전망대로, 구시로 시내로의 접근성이 좋기 때문에 많은 방문객이 찾는다. 역에서 약 10분 정도 숲속의 길을 따라 가면 구시로 습원을 굽이쳐 흐르는 구시로 강과 멀리 구시로 습원을 둘러싸고 있는 아칸 산이 보인다. 해 질 녘 노을이 아름다운 곳으로 유명하며, 붉게 물든 노을이 구시로 강에 비치는 장관이 펼쳐진다.

위치 구시로 습원 역에서 도보 약 10분

MAPECODE 13251

호소오카 역 細岡駅

겨울에 빙어 잡이로 유명

도로 역과 구시로 습원 역 중간에 위치한 역이며, 유메가오카 전망대(夢が丘展望台)가 최근 통행 금지 구간으로 지정되어 하차하기 망설여지게 되었다. 구시로 습원에서 가장 남쪽에 위치한 닷코부 호수(達古武湖)가 역 주변에 있으며 도로 역에서 카누를 이용해 이곳까지 올 수 있다. 겨울에는 호수가 얼어 빙어 잡이로 유명하다.

위치 구시로 습원 역에서 JR 열차로 3분, 도로 역에서 JR 열차로 8분

MAPECODE 13252

도로 역 塘路駅

도로 호수를 한눈에 내려다볼 수 있는 곳

구시로 습원의 도로 호수와 시라루도로 호수 사이에 있는 JR 역이다. 습원 속의 웅장한 호수를 나무로 만든 산책로를 따라 걸을 수 있으며, 도로 역에서 나무 산책로를 따라 도로 호수를 한눈에 내려다볼 수 있는 사루보 전망대(サルボ展望台)에 약 1시간 코스로 다녀올 수도 있다. 도로 호수에서 카누, 승마 등의 자연 속에서 즐길 수 있는 다양한 프로그램이 진행되고 있다. 예약은 역 앞의 안내 창구에서 할 수 있으며, 약 2시간 코스의 카누를 이용해 호소카와 역까지 가는 일정이 가장 인기가 많다.

위치 구시로 습원 역에서 JR 열차로 12분, 호소카와 역에서 8분 **구시로 습원 카누 요금** 2시간 코스 7,000~9,000엔 / 4시간 코스 10,000~13,000엔

마슈 호수, 굿샤로 호수, 아칸 호수로의 장관

홋카이도의 동부 구시로와 아바시리의 중간에 있는 아칸 국립 공원은 마슈 호수, 굿샤로 호수, 아칸 호수로 이루어져 있다. 홋카이도에서도 아름다운 풍경과 온천으로 손꼽히지만 겨울이 되면 노선버스는 물론 정기 관광버스도 운행을 중지하기 때문에 겨울에 이곳을 방문하는 것은 상당히 제한적일 수밖에 없다.

1 구시로에서 JR 열차 이용, 마슈역까지 약 1시간 30분, 가와유 온천 역까지 약 1시간 50분

2 아바시리 역에서 JR 열차 이용 가와유 온천 역까지 약 1시간 35분, 마슈 역까지 1시간 55분

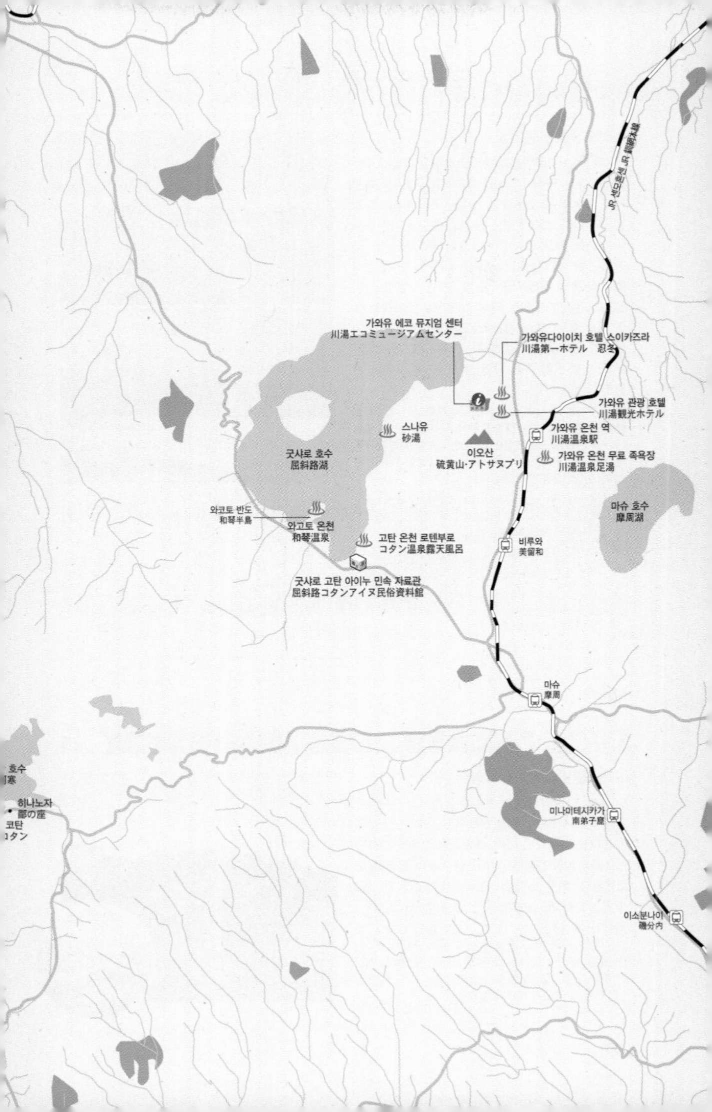

JR 센모혼선 JR 釧網本線
가와유 에코 뮤지엄 센터
川湯エコミュージアムセンター
가와유다이이치 호텔 스이카즈라
川湯第一ホテル 忍冬
가와유 관광 호텔
川湯観光ホテル
가와유 온천 역
川湯温泉駅
스나유
砂湯
굿샤로 호수
屈斜路湖
이오산
硫黄山·アトサヌプリ
가와유 온천 무료 족욕장
川湯温泉足湯
마슈 호수
摩周湖
와코토 반도
和琴半島
와코토 온천
和琴温泉
고탄 온천 로텐부로
コタン温泉露天風呂
비루와
美留和
굿샤로 고탄 아이누 민속 자료관
屈斜路コタンアイヌ民俗資料館
마슈
摩周
미나미테시카가
南弟子屈
이소분나이
磯分内
호수
히나노자
鄙の座
코탄

아칸 호수 阿寒湖

마리모가 사는 맑은 호수

1만여 년 전 오아칸산의 분화로 생성된 아칸 호수는 둘레 30km, 면적 13.3km², 최대 수심 45m이며 굿샤로 호수, 마슈 호수와 함께 아칸 국립 공원으로 지정되어 있다. 호수에 있는 세 개의 섬 중 하나인 주루이 섬에는 아칸 호수에 사는 희귀 녹조류인 마리모 전시 관람 센터가 있다. 겨울이 되면 호수가 완전히 얼기 때문에 12월부터 4월 말까지는 유람선, 모터보트가 운행하지 않는 대신 스케이트, 스노모빌 등의 겨울 레포츠를 즐길 수 있으며 불꽃놀이 등의 이벤트가 개최된다. 아칸 호수의 호텔, 료칸에서 숙박을 하면 별 관찰 투어, 자연 산책 투어 등의 체험 관광도 경험할 수 있다.

위치 구시로 역 앞 버스 정류장에서 하루 3편 버스 운행 **맵코드** 739 342 827 **별 관찰 투어(5~10월)** 20시 출발 / 약 1시간 30분 소요 / 성인 2,100엔 / 호텔, 료칸에서 예약 **자연 산책 투어(5~10월)** 09시, 13시 출발 / 약 2시간 소요 / 성인 3,200엔 / 호텔, 료칸에서 예약

©Hokkaido Tourism Organization, ©JNTO

구시로 - 구시로 공항 - 아칸 호수				
구시로 역 앞(釧路駅前)	10:15	11:45	14:50	17:20
구시로 공항(釧路空港)	11:00	12:30	15:35	18:05
아칸 호수(阿寒湖温泉)	12:05	13:50	16:40	19:10

아칸 호수 - 구시로 공항 - 구시로				
아칸 호수(阿寒湖温泉)	7:35	10:25	12:15	16:20
구시로 공항(釧路空港)	8:38	11:27	13:35	17:20
구시로 역 앞(釧路駅前)	9:35	12:15	14:25	18:10

* 파란색은 7/1~10/31 운행

아칸코 관광기선 阿寒湖観光汽船

마리모를 만나러 가는 유람선

5월부터 11월까지 아칸 호수에 유람선과 모터보트가 운행되어 주루이 섬을 산책하고, 마리모 전시 관람 센터를 방문할 수 있다. 유람선은 한 개의 코스만 있으며 마리모 관람 시간 15분을 포함해 총 85분이 소요된다. 빠른 스피드와 프라이빗함을 함께 즐길 수 있는 모터보트는 6개의 코스로 운영되고 있다.

관광기선(유람선) 시간 06:00, 08:00~17:00까지 매시 정각(기간에 따라 운행 시간 다름) **관광기선(유람선) 요금** 성인 1,850엔, 어린이 960엔 **모터보트 시간** 07:00~17:00 **모터보트 요금** 코스에 따라 소요 시간 및 요금 변동(5~45분 / 500~4,500엔

마리모 まりも

전 세계적으로 일부 몇 개의 호수에서만 발견되는 희귀한 담수성 녹조류로, 동글동글한 모양의 집합체로 서식한다. 아름다운 모습과 희소성으로 1952년 특별 천연기념물로 지정되었으며, 아칸 호수의 상징적인 존재로 다양한 기념품, 캐릭터 상품으로도 개발되었다.

MAPECODE 13254

아이누 코탄 アイヌコタン

홋카이도의 전통 예술 거리

'코탄'이란 홋카이도 원주민인 아이누의 언어로 마을을 뜻한다. 36동 130명 정도가 거주하고 있는 아이누 코탄은 현재 홋카이도에서 가장 큰 아이누 민족의 마을이며 거리의 양쪽에는 민예품점과 음식점들이 모여 있다. 거리의 중앙에 있는 아이누시어터 이코로(アイヌシアター イコロ)에서는 매일 전통 무용과 연극을 공연하고 있다.

주소 北海道釧路市阿寒町阿寒湖温泉4-7-84 **위치** 아칸 호수 온천 거리 중심 **전화** 0154-67-2727 **시간** 상점에 따라 시간 다름 **아이누시어터 시간** 11:00, 13:00, 15:00, 16:30, 20:00, 21:00(날짜에 따라 공연 시간 및 공연 내용 다름) **아이누시어터 요금** 성인 1,080엔, 초등학생 540엔

MAPECODE 13255

히나노자 雛の座

홋카이도 최고급 료칸 중 하나

홋카이도의 도동(道東) 지역을 중심으로 11개의 료칸, 리조트를 운영하고 있는 츠루가(鶴雅) 그룹의 플래그십 료칸으로 오타루의 긴린코와 함께 홋카이도 최고급 료칸으로 꼽힌다. 총 25개의 객실은 저마다 다른 느낌의 스위트 룸이며, 객실마다 전용 온천을 갖추고 있다. '히나'는 고향을 뜻하는 말로 바쁜 일상 속에서 고향을 찾아 여유로운 시간을 갖을 수 있도록 진심 어린 마음으로 고객을 맞이하고 있다.

주소 北海道釧路市阿寒町阿寒湖温泉2-8-1 **위치** 아칸 호수에서 도보 3분 / 구시로 역에서 무료 송영버스, 삿포로에서 유료(왕복 5,000엔) 송영버스 운영 **전화** 0154-67-5500 **요금** 2인 숙박 기준 1인 1박 38,000엔~60,000엔

마슈 호수 摩周湖

안개에 둘러싸인 일본에서 가장 맑은 호수

일본에서 가장 맑은 호수이며, 전 세계적으로도 러시아의 바이칼 호수에 이어 두 번째로 랭크되어 있다. 안개의 호수라는 별명이 있을 만큼 파란 하늘 아래 마슈 호수를 보는 것은 상당히 어렵지만, 맑은 날씨에 보는 마슈 호수의 푸른 빛은 '마슈 블루(摩周ブルー)'라고 부를 만큼 아름답다. 호수 가운데 떠 있는 '가무잇슈(カムイッシュ)'섬은 오래전 전쟁에서 패한 한 부족의 노인이 손자를 데리고 피난을 가다 손자를 잃어버리고, 마슈 호수에서 피로에 지쳐 손자를 기다리다 섬이 되었다는 전설이 있다. 마슈 호수에 누군가 찾아오면 손자가 오는 것이 아닌가 하는 기쁨의 눈물을 흘리는 것이 비 또는 눈, 안개가 된다는 이야기가 있다.

위치 ❶ JR 가가와 온천 역에서 굿샤로 버스(屈斜路バス) 이용, 제3전망대까지 20분 ❷ JR 마슈 역에서 마슈호 버스(摩周湖バス) 이용, 제1전망대까지 20분 ❸ 동계(12.1.~3.31.)에 노선버스(굿샤로 버스, 마슈호 버스) 운휴 ❹ 구시로 역에서 출발하는 관광버스(2월 중순~3월 말의 주말 및 휴일에만 운행) **맵코드** 613781430*52(제1전망대), 613870689*85(제3전망대)

대중교통으로 마슈 호수 찾아가기

4월~11월에는 정기 노선버스가 운행되어 대중교통을 이용할 수 있지만, 12~3월은 버스가 운행하지 않는다. 정기 관광버스도 2월부터 운행되기 때문에 12월, 1월에 마슈 호수를 방문하려면 렌트카를 이용하는 수밖에 없으며, 기상 및 도로 사정으로 상당히 위험한 구간이다.
대중교통을 이용해 마슈 호수를 찾아가기 가장 좋은 기간은 정기 노선버스 및 정기 관광버스가 10편 이상 운행되는 7월 중순부터 10월 중순까지의 기간이다.
정기 노선버스는 JR 마슈 역에서 출발하는 마슈호 버스(摩周湖バス)와 JR 가와유 온천 역에서 출발하는 굿샤로 버스(屈斜路バス)가 있으며, 정기 관광버스는 구시로 역에서 출발해 구시로 습원, 마슈 호수, 굿샤로 호수, 아칸 호수를 둘러보는 비리카호(ピリカ号, 여름)와 아바시리에서 출발하는 아칸 파노라마코스(阿寒パノラマコース) 두 가지 종류가 있다. 하지만 여행 가는 기간에 맞춰 아칸 버스 홈페이지에서 스케줄을 확인하고 가는 것이 좋다.
아칸 버스 홈페이지 www.akanbus.co.jp/sightse/index.html **요금** 성인 4,500엔, 소인 2,250엔

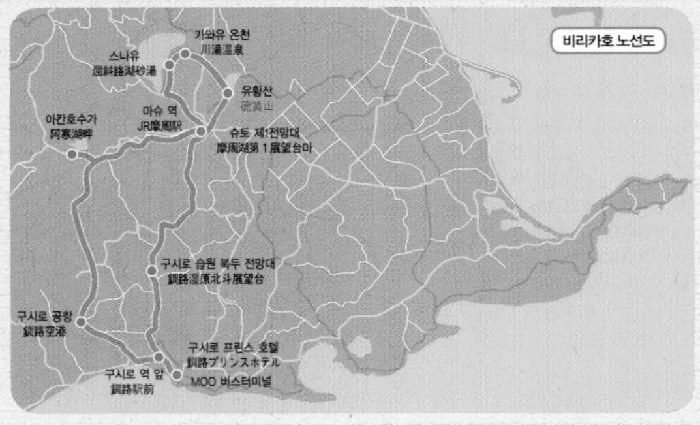

소요 시간 9시간	
구시로 역 앞	08:00 출발
MOO 버스터미널	08:05 출발
구시로 프린스 호텔	08:0 6 출발
구시로 습원 북두 전망대	관람 시간 10분
마슈토 제1전망대	관람 시간 30분
유황산	관람 시간 30분
가와유 온천	11:25 착발 예정
스나유	관람 시간 20분
마슈코 역 앞	12:15 도착 예정
아칸코 호숫가	13:10 도착 예정 관람 시간 120분
구시로 공항	16:15 도착 예정
구시로 역 앞	16:55 도착 예정
MOO 버스터미널	17:00 도착 예정
구시로 프린스 호텔	17:00 도착 예정

요금		
승차 구간	어른	어린이
구시로 → 구시로	4,500엔	2,250엔
구시로 → 구시로 공항	4,200엔	2,100엔
구시로 → 아칸코 호숫가	3,200엔	1,600엔
구시로 → 마슈코 역 앞	2,500엔	1,250엔
구시로 → 가와유 온천	2,000엔	1,000엔
가와유 온천 → 구시로	2,500엔	1,250엔
가와유 온천 → 구시로 공항	2,100엔	1,050엔

- 아칸코 호숫가에서는 120분 자유 시간이 주어짐.
- 점심은 각자 부담.
- 날씨, 도로 사정 등으로 코스가 변경, 지연, 운행을 중단할 수도 있음.

이오산 硫黄山·アトサヌプリ

유황으로 노랗게 물든 산

홋카이도 원주민의 아이누어로 벌거숭이 산을 뜻하는 '아토사누푸리'라고도 불리는 활화산이다. 마치 화성에 온 듯한 느낌의 대지에서 온천 수증기가 솟아 오르며, 유황 성분에 의해 노랗게 물든 모습이 눈에 띈다. 이오산은 저지대임에도 불구하고 고산대의 식물이 발견되는 등 화산 활동이 생태계에 미치는 영향을 실감할 수 있는 곳이다.

위치 JR 가와유 온천 역에서 도보 20분, 버스로 5분(동계에도 버스 운행) **맵코드** 731 713 770*66

MAPECODE 13258

가와유 온천 역 川湯温泉駅

온천 시설과 기념품 상점이 있는 곳

JR 가와유 온천 역에 온천 숙소가 1곳 있지만, 대부분의 온천 호텔, 료칸, 온천 시설은 역에서 버스로 약 10분 정도 떨어진 거리에 있다. 온천 거리에는 아기자기한 기념품과 홋카이도 원주민인 아이누 족의 전통적인 기념품을 파는 상점들이 모여 있으며, 무료 족욕 시설과 산책 시설이 잘 갖춰져 있다.

위치 JR 가와유 온천 역에서 노선버스로 약 10분(동계에도 버스 운행)

MAPECODE 13259

가와유 온천 무료 족욕장 川湯温泉 足湯

시설 좋은 유황 온천

이오산(유황산)에서 흘러나오는 풍부한 온천 수량을 보유한 곳답게 무료 족욕 시설이 잘 갖춰져 있다. 가와유 온천 역 건물 한편에 있는 실내 족욕장은 가와유 온천에서의 여정을 마치고 열차를 타기 전에 마지막으로 족욕을 즐길 수 있는 곳이며, 가와유 온천 거리에도 산책로 한편에 분위기 좋은 족욕 시설이 마련되어 있다.

위치 JR 가와유 온천 역 바로 옆, 가와유 온천 버스 정류장에서 도보 3분

MAPECODE 13260

가와유 에코 뮤지엄 센터 川湯エコミュージアムセンター

가와유의 역사, 문화를 소개하는 국립 공원

가와유의 대자연과 역사, 문화를 소개하는 시설로 국립 공원으로 지정된 가와유의 아름다운 자연을 알기 쉽게 설명해주는 전시물과 볼거리 정보를 소개하는 인포메이션 데스크의 역할도 하고 있다. 넓고 쾌적한 관내에는 안락한 의자가 마련되어 있는 라운지가 있어 산책을 마치고 휴식을 취하는 장소로도 인기가 많은 곳이다. 물론 산책을 나서기 전에 이곳을 방문해 산책로에 관한 정보를 얻는 것도 잊지 말아야 한다.

주소 北海道川上郡弟子屈町川湯温泉2-2-6 **위치** JR 가와유 온천 역 바로 옆, 가와유 온천 버스 정류장에서 도보 3분 **맵코드** 731 802 075*34 **전화** 015-483-4100 **시간** 08:00~17:00(5~10월), 09:00~16:00(11~4월), 매주 수요일 및 연말연시 휴관

MAPECODE 13261

가와유다이이치 호텔 스이카즈라 川湯第一ホテル 忍冬

가와유 온천의 대표적인 료칸

약 80년의 역사를 갖고 있는 가와유 온천의 대표적인 료칸이다. 2006년 리뉴얼을 통해 서관(신관)을 증설하면서 노천온천이 딸려 있는 귀빈실을 비롯해 전통의 다다미 객실의 모던함을 더한 객실을 새롭게 선보이고 있다. 당일치기 온천도 가능하다.

위치 JR 가와유 온천 역에서 버스 10분 **숙박 요금** 일반 객실 10,650엔~ / 귀빈실 28,350엔~ **당일치기 온천** 13:00~20:00 **당일치기 온천 요금** 성인 800엔

MAPECODE 13262

가와유 관광호텔 川湯観光ホテル

전망이 좋은 료칸

맑은 날에는 가와유 온천의 상징인 이오산(硫黃山)이 보이는 전망형 온천을 즐길 수 있다. 2009년 리뉴얼을 통해 노천온천을 고온, 중온, 저온의 세 단계로 구분해 취향에 맞는 온천욕을 즐길 수 있도록 배려해 두었으며, 개별 레스토랑에서 식사도 가능하다.

위치 JR 가와유 온천 역에서 버스 10분 **숙박 요금** 일반 객실 8,650엔~ **당일치기 온천** 13:00~21:00 **당일치기 온천 요금** 성인 700엔

MAPECODE 13264

굿샤로 호수 屈斜路湖

일본 최대 칼데라 호수

주위 57km, 면적 89km²로 일본 최대급 칼데라 호수이다. 산속에 둘러싸여 있어 바라만 봐야 하는 마슈 호수와는 달리 비교적 평지에 있으며, 다양한 해상 스포츠와 볼거리가 있다. 특히 호수를 바라보며 무료로 온천을 즐길 수 있는 노천 온천이 있어 여행객의 발길을 이끄는 곳이다.

위치 ❶ JR 가와유 온천 역에서 굿샤로 버스(노선버스) 이용 약 40분, 스나유(砂湯) 하차 ❷ 동계(12.1.~3.31.)에 노선버스 운휴 ❸ 구시로 역에서 출발하는 관광버스(2월 중순~3월 말의 주말 및 휴일에만 운행)

MAPECODE 13265

스나유 砂湯

모래 사장의 무료 노천 온천

버스를 이용해 굿샤로 호수로 이동하면 가장 먼저 도착하는 곳이 '스나유(砂湯)'이다. '스나'란 모래를 뜻하는 일본어로 굿샤로 호수의 모래 사장을 조금만 파면 온천 물이 솟아나고 있다. 무료로 노천 온천을 이용할 수 있지만 남녀 혼욕이며 완전히 개방된 공간에 있기 때문에 대부분 족욕 정도만 하고 있다. 오리 보트 등을 이용해 굿샤로 호수를 구경할 수도 있다.

위치 ❶ JR 가와유 온천 역에서 굿샤로 버스 이용 약 40분(스나유 砂湯 하차) ❷ 동계(12.1.~3.31.)에 노선버스 운휴 ❸ 구시로 역에서 출발하는 관광버스(2월 중순~3월 말의 주말 및 휴일에만 운행) **맵코드** 638 148 620

MAPECODE 13266

고탄 온천 로텐부로 コタン温泉 露天風呂

백조들이 모여드는 노천 온천

현지 주민들에 의해 관리되고 있기 때문에 항상 깨끗하며, 남녀 각각의 탈의실도 준비되어 있다. 수영복을 입고 온천을 할 수도 있기 때문에 여성 관광객도 크게 부담 없이 이용할 수 있다. 호수 바로 앞에 있으며 겨울철에는 백조들이 비교적 따뜻한 이곳에 많이 모여 들어 멋진 풍경을 연출하기도 한다.

위치 ❶ JR 가와유 온천 역에서 굿샤로 버스 이용 약 47분, 스나유에서 7분(고탄 コタン 하차) ❷ 동계(12.1.~3.31.)에 노선버스 운휴 ❸ 구시로 역에서 출발하는 관광버스(2월 중순~3월 말의 주말 및 휴일에만 운행) **맵코드** 731 521 555*50

MAPECODE 13267

와코토 온천 和琴温泉

호수를 바라보며 즐기는 온천

굿샤로 호수의 와코토 반도(和琴半島)에 있으며, 고탄 온천과 마찬가지로 호수를 바라보며 온천을 즐길 수 있다. 고탄 온천보다는 조금 더 넓으며 탈의실에서 온천장까지 콘크리트가 깔려 있어 편리하게 이동할 수 있다. 와코토 온천에서 걸어서 5분 거리에 캠핑장이 있어 캠퍼들의 방문도 많은 곳이다. 온천은 단순 천으로 신경통과 운동 장애 등에 효과가 있다.

위치 ❶ JR 가와유 온천 역에서 굿샤로 버스 이용 약 75분 ❷ 스나유에서 15분, 와코토 반도 (和琴半島) 하차 ❸ 동계(12.1.~3.31.)에 노선버스 운휴 ❹ 구시로 역에서 출발하는 관광버스는 2월 중순~3월 말의 주말 및 휴일에만 운행 **맵코드** 731 577 202*36

굿샤로 고탄 아이누 민속 자료관 屈斜路コタンアイヌ民俗資料館

우주를 콘셉트로 한 독특한 곳

홋카이도의 원주민인 아이누 족이 오랫동안 살던 굿샤로 호수의 고탄 지역에 건설된 이곳은 우주를 콘셉트로 한 독특한 외관의 민속 자료관이다. 입구에 세워져 있는 7개의 기둥은 우주의 시간을 상징하는 성스러운 숫자 7을 의미하며, 내부의 31개의 기둥은 산과 숲을 상징한다. 아이누 족의 삶과 문화, 굿샤로 호수와 구시로 일대의 자연환경에 관한 자료가 전시되고 있다.

주소 弟子屈町字屈斜路市街1条通11番地先 **위치** 고탄(コタン) 버스 정류장에서 도보 5분 **맵코드** 731 521 286*58 **전화** 015-484-2128 **시간** 09:00~17:00(11.1.~4.28 휴관) **요금** 고등학생 이상 420엔, 초등학생 · 중학생 280엔

왓카나이

일본의 북쪽 끝 도시

왓카나이는 '차가운 물이 흐르는 계곡'이라는 뜻의 홋카이도 원주민 아이누 족의 '야무왓카나이(ヤムワッカナイ)'라는 말에서 유래한 지명이다. 왓카나이는 일본의 영토 중 가장 북쪽에 있는 도시이자, 러시아의 사할린과 불과 40km 떨어져 있는 국경 도시이다. 러시아에서 살아 있는 게를 수입하고 관광으로 벌어들이는 돈으로 비교적 안정된 산업 구조를 갖추고 있지만, 최근 러시아의 게 수출 규제 및 라이벌인 도동(홋카이도의 동쪽)의 시레토코가 세계 유산으로 지정되고, 도중앙(홋카이도의 중앙)의 아사히야마 동물원 등이 인기가 높아지면서 산업이 전체적으로 타격을 받고 있다. 하지만 일본에서 가장 북쪽에 있다는 것 하나만으로도 매력적인 도시임은 변함이 없다.

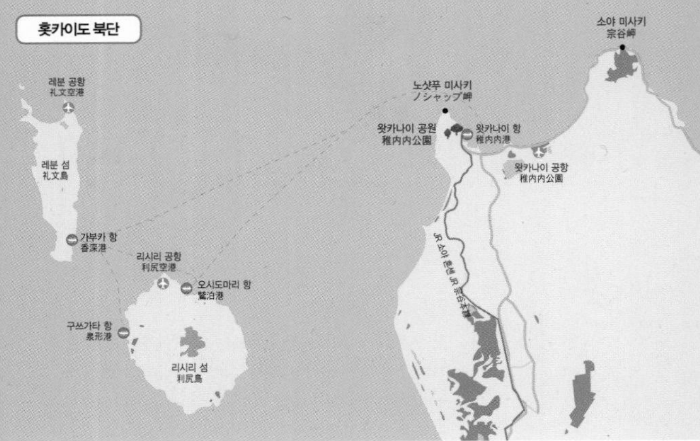

찾아가기

삿포로에서 JR 열차 이용

삿포로에서 왓카나이까지 운행하던 야간 열차 리시리(利尻)가 2007년 폐지되면서 JR 열차를 이용해 왓카나이를 여행하는데 많은 제약이 생겼다. 현재는 삿포로에서 아사히카와를 경유해 왓카나이까지 '스파 소야 1, 3호(スーパー宗谷1, 3号)'와 '사로베쓰(サロベツ)' 총 3대의 열차만 운행하고 있다. 요금은 편도 10,450엔이다.

삿포로 출발	07:21	12:30	17:30	왓카나이 출발	07:00	13:44	17:00
아사히카와 도착	09:00	14:09	19:08	아사히카와 도착	10:39	17:32	20:43
아사히카와 출발	09:17	14:11	19:17	아사히카와 출발	10:41	17:34	20:45
왓카나이 도착	12:53	18:22	22:58	삿포로 도착	12:06	19:14	22:09

삿포로에서 고속버스 이용

삿포로-왓카나이 구간의 열차 운행편은 감소되었지만 고속버스의 운행이 늘어났기 때문에 왓카나이까지의 접근성이 나빠진 것은 아니다. 긴레이 버스(銀嶺バス), 소야 버스(宗谷バス) 두 개의 버스 회사에서 공동 운행하고 있으며 요금은 편도 6,200엔으로 열차보다 저렴하다. 단, JR 패스를 이용할 수는 없다. 주의할 것은 삿포로 역 앞 터미널이 아니라 삿포로 시내 중심의 오도리 버스 센터(大通バスセンター)에서 출발한다는 것이다.

삿포로→왓카나이	긴레이 버스	소야 버스	긴레이 버스	긴레이 버스	긴레이 버스	소야 버스
오도리 버스 센터	07:40	10:30	13:00	15:00	17:00	23:00
왓카나이 역 앞	13:25	16:15	18:50	20:50	22:50	
왓카나이 페리터미널	13:30	16:20				06:00

삿포로→왓카나이	긴레이 버스	소야 버스	긴레이 버스	긴레이 버스	긴레이 버스	소야 버스
왓카나이 페리터미널			11:30	13:00	16:40	
왓카나이 역 앞	06:30	08:30	11:35	13:05	16:45	23:00
오도리 버스 센터	12:20	14:20	17:20	18:50	22:30	06:00

시내 교통

JR 왓카나이 역 바로 옆의 버스 터미널에서 출발하는 소야 버스(宗谷バス)의 일반 노선버스를 이용해 노샤푸 미사키, 소야 미사키까지 갈 수 있지만, 일반적인 여행이라면 노선버스를 이용하는 것보다 정기 관광버스를 이용하는 것이 편리하며, 요금도 저렴하다. 3~4명이 함께 여행을 한다면, 택시를 이용하는 것이 유리하다. 왓카나이의 정기 관광버스는 총 세 가지 코스가 있으며, 왓카나이 역 앞 버스 터미널에서 출발한다.

코스명	요금	출발 시간	소요 시간	관광 코스
소야미사키(왓카나이A) 宗谷岬(稚内A)	3,300엔	08:20 출발	약 3시간 40분	왓카나이 공원, 노샤푸 미사키, 소야 미사키
소야미사키와 기념관(왓카나이B) 宗谷岬と記念塔(稚内B)	3,600엔	14:20 출발	약 3시간 50분	노샤푸 미사키, 백년 기념탑, 왓카나이 공원, 소야 미사키
소야 탐방 1일(왓카나이C) 宗谷探訪一日(稚内C)	7,500엔	07:50 출발	약 7시간 30분	노샤푸 미사키, 쿳챠로 호수, 사로베쓰 원생화원, 노샷푸 미사키, 왓카나이 공원

왓카나이 시내 稚内

바람의 도시 왓카나이

'차가운 물이 흐르는 곳(아이누 족)', '바람의 도시(현대)' 등의 별명만으로도 왓카나이 시내의 풍경을 짐작할 수 있으며 시내 곳곳에서 '일본 최북단'이라는 문구를 찾을 수 있다. 왓카나이 역에서 도보로 이동하며 즐길 수 있는 볼거리는 후쿠코우 시장, 왓카나이 북방파제, 왓카나이 공원 정도이다. 왓카나이 여행의 핵심이라고 할 수 있는 노샷푸 미사키, 소야 미사키까지는 버스, 택시를 이용해야 한다.

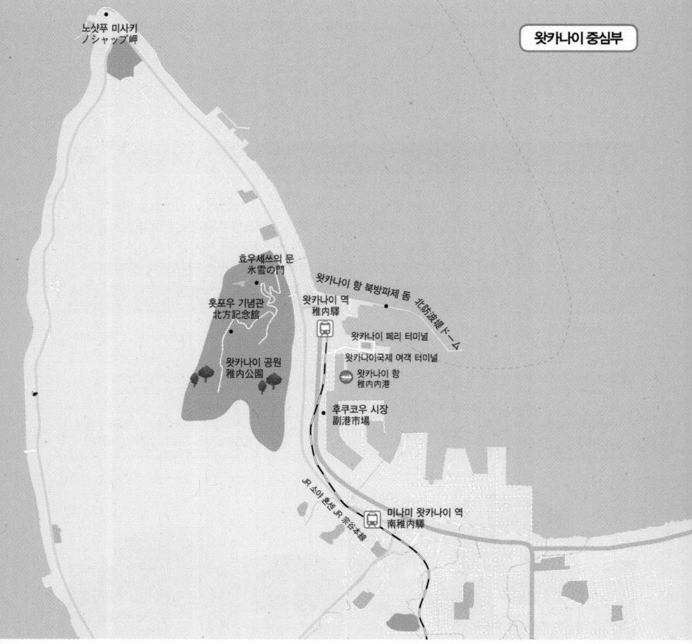

MAPECODE 13270

왓카나이 역 稚内驛

일본의 가장 북쪽에 위치한 역

홋카이도 여객 철도(JR 홋카이도)의 소야 혼센(宗谷本線)의 종착역으로, 일본의 열차역 중 가장 북쪽에 위치한 역(북위 45도 24분 44초)이다. 두 개의 플랫폼 중 한 개만 이용하는 작은 역이지만 의미를 찾는 것을 좋아하는 사람들에게는 일본에서 '가장 북쪽'에 있다는 것 하나만으로도 관광지로서의 매력이 있는 곳이다. 역 곳곳마다 최북단이라는 지리적 위치에 관련된 문구를 찾아볼 수 있다.

위치 JR 왓카나이 역

MAPECODE 13271

후쿠코우 시장 副港市場

신선한 제품을 파는 재래시장

신선한 해산물을 비롯해 왓카나이 지역에서 생산된 농산물, 여행 선물, 기념품 등을 파는 재래시장이다. 왓카나이 우유로 만든 아이스크림 등의 간식거리, 라멘, 해산물 요리, 러시아 요리 등을 파는 식당은 예스러운 분위기로 영업을 하고 있다. 2층에는 왓카나이 항을 바라보며 노천 온천을 즐길 수 있는 미나토노유(港の湯)가 있다.

위치 JR 왓카나이 역에서 도보 약 15분 **시간** 점포에 따라 다르지만 동계 09:30~18:00, 하계 08:00~19:00 **미나토노유 시간** 10:00~22:00 **미나토노유 요금** 성인 700엔, 어린이 400엔

MAPECODE 13272

왓카나이 항 북방파제 돔 北防波堤ドーム

왓카나이 시내의 상징물

왓카나이 시내의 상징이라고도 할 수 있는 방파제로 고대 로마의 건축물을 연상케 하는 독특한 외관으로 일본의 각종 CF, TV 드라마 등에도 자주 소개되었다. 1930년대에는 이곳까지 열차 노선이 연장되어 있어 강한 바람과 파도로부터 항구까지 이어지는 열차와 차량을 보호하기 위해 지어졌다. 높이 13.6m, 전장 427m의 반 아치형 돔은 70개의 기둥에 의해 받쳐지고 있으며 1980년 원래의 모습을 그대로 유지하여 보수 공사를 한 상징물이다.

위치 JR 왓카나이 역에서 도보 약 10분

왓카나이 공원 稚内公園

넓은 풍광이 펼쳐진 공원

왓카나이 시내 뒤쪽의 언덕에 위치한 광대한 넓이의 공원으로, 왓카나이 시내와 리시리 섬(利尻島)은 물론 날씨가 좋은 날에는 사할린까지 멋진 풍경이 펼쳐진다. 넓은 공원에는 기념비들과 홋포우 기념관 등 볼거리가 많다. 예전에는 케이블카를 운행해 왓카나이 시내에서 어렵지 않게 걸어갈 수 있었지만, 현재는 케이블카가 없어졌기 때문에 버스를 이용하는 것이 좋다. 정기 관광버스도 공원의 주요 포인트에서 정차하므로 여유롭게 관광할 수 있다.

위치 왓카나이 역에서 도보 약 30분, 정기 관광버스 및 노선버스 약 10분

MAPECODE 13274

효우세쓰의 문 氷雪の門

일본인들이 세운 망향비

'얼음과 눈의 문'이라는 뜻을 갖고 있는 효우세쓰의 문은 왓카나이 공원의 대표적인 기념비이다. 일본 에도시대(1799년)에 사할린의 남쪽 일부를 통치하며 러시아와의 영유권 분쟁이 있던 곳이다. 이후, 일본에서는 '가라후토(樺太)'라 불리는 사할린이 결국 2차 대전 종전 및 일본의 영유권 포기로 러시아의 영토가 되었다. 효우세쓰의 문은 사할린이 고향인 일부 일본인들이 세운 망향비라고 할 수 있으며 매년 8월 20일 위령제가 행해진다.

위치 왓카나이 공원 내

MAPECODE 13275

홋포우 기념관 北方記念館

왓카나이의 역사

왓카나이의 역사를 알려 주는 중요한 자료를 전시하고 있는 기념관이다. 높게 솟은 탑이 인상적인 기념관은 왓카나이 개척 100년과 시제 시행 30년을 기념하여 건설되었다. 1, 2층은 전시실, 꼭대기 층은 전망대로 운영되고 있어 일본의 최북단 왓카나이의 아름다운 풍경이 펼쳐진다. 6월부터 9월까지는 21시까지 연장 운영되어 왓카나이의 야경을 감상할 수도 있다.

위치 왓카나이 공원 내, 시내에서 도보 약 1시간 시간 09:00~17:00(6.20.~9.30.은 21:00까지, 매주 월요일 휴관, 11.1.~4월 말까지 휴관) 요금 고등학생 이상 400엔, 초등학생 이상 200엔

MAPECODE 13276

노샷푸 미사키 ノシャップ岬

파도가 부서지는 방파제

노샷푸란 '곶이 턱처럼 튀어 나온 곳', '파도가 부서지는 곳'이라는 뜻의 홋카이도 원주민 아이누 족의 말 '놋샤무(ノッ・シャム)'에서 유래하였다. 돌고래 조형물이 있는 전망대는 왓카나이 서쪽의 리시리 섬(利尻島)과 레분 섬(礼文島)이 보이며 해 질 녘 노을이 아름답기로 유명하다. 전망대 옆에 있는 빨간색과 흰색 줄무늬의 왓카나이 등대는 높이 42.7m로 일본에서 두 번째로 높은 등대이며 멋진 풍경으로 영화의 배경으로 등장하기도 한다.

위치 JR 왓카나이 역에서 버스 약 15분

MAPECODE 13277

소야 미사키 宗谷岬

일본 최북단의 땅

동해와 태평양을 사이에 두고 북쪽으로 뻗은 홋카이도의 최북단이자 일본 최북단의 땅이다. 북위 45도 31분 22초, 바다 건너 사할린까지는 불과 43km 밖에 떨어져 있지 않은 이곳에는 최북단을 알리는 북극성의 한쪽 꼭지점을 표현한 조형물을 비롯해, 해군망루(旧海軍望楼), 평화의 비(平和の碑), 평화의 종(平和の鐘) 등의 조형물들이 있다. 1983년 사할린 상공에서 구 소련의 미사일에 의해 격추되어 수많은 목숨을 앗아간 사건의 희생자의 넋을 기리는 기원의 탑(祈りの塔)도 소야 미사키에서 멀지 않은 곳에 있다. 많은 볼거리가 있는 곳은 아니지만 최북단의 땅이라는 의미로 많은 관광객이 찾는 곳이며, 왓카나이까지 왔다면 들러 보는 것이 좋다.

위치 JR 왓카나이 역에서 버스 약 40분

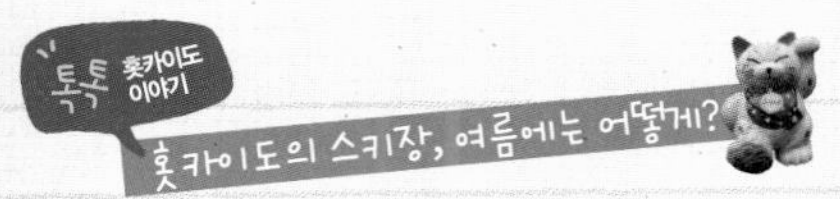

한여름에도 리조트를 즐기려는 사람들이 많아지고 있다

홋카이도의 수많은 리조트 호텔이 가장 붐빌 때는 당연히 스키를 탈 수 있는 겨울 시즌이지만, 최근에는 여름 시즌에도 리조트를 방문하는 여행객이 많이 늘었다. 하얀 눈으로 뒤덮인 이미지가 강한 홋카이도의 리조트에서 겨울이 지나고 눈이 사라지면 도대체 무엇을 해야 할까? 의외로 진정한 홋카이도의 리조트를 만끽하려면 여름에 방문해야 한다고 한다.

한여름에도 평균 기온 20도 내외의 시원한 여름을 보낼 수 있는 홋카이도의 리조트는 예전에는 주로 부유층이 골프를 치러 가던 곳이었다. 홋카이도 최대 규모의 스키, 골프장을 운영하고 있는 루스쓰 리조트의 해외 영업 총괄 최용준 매니저에 의하면 "일본인을 포함한 전체 방문객 수는 여름보다 겨울이 많지만, 한국인의 경우는 겨울보다 여름의 방문객이 많다."고 한다. 특히 최근에는 골프 여행을 겸한 가족 여행객의 수요가 늘었다고 한다.

홋카이도의 루스츠 리조트 RUSUTSU Resort

루스쓰 리조트에는 롤러코스터의 종류만도 8개나 되는 홋카이도 최대 규모의 테마파크가 있으며, 300m의 유수풀이 있는 수영장까지 갖추고 있어 골프를 하지 않더라도 여름에 즐길거리가 많다. 또한 래프팅, MTB 등의 액티비티와 일본 정식 요리 만들기, 농장 체험 등 다양한 즐길 거리를 준비해 두고 있어 가족 모두를 만족시킬 수 있는 곳이다.

유원지 영업 기간 **4월 말~10월 말**
유원지 영업 시간 **09:00~17:00(7월 말~8월 말은 20:30까지)**
유원지 요금 **성인 4,800엔, 어린이 3,800엔**

수영장 영업 기간 **7월 말~ 8월 말(실외), 4월 말~ 10월 말(실내)**
수영장 영업 시간 **09:00~16:00(실외), 16:00~22:00(실내)**
수영장 요금 **유원지 요금에 포함(실외), 숙박 요금에 포함(실내)**
※ 수영복 렌탈이 없기 때문에 우리나라에서 준비해 가는 것이 좋다.(매점에서 판매)

루스츠 리조트 외에 다른 홋카이도의 리조트들도 여름 시즌에는 골프장과 다양한 액티비티를 운영하고 있다. 찌는 듯한 더위를 참아가며 동남아 리조트를 찾던 수요가 한여름 평균 기온 20도 전후의 시원한 리조트에서의 여유로운 휴식을 위해 홋카이도를 찾고 있다.

테마 여행

료칸 여행

낭만 열차 여행

렌터카 여행

나홀로 자전거 여행

겨울 스키 여행

영화 · 드라마로 만나는 홋카이도

드라마 〈아이리스〉 촬영지

홋카이도 축제 즐기기

Theme 1

료칸 여행

홋카이도 지역은 8월 평균 기온이 19~26도 정도이기 때문에 한여름에도 시원한 바람을 맞으며 온천욕을 즐길 수 있고, 겨울에는 눈 속에서 온천을 즐길 수 있어 사계절 료칸 여행을 하기 좋은 곳이다. 홋카이도에는 전국적으로 손꼽히는 온천 여행지들이 많이 있다. 항공 스케줄상 2박 3일 일정보다는 3박 4일 이상의 일정을 잡아야 여유로운 시간을 보낼 수 있고, 다른 지역에 비해 항공 요금이 높기 때문에 금전적인 여유도 필요하다.

료칸이야기

일본의 전통적인 숙소인 료칸은 단순한 숙박 이상의 의미를 갖고 있다. 숙박을 통해 섬세한 일본의 문화와 정서를 체험할 수 있고, 다른 어느 숙소와는 비교할 수 없는 독립적인 공간을 이용하며, 료칸만의 특별한 서비스를 제공 받는다. 치료를 위해 장기간 숙박할 수 있는 합리적인 가격대의 료칸부터 하루 숙박 요금 100만원(2인 기준) 이상의 최고급 료칸까지 만날 수 있다.

료칸만의 특별한 서비스

료칸에 도착하면 로비에서 오카미(女将, 료칸의 상징적 여주인)의 극진한 환영 인사로 료칸에서의 시간이 시작된다. 체크인 수속이 끝나면 나카이(中居, 료칸의 객실 담당자)가 수하물을 들고 함께 객실로 이동하면서 온천, 식사 장소 등의 시설 안내를 한다. 객실에 도착하면 간단히 여장을 정리한 후 휴식을 취할 수 있도록 일본식 차와 과자를 준비해 주며 경우에 따라서는 객실 안내 및 온천을 이용할 때 입는 유카타의 착용 방법에 대한 설명을 해 주기도 한다. 일본어로만 제공되는 서비스이지만 나카이 상의 표정과 자세, 열의만으로도 언어의 장벽을 넘어 따뜻한 배려를 느낄 수 있다.

❀ 가족탕의 이용

료칸에서는 아름다운 자연을 배경으로 한 노천 온천과 가족 또는 연인을 위한 독립 공간인 가족탕를 즐길 수 있다. 가족탕은 지역 및 료칸에 따라 가조쿠부로(家族風呂, 가족탕) 또는 가시키리부로(貸切り風呂, 대절·전세탕)라 불리며 40분~1시간 정도 이용하는 것이다. 대부분의 료칸이 가족탕을 운영하고 있으며 숙박객은 무료인 경우가 많지만, 유료인 경우라도 약 1,000~2,000엔 정도로 이용할 수 있다. 누구의 방해도 받지 않고 여유롭게 온천을 이용할 수 있기 때문에 커플, 신혼부부 등에게 특히 인기가 많으며 가족탕의 유무가 료칸 선택의 중요한 기준이 되기도 한다.

❀ 가이세키 요리

료칸과 일반 호텔의 가장 큰 차이는 숙박 당일 저녁 식사와 다음 날 아침 식사가 포함되어 있다는 점이다. 일본의 전통 음식 가이세키 요리는 객실에서 제공되는 곳도 있지만 최근에는 식사 후 음식 냄새가 남고, 주방에서 객실까지 서빙되는 시간 동안 음식이 식는 것을 피하기 위해 객실이 아닌 레스토랑이나 개별실에서 제공되기도 한다. 음식은 지역의 특산물, 계절별로 가장 좋은 맛을 내는 재료를 이용하며 일본의 아름다운 전통 자기 그릇에 정성껏 담겨 나온다. 식사와 함께 간단히 술을 곁들이는 것도 좋으며 맥주, 지역 특산의 사케와 와인, 샴페인을 갖추고 있는 료칸도 있다.

❀ 정성이 담긴 잠자리

저녁 식사 후 잠시 온천을 즐기거나 정원을 산책하고 객실로 돌아오면 어느샌가 정성이 담긴 이부자리가 준비되어 있다. 섬세한 서비스를 자랑으로 하는 일부 료칸에서는 아침에 일어나서 물을 찾는 사람을 위해 물과 물잔을 이부자리 가까이에 준비해 두기도 한다. 다음 날 아침에도 잠시 자리를 비운 사이, 이부자리가 정리되어 있기 때문에 기분 좋게 하루를 시작할 수 있다. 이부자리를 준비해야 할 시간에 계속 객실에 있을 경우에는 직원이 양해를 구하고 들어온다.

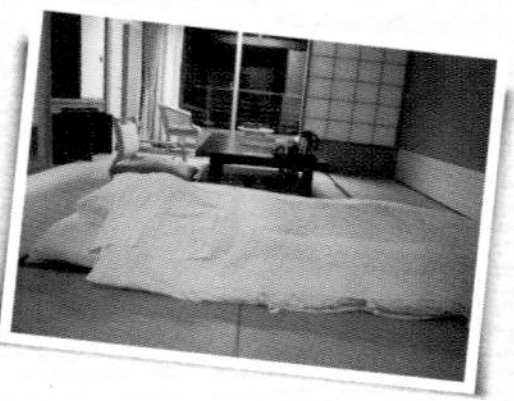

료칸여행 준비하기

큰 규모의 료칸이 많은 홋카이도

우리나라 여행객들이 가장 많이 가는 료칸 여행지는 규슈 지방의 유후인 온천이다. 객실 수 10~20여 개의 작고 아담한 료칸이 많은 유후인 온천의 료칸들 때문에 료칸 하면 작고 아담한 것을 생각하는데, 일본 전국에서 유후인 료칸들의 객실 규모가 가장 작은 편이다. 홋카이도 지역의 료칸들은 보통 50개 이상의 객실을 갖고 있으며 500~700개 객실로 시내의 호텔과 비교해도 손색없는 규모의 료칸들도 있다.

료칸 여행의 기본 경비

다른 지역에 비해 항공 요금이 비싸지만 일부의 고급 료칸을 제외하면 료칸의 비용은 저렴한 편이다. 2인실 이용 시 1인당 1박 요금은 대부분 10,000엔~15,000엔 정도이며, 가이세키 요리 식사로 변경하거나 객실 업그레이드로 추가 요금이 발생하더라도 20,000엔 미만으로 가능하다. 본격적인 가이세키 요리가 포함되어 있고 전용 온천이 있는 객실을 이용하면 30,000엔 정도의 예산을 생각해야 한다.

계절에 따라 항공 요금의 차이가 크기 때문에 료칸 여행 경비도 크게 차이가 나는데, 가장 저렴한 기간인 5~6월에 진에어와 티웨이 항공을 이용하면 50만원 미만으로 홋카이도 료칸 여행을 즐길 수 있다. (단, 4월 말과 5월 초의 일본 골든 위크 연휴, 우리나라의 연휴 제외)

송영버스를 운영하는 료칸 이용하기

대중교통이 발달하지 않은 홋카이도의 료칸 여행을 준비할 때 료칸이 있는 온천 마을까지의 이동도 우선적으로 고려해야 한다. 우리나라 여행객들이 가장 많이 찾는 온천 여행지는 노보리베쓰이며 노보리베쓰의 료칸 중 세키스이테이(石水亭), 보로 노구치 노보리베츠(望楼NOGUCHI登別) 두 곳은 공항과 삿포로 시내에서 각각 무료 송영버스를 운영하고 있다. 공항에서 노보리베쓰로 이동, 료칸 체크아웃 후 삿포로 시내로의 이동 시 편리하게 이용할 수 있으며, 반대로 삿포로 시내 호텔에서 먼저 숙박을 하고 마지막 날 노보리베쓰에서 숙박을 하고 공항으로 갈 수도 있다. 단, 진에어 이용 시에는 돌아오는 날 비행기 시간에 맞춰 도착할 수 없기 때문에 첫날 료칸에서 숙박을 해야 한다.

삿포로 시내에서 가장 가까운 온천 여행지인 조잔케이의 대부분의 료칸에서부터 삿포로 시내까지 무료 송영버스를 운영하고 있는데, 료칸 예약 후 직접 전화를 걸어 송영버스를 예약해야 하기 때문에 언어에 자신이 없다면 여행사를 통해서 료칸을 예약하고 송영버스의 예약까지 부탁하는 것이 좋다.

각 지역별 추천 료칸

노보리베쓰 登別

공항에서 비교적 가까운 거리에 있으며 삿포로 시내에서 버스를 이용해서 어렵지 않게 찾아갈 수 있다. 비교적 큰 규모의 료칸들이 많으며, 치유 효과가 높은 강한 유황 온천으로 장기 숙박을 하며 온천 치유를 하는 사람들도 많은 곳이다.

다이이치 타키모토칸 第一滝本館

노보리베쓰 온천 하면 떠오르는 가장 대표적인 료칸은 '다이이치 타키모토칸(第一滝本館)'이다. 노보리베쓰 최초의 료칸으로, 지옥 계곡 바로 앞에 있다는 위치적인 장점에 넓은 온천과 온천 수영장이 있어 가족 여행객들에게도 인기가 많다. 노보리베쓰의 료칸 중 수영장이 있는 료칸은 '다이이치 타키모토칸'과 '만세이가쿠(登別万世閣)' 두 곳뿐이다.

세키스이테이 石水亭 **& 하나유라** 花ゆら

다이이치 타키모토칸에 비해 조금 저렴하면서 공항과 삿포로 시내에서 무료 송영버스까지 운행하는 '세키스이테이(石水亭)'는 여행 경험이 많지 않은 사람들이 좋아하는 곳이다. 단, 저렴한 가격과 송영 서비스가 있는 대형 료칸으로 우리나라 사람들을 너무 많이 만나게 되는 것은 단점으로 꼽힌다. 이러한 경우에는 추가 요금이 발생하지만 식사 업그레이드를 통해 개별실에서 식사를 하고, 유료의 가족 온천을 이용해 보는 것도 좋다. '하나유라(花ゆら)' 료칸은 객실에 전용 온천이 있는 료칸으로 연인, 부부에게 인기가 많은 곳이다.

하나유라

보로노구치 望楼NOGUCHI登別 **& 타키노야** 登別滝乃家

보로노구치

노보리베츠의 최고급 료칸은 '보로노구치(望楼NOGUCHI登別)'와 '타키노야(登別滝乃家)'로 1인 숙박비 35,000엔 이상이며 모든 객실에는 전용 온천을 갖-추고 있다. '보로노구치'는 어린이 숙박은 안 되는 성인들만을 위한 공간으로 객실은 다다미가 아닌 침대를 기본으로 하고 있다. '타키노야'는 일본의 전통을 그대로 살리고 있다.

타키노야

오타루 小樽

삿포로에서 열차로 40분 거리의 인기 관광지 오타루 인근에도 인기 료칸들이 있다. 특히 다른 온천 지역과 달리 아담한 규모로 단체 여행객이 아닌 개별 여행객을 대상으로 하고 있어 조용한 휴식을 원하는 사람들에게 추천하는 곳이다. 단, 큰 규모의 료칸들에 비해 숙박비는 높은 편이다.

긴린소 銀鱗荘

오타루항이 내려다 보이는 언덕에 자리 잡고 있는 '긴린소(銀鱗荘)'는 아칸 호수의 '히나노자(鄙の座)'와 함께 홋카이도의 최고급 료칸으로 불리며, 삿포로 시내에 가깝기 때문에 오래 전부터 북쪽의 영빈관이라 불리던 곳이다. 최고급 식재료를 사용하는 가이세키 요리 또는 프렌치 코스 요리를 선택할 수 있으며 객실 내의 맥주, 음료 등도 모두 숙박비에 포함된 올 인크루시브 료칸이다.

고라쿠엔 宏楽園 & 쿠라무레 蔵群

삿포로에서 오타루 가기 직전에 있는 아사리카와 온천(朝里川温泉)에는 '고라쿠엔(宏楽園)'과 '쿠라무레(蔵群)' 료칸이 있다. 고라쿠엔은 일반 객실 숙박비 1인 20,000엔 전후, 노천 온천이 있는 객실은 1인 25,000엔 전후로 합리적인 예산으로 프라이빗한 료칸 여행을 즐길 수 있는 곳으로 알려져 있다. 창고 건물을 리뉴얼한 '쿠라무레'는 숙박비 1인 35,000엔 전후의 고급 료칸으로 모던한 분위기와 복층 구조의 특이한 다다미 객실로 인기가 있다.

쿠라무레

고라쿠엔

쿠라무레

조잔케이 定山渓

우리나라 여행객들에게 인지도가 높지 않고 계곡 외의 볼거리는 없지만 삿포로 시내에서 가장 가까운 거리에 있다. 여름 성수기를 제외하면 비교적 저렴한 비용으로 료칸을 경험해볼 수 있으며, 대부분의 료칸이 삿포로 시내까지 무료 송영 버스를 운영하고 있다.

조잔케이 밀리오네 定山渓万世閣 ホテルミリオーネ

조잔케이의 대표적인 료칸은 '조잔케이 밀리오네(定山渓万世閣 ホテルミリオーネ)'로, 계곡이 내려다보이는 언덕 위에 자리잡고 있어 객실에서 바라보는 풍경이 가장 예쁜 곳으로 꼽힌다. 만세가쿠 계열의 료칸답게 수영장도 갖추고 있다.

스이잔테이 크라부 조잔케이 翠山亭倶楽部定山

'스이잔테이 크라부 조잔케이(翠山亭倶楽部定山渓)'는 조잔케이 온천의 최고급 료칸으로 모든 객실에 전용 온천을 갖추고 있다. 스파 시설, 바 등의 부대시설과 최고급 레스토랑을 운영하고 있으며, 숙박비는 평균 35,000엔 이상이다. 홋카이도의 고급 료칸, 리조트를 운영하고 있는 츠루가 그룹의 '리조트 모리노우타(リゾートスパ 森の謌)'도 조잔케이를 대표하는 고급 료칸 중 하나이다.

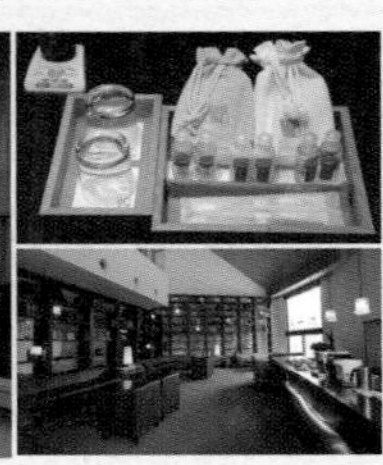

도야 洞爺

2008년 G8 국제회의가 열리면서 아름다운 자연환경을 전 세계에 뽐낸 도야 호수를 바라보며 온천을 즐길 수 있고, 여름에는 매일 밤 호수에서 불꽃놀이를 하기도 한다. 하지만 대중교통으로의 이동이 불편하기 때문에 도야 호수의 료칸을 찾는 것은 주로 단체 패키지 여행객이다.

만세가쿠 萬世閣 **& 도야 선팔레스** 洞爺サンパレス

도야의 대표적인 료칸은 오랜 전통을 갖고 있는 만세가쿠(萬世閣)와 도야 선팔레스(洞爺サンパレス)이다. 두 곳 모두 모든 객실이 호수를 바라보고 있으며 수영장도 갖추고 있다. 특히 도야 선팔레스의 수영장은 워터 파크 수준의 시설이 갖추어져 있는 것으로 유명하다.

낭만 열차 여행

철도의 왕국이라 불리는 일본에서 열차 여행 이야기는 빼놓을 수 없다. 특히 넓은 지역에 여러 도시가 흩어져 있는 홋카이도에서 이 도시들을 연결해 주는 JR 열차는 사막의 오아시스 같은 존재이다. 아직까지 홋카이도에는 초고속 열차인 신칸센도 없고, 규슈처럼 화려한 디자인의 특급열차도 없지만, 옛 추억을 간직하고 있는 증기 기관차나 창문이 없는 개방형 열차인 토롯코 열차가 아름다운 풍경을 배경으로 달리고 있다.

클래식한 낭만의 증기 기관차
Steam Locomotive

JR 홋카이도는 1940년에 제작된 증기 기관차를 관광 열차로 복원하여 계절에 따라 다양한 노선에서 운행하고 있다. 봄과 여름 시즌에는 하코다테 시내에서 오누마까지 'SL 하코다테오누마호(SL函館大沼号)', 가을에는 삿포로에서 오타루, 요이치, 니세코를 지나 란코시까지 'SL 니세코호(SLニセコ号)', 겨울에는 구시로에서 가와유 온천까지 'SL 겨울의 습원호(SL冬の湿原号)'로 운행하고 있다. 증기 기관차가 끄는 객차도 나무 인테리어로 감성을 자극하며 아름다운 풍경을 천천히 운행하기 때문에 열차 여행의 낭만을 제대로 느낄 수 있다. 매년 조금씩 다른 스케줄로 진행되며 스케줄 공지는 보통 2~3개월 전에 하고, 티켓은 1개월 전부터 홋카이도의 주요 JR 역에서 구입할 수 있다.

SL 하코다테 오누마호 SL函館大沼号

운행 구간 하코다테 - 고료가쿠 - 오누마 공원 - 모리 **소요 시간** 하코다테~오누마 공원(1시간 10분), 하코다테~모리(1시간 47분) **요금** 하코다테 - 오누마 공원 1,330엔, 하코다테 - 모리 1,730엔 **운행 기간** 골든 위크(4월 말~5월 초) 기간 중 매일, 7월 중순~8월 초의 매주 토, 일요일

SL 니세코호 SLニセコ号

운행 구간 삿포로 - 오타루 - 요이치 - 니세코 - 란코시 **소요 시간** 삿포로~오타루(1시간 27분), 삿포로~니세코(3시간 30분), 삿포로~란코시(3시간 56분) **요금** 삿포로~오타루 1,440엔, 삿포로~니세코 2,960엔, 삿포로~란코시 3,290엔 **운행 기간** 9월 중순~11월 초의 매주 토, 일, 공휴일

SL 겨울의 습원호 SL冬の湿原号 (SL 후유노 시츠겐고)

운행 구간 구시로 역 – 구시로 습원 역 – 시베차 역 **소요 시간** 구시로~구시로 습원 역(32분), 구시로 습원 역~시베차 역(57분) **요금** 1,890엔(승차권 1,070엔, 지정석권 820엔) **운행 기간** 1월 말~3월 초의 매일

시원한 바람을 맞으며 '토롯코 열차'

주로 탄광 같은 곳에서 사용하던 화물용 객차를 개조한 관광 열차로 창문이 없기 때문에 시원한 바람을 맞으며 보다 자연에 가까운 열차 여행을 즐길 수 있다. 홋카이도의 토롯코 열차는 '노롯코'라는 이름으로 불리는데 토롯코는 트럭의 일본식 발음이며, 노롯코는 토롯코에 느리다는 의미의 '노로노로(ノロノロ)'가 더해진 이름이다. 증기 기관차와 마찬가지로 계절에 따라 운행을 하고 있지만 비교적 운행 기간이 길고 평일 운행도 많기 때문에 우리나라 여행객들도 비교적 쉽게 탈 수 있으며, 우리나라 여행객들에게 가장 익숙한 노롯코호는 '후라노 비에이 노롯코'와 구시로의 '구시로 습원 노롯코'이다.

구시로 습원 노롯코호 くしろ湿原 ノロッコ号

운행 구간 구시로 – 구시로 습원 역 – 호소오카 – 도로 **소요 시간** 구시로~구시로 습원 역(24분), 구시로~도로(44분) **요금** 구시로~구시로 습원 역 360엔, 구시로~도로 540엔 **운행 기간** 5월 초~9월 말까지 매일 / 5월은 하루 왕복 1회, 6~9월은 하루 왕복 2회 운행

후라노 비에이 노롯코호 富良野 美瑛 ノロッコ号

운행 구간 후라노 – 라벤더 밭 역 – 비에이 **소요 시간** 후라노~라벤더 밭 역(22분), 후라노~베에이(1시간 5분) **요금** 후라노~라벤더 밭 역 230엔, 후라노~비에이 640엔 **운행 기간** 6월, 9월, 10월 초의 매주 토, 일, 공휴일. 7~8월 매일 운행 / 하루 2~3편 왕복 운행

홋카이도 신칸센

2016년 3월 26일 홋카이도 신칸센이 개통되면서 규슈부터 오사카, 도쿄를 거쳐 홋카이도까지 신칸센 열차로 이동할 수 있게 되었다. 아직 삿포로까지 모두 완공된 것이 아니라 아오모리에서 하코다테 지역까지만 부분 개통되었기 때문에 실제 여행객들의 이용은 많지 않다.

신하코다테호쿠토 역에서 삿포로 역까지는 당초 2019년 개통을 목표로 했지만 공사의 난이도와 예산이 점점 늘어나면서 2031년으로 연기되었다. 삿포로 역까지 완전 개통되면 현재 3시간 이상 소요되는 삿포로-하코다테 구간이 1시간으로 단축되며, 도쿄-삿포로 구간도 5시간으로 단축된다. 현재 부분 개통된 도쿄-삿포로 구간의 이동 거리는 1163.3km이며, 소요 시간은 정차하는 역 수에 따라 7시간 44분에서 8시간 28분 정도이다.

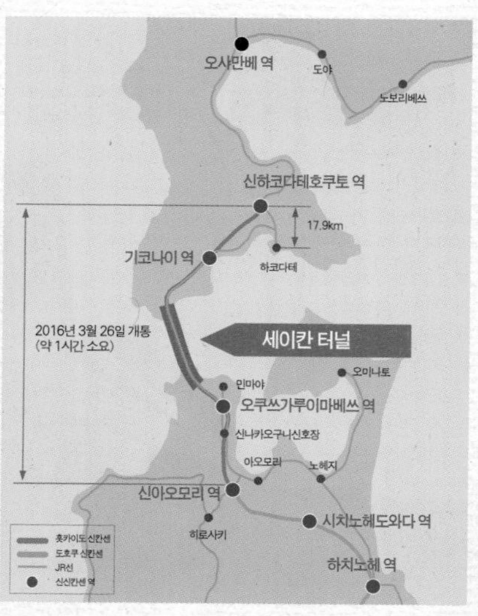

요금은 26,820엔이지만 외국인만 이용할 수 있는 JR패스 7일권(29,110엔)으로도 이용할 수 있다. 여행 일정이 길다면 JR패스 7일권 또는 14일권을 구입해서 일본 본섬부터 홋카이도까지 이동하면서 여행을 즐길 수 있다.

홋카이도 신칸센의 개통으로 아쉬운 것이 하나 있다면, 본섬과 홋카이도를 연결하는 해저 터널인 세이칸 터널이 신칸센 전용으로 변경되면서 이 구간을 이용하던 침대 특급 열차의 운행이 종료되었다는 것이다. 일본의 침대 특급 열차 중 가장 인기가 많았던 카시오페아, 북극성, 트와일라잇 익스프레스 모두 운행을 종료했다.

홋카이도의 계절 특급 열차

여름과 겨울에 집중되는 여행 수요에 맞춰 계절에만 한정적으로 운행하는 특급 열차가 많다. 여름의 후라노 라벤더 익스프레스, 겨울의 유빙 특급 오호츠크가 대표적이며 토마무 스키 익스프레스, 니세코 스키 익스프레스와 같이 리조트로 가는 열차도 운행된다. 단, 계절 특급 열차는 보통의 특급 열차를 이용하고 있으며 이름만 특이할 뿐 여행객의 수요에 맞춰 편의를 제공한다는 단순한 목적만을 갖고 있는 열차들이다.

틸팅 열차 키하 281, 283계

삿포로에서 노보리베쓰, 도야를 지나 하코다테까지 운행되는 '특급 호쿠토', '특급 슈퍼호쿠토'는 JR 홋카이도를 대표하는 열차이기도 하며 우리나라 여행객의 이용도 가장 많은 열차이다. 두 가지 특급은 키하 281계, 키하 283계 차량으로 운행이 되는데 두 열차 모두 틸팅 기술이 적용된 열차이다. 틸팅 기술은 곡선 구간에서 차체가 기울면서 원심력을 이용해 속도를 크게 줄이지 않고 진행하는 것으로 이 기술을 바탕으로 기존 4시간 이상 소요되던 삿포로~하코다테 구간을 3시간 30분 대로 크게 단축시켰다. 삿포로~하코다테 구간을 열차 이용한다면 곡선 구간에서 차체가 기운다는 느낌을 받을 수도 있지만, 크게 쏠리거나 하지는 않으며 편안한 여행을 할 수 있다.

열차 여행을 즐겁게 해 주는 에키벤

'역에서 파는 도시락'이라는 뜻의 에키벤(駅弁)은 열차 여행의 재미를 더해 준다. 일본은 열차 여행이 잘 발달되어 있는 만큼 각 열차 또는 노선, 역마다 독자적인 에키벤을 판매하고 있다. JR 홋카이도센의 노선과 열차에서 판매하는 에키벤은 신선한 식자재를 이용한 것으로 유명하다. 도시락이라는 것이 믿기지 않을 만큼 화려한 것이 특징이다. 열차역에서 구입해서 집, 호텔에 가져가서 먹는 사람도 많으며, 역뿐만 아니라 열차 안에서 승무원인 트윙클 레이디(JR 홋카이도센 소속의 승무원만 고유의 호칭이 있다.)에게 구입할 수도 있다.

렌터카 여행

대중교통이 발달하지 않은 홋카이도 중심의 후라노와 비에이, 도동의 구시로, 아칸 호수, 아바시리 등 대자연을 구석구석 여행하고자 한다면 렌터카를 이용하는 것이 좋다. 운전석이 반대쪽에 있기 때문에 불안할 수 있겠지만 대부분의 일본인 운전자들이 안전 운전을 하고, 운전 매너가 좋은 편이기 때문에 조금만 주의를 한다면 어렵지 않게 여행할 수 있다. 렌터카 여행의 준비부터 여행 시 주의 사항에 대해 자세히 알아보자.

렌터카 추천 여행지

전체 여행 일정 내내 렌터카를 이용하는 것보다는 렌터카가 필요한 날에만 선택적으로 이용하는 것이 좋다. 삿포로 시내와 오타루, 하코다테는 렌터카로 이동해야 할 만큼 지역이 넓지 않으며, 삿포로 시내의 경우 일방통행 도로도 많고 무엇보다 주차비가 비싸기 때문에 렌터카를 이용하기보다는 도보, 대중교통을 이용하는 것이 좋다. 삿포로에서 열차로 40분 거리의 오타루도 마찬가지이다. 렌터카 여행을 하기 좋은 곳은 삿포로에서 후라노, 비에이를 다녀오는 일정이나 구시로, 시레토코와 같이 대중교통이 극히 제한적인 도동 지역을 여행할 때이다. 하코다테와 도동 지역은 삿포로에서 이동 시간이 5시간 이상이기 때문에 렌터카를 이용하기보다는 열차를 이용해 현지로 가서 렌터카를 이용하는 것이 좋다.

렌터카 여행 시기

최근 블로그, 여행 관련 카페에서 겨울의 후라노와 비에이 지역 렌터카 여행을 추천하는 글을 어렵지 않게 볼 수 있는데, 이러한 모습을 보고 안전 불감증에 대한 우려도 많다. 실제 이 지역은 겨울이 되면 많은 관광지와 레스토랑, 카페들이 영업을 중단하며, 일본인을 대상으로 하는 투어 버스는 운행하지 않는다. 앞이 보이지 않을 만큼 쌓인 눈길을 달려야 하고, 급격하게 변하는 기후도 위험하다. 또한 주변에 다니는 차량이 거의 없기 때문에 작은 사고가 나도 도움을 청할 수 없는 상황이 발생할 수도 있기 때문에 겨울철의 렌터카 여행은 피하는 것이 좋다.

국제 운전면허증 발급하기

우리나라의 면허증으로는 렌터카를 이용할 수 없기 때문에 렌터카 여행을 계획한다면 국제 운전면허증을 신청하자. 발급 후 1년간 유효하기 때문에 한번 신청해 두면 혹시나 모를 다음 여행에서도 쓸 수 있다. 신청 장소는 전국 운전면허 시험장 또는 각급 지정 경찰서이며 발급 받는 데는 30분 정도 소요되며 수수료는 7,000원이다. 신청 준비물은 여권, 운전면허증, 여권용 사진 또는 칼라 반명함판 사진 1매이다. 1종, 2종 면허증으로는 운전석 외에 최대 8개의 좌석을 가진 차량까지 운전할 수 있다.

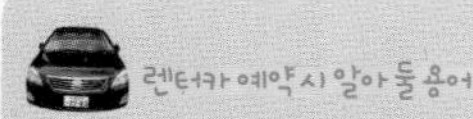

렌터카 예약 시 알아둘 용어

ETC 카드

우리나라의 하이패스와 같이 고속도로 톨게이트에서 전용 게이트로 통과하고 후불제로 지불하는 전자식 카드이다. 렌터카 이용 시 카드를 받아서 차에 꽂아 두고 사용하고, 반납하면서 톨게이트비를 정산하게 되며 주말과 공휴일에는 할인 혜택을 받을 수 있다. 예약 시 차량에 ETC 시스템이 탑재되어 있는지 확인해야 하며, 경우에 따라서는 옵션으로 추가되기도 한다.

홋카이도 익스프레스웨이 패스 Hokkaido Expressway Pass

외국인 여행자를 대상으로 발급하는 고속도로 정액 요금 패스이다. 삿포로에서 아사히카와까지의 톨게이트 비용이 일반 차량 3,320엔, 하코다테까지 6,010엔인데 이 패스를 이용하면 2일간 3,600엔으로 고속도로를 무제한 이용할 수 있다. 렌터카 예약 시 확인해야 하며, ETC 시스템 탑재 차량만 이 패스를 이용할 수 있다. 패스의 사용 구간은 홋카이도 고속도로 전 구간이며, 한글 홈페이지도 잘 되어 있으니 자세한 내용은 홈페이지를 참고하자.

동일본 고속도로 홈페이지
www.e-nexco.co.jp/news/hep/k

스탓도레스 타이어 スタッドレスタイヤ

눈이 많이 오는 홋카이도지만 스노체인을 다는 차량은 볼 수 없다. 대부분의 차량이 겨울 기간에는 스노타이어의 일종으로 도로 파손과 대기 오염을 막기 위한 스터드리스 타이어를 사용하고 있다. 일본식 발음으로는 '스탓도레스 타이어'라고 하며 대부분의 차량이 이 타이어를 이용하고 있지만 겨울철에 렌터카를 이용한다면 스탓도레스 타이어인지 확인하는 것이 좋다.

논 오퍼레이션 차지 NOC

만일의 사고, 도난, 고장, 오염, 훼손 등을 일으켜 차량의 수리, 청소 등이 필요하게 되었을 때 그 기간 중의 영업 보상으로서 지불해야 하는 금액이다. NOC 비용은 운행 가능한 상태이면 2만 엔, 운행 불가능 상태이면 5만 엔이 일반적이다. 기본적인 렌터카 보험은 NOC가 불포함으로 되어 있는데, 만의 하나 사고가 발생할 경우를 대비해 NOC 보험까지 추가로 가입하는 것이 좋으며 하루 3~5천 원 정도이다.

맵코드 MAPCODE

내비게이션을 이용할 때 유용한 코드로 9자리 또는 11자리로 되어 있다. 네비게이션을 이용할 때 전화번호로 검색을 하는 것이 가장 편리하지만 전화번호가 없는 곳(후라노의 나무, 언덕 같은 곳)을 찾아갈 때는 맵코드를 이용하는 것이 편하다. 이 책에서는 렌터카 여행이 많은 후라노, 비에이 지역과 구시로 지역의 여행지에는 맵코드 정보도 수록하고 있으니 이를 이용해 검색해 보자.

스마트폰 구글맵

안드로이드 기반의 스마트폰에 기본으로 설치되어 있는 구글맵(iOS에서는 따로 설치 필요)은 내비게이션을 이용할 때 보조적인 수단으로 이용할 수 있다. 데이터 무제한 로밍(1일 10,000원) 또는 일본 에그(3박 4일 35,000원)를 이용하면 일본에서도 구글맵을 내비게이션 용도로 사용할 수 있다. 일본 에그를 렌탈하면 최대 10명이 동시에 와이파이를 이용할 수 있으며 무제한 데이터 로밍의 3G 속도보다 빠른 LTE 속도를 즐길 수 있다.

야바네 츠키 포루 矢羽根つきポール

눈이 많이 내리는 홋카이도의 도로에서만 볼 수 있는 것으로, 화살표(야바네)가 있는 표지판이다. 일반 승용차 높이보다 많은 눈이 쌓이기 때문에 어디가 도로인지, 중앙선인지 구분할 수 없게 되는 상황에서 도로의 위치를 알려 주기 위해 설치해 두었다.

Theme 4

나홀로 자전거 여행

겨울 홋카이도 여행의 키워드가 스키와 눈 축제라고 한다면, 선선한 날씨와 낮은 습도로 홋카이도 여행 최고 성수기인 여름의 키워드는 아름다운 자연을 만끽할 수 있는 자전거 여행과 하이킹이다. 자전거 여행은 열차 또는 버스로 이동하면서 목적지에서 자전거를 렌트하는 것과 자전거는 물론 캠핑 도구까지 일본에 가져가서 자전거로 홋카이도 전 지역을 둘러보는 두 가지 방법이 있다.

▶ 자전거 여행의 원고는 2009년 7월 1개월간 자전거로 홋카이도 곳곳을 여행하고 온 대구의 이정훈 님께서 사진 제공 및 감수를 해 주셨습니다. 이정훈 님의 블로그(http://blog.naver.com/jung14hoon)에서 1개월간의 생생한 홋카이도 자전거 여행기를 보실 수 있습니다.

자전거 렌트하기

대부분의 도시에서 쉽게 자전거를 렌트할 수 있기 때문에 일정 중 하루 정도는 자전거를 렌트해 보는 것도 좋다. 자전거 여행을 하기 가장 좋은 곳은 라벤더꽃이 아름답게 피는 후라노와 비에이 지역이다. 체력이 걱정되는 사람들을 위한 전동 자전거 렌트도 가능하다.

단, 언덕이 많은 하코다테, 볼거리가 촘촘히 모여 있는 삿포로와 오타루는 자전거를 렌트하는 곳을 찾기도 어렵고 자전거보다는 걸어 다니면서 여행을 하는 것이 편리하다.

홋카이도에 자전거 가져가기

자전거를 홋카이도에 가져가기 위해서는 비행기 특수 화물로 보내야 한다. 이코노미 항공권 구입 시 수화물은 20kg까지 허용되지만 자전거의 경우 특수 수화물이기 때문에 기본 20kg을 초과하지 않더라도 3만 원 정도의 특수 화물 추가 요금을 지불해야 한다. 단, 자전거가 크지 않아 포장했을 때 상자의 세 변의 합이 158cm 이하일 때는 추가 요금을 지불하지 않아도 된다. 자전거를 그대로 비행기에 싣는 것이 아니라 반드시 박스 포장을 해야 하는데, 최근 공항의 수화물 센터에서 3만 원으로 자전거 포장을 대행하고 있다. 개인적으로 포장을 하는 경우 핸들을 꺽어 고정시킨 후 부피 있는 가방 또는 에어캡 등을 이용해 자전거가 움직이지 않게 하고, 기내에 반입하기 곤란한 공구들과 체인의 기름, 펑크 패치 본드 등도 함께 포장한다. 비행기 운항 중 기압 변화에 대비해 타이어는 바람을 빼는 것이 좋다.

자전거 여행필수품

기본 정비 도구와 지도책은 반드시 준비해야 한다. 기본 정비 도구는 기내 반입이 안 되는 경우도 있으니 자전거와 함께 수화물로 보내야 하며, 체인의 기름, 펑크 패치 본드 등의 화기성 물질은 기내 반입이 안 되기 때문에 일본에 도착 후 자전거 점포에서 구입을 해야 한다. 홋카이도의 도로는 복잡하지 않기 때문에 표지판을 잘 보는 것만으로도 여행할 수 있지만, 언덕길과 자전거로 이동하기 곤란한 코스 등을 표시해 둔 Touring Mapple(츠링구 마푸루), Zeoroen Map(제로엔 맙푸)과 같은 자전거, 오토바이 여행자를 위한 지도 책을 구입하는 것이 좋다.

자전거 여행하면서 숙소 정하기

자전거 여행의 경우, 최소 일주일 이상의 일정으로 여행을 하기 때문에 숙박비의 부담이 높아질 수 있다. 숙박비의 부담을 줄이고, 자전거 여행의 정보를 얻을 수 있는 '라이더 하우스'에서 숙박을 하는 것이 좋다. 홋카이도뿐 아니라 일본 전 지역에 있는 라이더 하우스는 오토바이, 자전거 여행자들이 모이는 곳으로, 자전거 매니아라면 공통의 취미와 관심사를 갖고 있는 일본인들과 만나 친분을 다질 수 있고, 보다 깊이 있는 여행을 할 수 있다. 라이더 하우스의 숙박비는 1,000~2,000엔 정도이며 겨울철에는 운영하지 않는 곳이 많다. 단, 여러 사람들과 함께 방을 쓰기 때문에 소지품 관리와 다른 사람들에게 실례를 범하지 않도록 주의해야 한다.

Theme 5

겨울 스키 여행

홋카이도의 겨울 여행에서 빼놓을 수 없는 것이 바로 스키 여행이다. 홋카이도 스키 여행의 키워드는 눈들이 뭉쳐지지 않고 가루처럼 부드럽게 흐트러진다는 '파우더 스노'와 스키장과 함께 있는 '온천 시설'이다. 부드러운 눈으로 뒤덮인 슬로프에서는 아무리 넘어져도 아픔을 느끼기 힘들고, 스키를 타고 난 후의 피로는 천연 온천에서 풀어 줄 수 있다. 홋카이도에만 100여 개의 스키장이 있기 때문에 선택의 폭도 넓고, 많은 사람들로 붐비는 스키장이 아니라는 것도 홋카이도 스키 여행의 매력이다.

스키 여행 준비하기

홋카이도에서 스키를 즐길 수 있는 기간은 11월 말부터 5월 초까지라고 알려져 있지만, 제대로 스키를 타려면 12월 중순부터 4월 중순 정도로 일정을 잡는 것이 좋다. 국내 여행사를 통해 스키 패키지 상품을 이용하는 방법과 현지에서 스키장만 따로 예약을 해서 다녀오는 방법이 있다.

일본어를 하지 못한다면 현지에서 스키장을 예약하는 것은 어려울 수 있으니 스키 패키지 상품을 이용하는 경우가 많다. 패키지 상품의 장점은 공항부터 스키 리조트까지의 왕복 송영, 식사 등이 포함되어 있다는 것이지만, 대신 일정을 변경할 수 없기 때문에 삿포로, 오타루 등 다른 관광지를 함께 여행할 수 없다는 단점도 있다.

최근 개별 여행 전문 여행사에서는 홋카이도 여행의 중심인 삿포로의 호텔과 근교 스키장을 함께 예약해 주는 '시내 호텔+스키' 상품을 판매하고 있다. 삿포로 시내에서 스키장까지의 송영버스도 포함해서 예약할 수 있어, 일반적인 스키 패키지 상품의 장점과 개별 자유 여행 상품의 장점을 모두 살릴 수 있다.

홋카이도의 대표적인 스키장

루스츠 리조트 ルスツリゾート

홋카이도 최대 규모의 스키 리조트이다. 총 활주 거리 42km에 이르는 37개의 코스는 초급, 중급, 상급 코스가 적절하게 밸런스를 이루고 있고, 개썰매, 눈썰매, 스노 래프팅, 테마파크 시설 등을 갖추고 있어 가족 여행으로도 큰 인기를 얻고 있다. 온천, 쇼핑몰, 고급 레스토랑 등의 부대시설을 잘 갖추고 있는 호텔은 가족 여행객을 위한 복층 구조의 객실도 갖추고 있다. 삿포로의 신치토세 공항 및 삿포로 시내에서 셔틀버스가 운행되고 있다. 셔틀버스와 리프트권을 함께 할인 판매하고 있어 당일치기 스키 여행도 가능하다.

위치 삿포로 시내 또는 신치토세 공항에서 셔틀버스로 90분(편도 2,000엔) **시즌** 11월 말 ~ 4월 초 **요금** 리프트 4시간 3,800엔 / 6시간 4,300엔 / 1일권 5,100엔 / 삿포로 시내에서 왕복 셔틀버스 + 리프트 6시간 5,000엔 **홈페이지** www.rusutsu.co.jp

후라노 스키장 富良野スキー場

도북(道北) 지역을 대표하는 스키장으로 5월 초까지 스키를 즐길 수 있다. 다채로운 코스가 있는 '기타노미사키 존(北の岬 Zone)'과 코스 연장 3,000m 이상의 롱런 코스들이 모여 있는 '후라노 존(富良野 Zone)'으로 구성되어 있다. 오랜 기간 국제스키연맹(FIS)의 알파인 스키 월드컵 개최지로 이용되었으며, 4대회 연속 일본의 스키 국가대표로 선발 출장한 기무라 키미노부(木村公宣)가 후라노 스키 스쿨의 교장을 맡고 있다.

위치 JR 삿포로 역에서 후라노 역까지 열차로 약 80분(편도 3,520엔) / 후라노 역에서 택시로 10분(약1,000엔) **시즌** 11월 말 ~ 5월 초 **요금** 리프트 2시간 2,000엔 / 4시간 3,000엔 / 1일권 4,200엔 **홈페이지** ski.princehotels.co.jp/furano

토마무 리조트 トマムリゾート

웅대한 히고 산맥에 둘러싸인 체제형 리조트로 내륙에 위치해 있어 보다 건조한 파우더 스노에서 스키를 즐길 수 있다. 17개의 코스가 있으며 최상급자를 위한 4개의 코스에 누구도 가 보지 못한 슬로프에 도전할 수 있는 헬리콥터 투어가 진행되기도 한다. 스키 매니아뿐 아니라 어린이, 여성들에게도 큰 인기를 얻고 있는 일본 최대급 파도 수영장 비즈스파(VIZスパ)가 있다. 일본의 유명 건축가 안도 타다오가 설계한 '물의 교회'는 커플, 신혼부부들의 기념사진 촬영 장소로 유명하다.

위치 JR 삿포로 역에서 도마무 역까지 약 80분(편도 4,480엔), 신치토세 공항에서 약 60분(3,340엔), 도마무 역에서 셔틀버스로 5분(무료) **시즌** 12월 초 ~ 4월 중순 **요금** 리프트 4시간 3,600엔 / 1일권 4,800엔 / 비즈스파 2,500엔 **홈페이지** www.snowtomamu.jp

키로로 리조트 キロロリゾート

신혼여행객들이 선호하는 고급 리조트로, 오타루 시내에서 가깝기 때문에 스키와 시내 여행을 함께 즐길 수 있다. 리프트를 타고 올라가면 산만 보이는 것이 아니라 바다와 오타루 시내의 아름다운 풍경이 조화를 이루며 눈앞에 펼쳐진다. 총 21개의 코스로 이루어져 있는데 초급, 중급, 상급자 모두를 만족시켜 준다. 삿포로 시내와 오타루 시내에서 당일치기 스키로 다녀올 수도 있으며 왕복 버스와 리프트권을 할인해서 판매하고 있다.

위치 오타루 역에서 버스 이용 약 45분(편도 880엔), 삿포로에서 버스 이용 약 90분(편도 1,400엔) **시즌** 11월 말~5월 초 **요금** 리프트 5시간 3,900엔 / 1일권 5,000엔 / 삿포로 시내에서 왕복 셔틀버스 + 리프트 5시간 5,000엔 **홈페이지** www.kiroro.co.jp

테이네 스키장 サッポロテイネ

삿포로 시내에서 약 40분 거리에 있는 스키장으로, 접근성이 뛰어나서 삿포로 시내에서 숙박을 하며 당일치기로 다녀오기 좋은 곳이다. 총 15개로 코스의 개수는 많지 않지만 최장 활주 거리 6,000m는 삿포로 시내 근처의 스키장에서는 최고를 자랑한다. 우리나라의 개별 자유 여행 전문 여행사를 통해 호텔과 함께 스키장까지의 왕복 송영과 리프트권을 저렴하게 예약할 수 있다.

위치 삿포로 시내에서 버스 이용 약 50분 **시즌** 11월 말~4월 초 **요금** 리프트 4시간 3,500엔 / 1일권 4,800엔 **홈페이지** www.sapporo-teine.com

Theme 6

영화·드라마로 만나는 홋카이도

여행 준비를 하면서 여행지와 관련된 영화와 드라마를 보는 것 또한 빼놓을 수 없는 일이다. 영화나 드라마에서 만나는 여행지는 머리가 아닌 가슴에 남게 된다. 그래서 직접 그곳에 가 보면 영화 속 주인공의 감정이 자연스럽게 이입되면서 여행의 색다른 묘미를 느끼게 될 것이다. 홋카이도는 아름다운 자연 풍경으로 영화, 드라마, CF의 촬영지로 큰 인기를 얻고 있으며, 도쿄, 오사카 등에서 멀리 떨어져 있다는 점에서 일본인들에게도 해외의 이국적인 모습과 같은 느낌을 주기도 한다.

러브 레터 Love Letter

"오겡끼데스까?"란 대사로 우리나라에서도 큰 인기를 얻은 영화 〈러브 레터〉의 촬영지는 오타루이다. 삿포로에서 40분 거리의 오타루는 〈러브 레터〉의 촬영지라는 것을 제외하고도 볼거리, 먹을거리가 많이 있는 지역이기 때문에 여행 중 가장 찾아가기 쉬운 곳이다. 오타루 역에서 내려 왼편으로 올라가면 영화의 첫 장면에서 등장한 언덕길을 시작으로 〈러브 레터〉 촬영지를 둘러볼 수 있다. 후지이 이츠키가 갔던 병원으로 이용된 오타루 시청, 도서관으로 이용된 구일본우선 오타루 지점 등 영화의 분위기를 더하였던 오타루의 역사를 담고 있는 건물들을 볼 수 있다. 영화에 등장했던 집도 많은 사람들이 방문하던 곳이지만 안타깝게 2007년 화재로 소실되었다.

제작 1995년
감독 이와이 순지(岩井俊二)
주연 나카야마 미호(中山美穂), 도요가와 에쓰시(豊川悦司)

하치만자카(八幡坂)

교차로

구일본우선 오타루 지점

북쪽의 나라에서 北の国から

일본인들에게 홋카이도에서 촬영된 영화나 드라마 촬영지를 물어보면 주저없이 이야기하는 것이 〈북쪽의 나라에서(北の国から, 키타노쿠니카라)〉일 것이다. 우리나라에는 많이 알려지지 않은 드라마이지만 일본에서는 1981년 첫 방영 이후 2002년까지 여러 편의 시리즈가 제작된 인기 드라마이다. 〈북쪽의 나라〉에서의 촬영지는 후라노이며, 후라노가 인기 관광지가 된 데에는 이 드라마의 역할이 매우 컸다. 후라노에는 드라마 촬영지를 둘러보는 투어 프로그램도 마련되어 있고 후라노 역 바로 옆에는 〈북쪽의 나라에서〉 기념관이 설립되어 다양한 자료를 준비해 두고 있다.

제작 1981년~2002년
연출 스기다 시게미치(杉田成道), 야마다 요시아키(山田良明) 등
주연 다나카 쿠니에(田中邦衛), 요시오카 히데타카(吉岡秀隆), 나카지마 토모코(中嶋朋子), 이시다 아유미(いしだあゆみ) 등

후라노 역 앞의 키타노쿠니카라 자료관

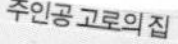

주인공 고로의 집

제작 1999년
감독 후루하타 야스오
주연 다카쿠라 켄(高倉健),
히로스에 료코(広末涼子)

철도원 鉄道員 : ぽっぽや

하얀 눈으로 뒤덮힌 아름다운 영상과 잔잔한 이야기로 사랑받은 영화 〈철도원〉에는 호로마이(幌舞)라는 가상의 역이 등장한다. 호라마이 역의 촬영은 홋카이도의 네무로혼센(根室本線)의 이쿠토라(幾寅)라는 역에서 이루어졌다. 이용객이 극히 드문 작은 시골역인 이쿠토라에는 아직까지 영화를 촬영하던 모습을 그대로 보존되어 있고, 이 때문에 적지 않은 관광객이 방문하고 있다. 삿포로에서 약 3시간 정도 떨어져 있어 접근성이 좋지 않지만 아름다운 창밖 풍경이 펼쳐지기 때문에 열차 여행을 좋아하는 사람이라면 영화와 열차 두 가지 테마로 여행을 즐길 수 있을 것이다.

자상한 시간 優しい時間

제작 2005년
연출 나카무라 토시오(中村敏夫)
주연 데라오 아키라(寺尾聰),
니노미야 카즈나리(二宮和也)
나가사와 마사미(長澤まさみ)

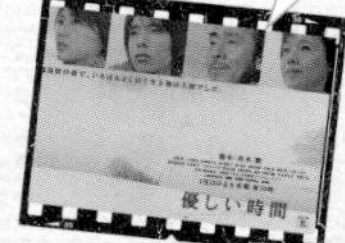

〈북쪽의 나라에서〉와 마찬가지로 후라노의 아름다운 풍경을 소개한 드라마로, 남성 아이돌 그룹 아라시의 니노와 인기 여배우 나가사와 마사미가 출연해 우리나라에서도 큰 인기를 얻었다. 드라마의 주 무대가 되는 카페 '숲속의 시계(森の時計, 모리노토케이)'는 드라마가 종영된 후 바로 프린스 호텔에서 운영을 시작했다. 후라노에서는 숲속의 시계 카페 외에도 후라노 신사 등 〈자상한 시간〉에 등장한 촬영지를 방문할 수 있다.

〈자상한 시간〉의 주 무대인 '숲속의 시계'

드라마 <아이리스> 촬영지

드라마 〈아이리스〉에서 주인공 김현준(이병헌 분)과 최승희(김태희 분)의 밀월 여행이 방영된 직후 하얀 눈 속에서 온천을 즐기는 모습 때문에 눈의 나라 홋카이도를 떠올리는 사람이 많았다. 하지만 이곳은 일본 본토(혼슈) 북쪽 지역의 아키타 현(秋田県)에 있는 뉴토 온천(乳頭温泉郷)이라는 작은 온천 마을이다. '전설 따위는 믿지 않는다'는 명대사를 남긴 호수도 아키타 현의 타자와 호수(田沢湖)에서 촬영해 아키타 현을 찾는 관광객의 수가 급증했다. 아키타 현은 전체 면적의 70%가 삼림으로, 빼어난 자연 경관을 자랑하며, 농업과 광공업도 발달한 지역이다. 특히 일본에서 손꼽는 아키타 쌀의 산지이며, 이 쌀과 깨끗한 물이 만들어 내는 술도 아키타의 특산물이다.

<아이리스> 따라 여행가기

대한항공이 인천-아키타 구간을 주 3회 운항하고 있다. 오전 9시에 인천을 출발해 11시 50분에 아키타에 도착하며, 돌아오는 편은 오전 11시 50분에 아키타 출발, 15시 45분에 인천에 도착하는 스케줄이다. 아이리스 방영 후 탑승률 증가로 겨울 성수기 기간에는 기존에 운항되던 149석의 B737-800 항공기를 187석의 B737-900 항공기로 대체했으며 겨울 성수기에는 최신 기종인 295석의 A330-300 항공기를 운항하기도 했다. 대부분 패키지 여행으로 아이리스 촬영지를 방문하지만 많은 것을 보기보다는 온천을 즐기며 쉬는 것에 비중을 둔다면 자유 여행으로 가는 것을 추천한다. 공항에서 뉴토 온천까지 편안한 승합 택시인 에어포트 라이너(エアポートライナー)가 운행되며, 뉴토 온천 마을의 7개의 온천을 이용할 수 있는 온천 순례 수첩(1,500엔) 등은 자유 여행의 매력을 더욱 크게 해 준다.

드라마에서의 쓰루노유와 실제의 쓰루노유

〈아이리스〉 해외 촬영지의 하이라이트인 쓰루노유는 뉴토 온천 마을(乳頭温泉郷)의 7개의 료칸 중 하나이다. 백조의 온천이라는 뜻을 갖고 있는 쓰루노유(鶴の湯)는 에도 시대 때부터 이어지는 긴 역사를 갖고 있다. 일본의 고급 숙소인 료칸이기 때문에 숙박을 하는 것이 부담스럽다면 오전 10시부터 오후 3시까지, 500엔의 입욕료를 내고 노천 온천을 즐길 수 있다. 단, 월요일은 시설 점검으로 노천 온천의 이용은 제한된다. 드라마 방영 이후 우리나라뿐 아니라 중국, 대만, 일본의 한류팬들이 쓰루노유에 몰려들고 있다. 하지만 대부분의 패키지 여행은 잠시 방문하는 정도이며 이곳에서 숙박을 원한다면 개별 여행으로 준비하는 것이 좋다. 단순히 온천만 하고 지나치는 것이 아니라 일본의 전통을 엿볼 수 있는 료칸에서 숙박을 하며 여유롭게 온천을 즐겨야 드라마의 주인공이 된 듯한 느낌을 받을 수 있을 것이다.

쓰루노유는 남녀 혼탕으로 운영되는데 남녀 각각의 탈의실과 노천 온천이 별도로 있기 때문에 드라마에서처럼 깜짝 놀라는 경우는 없다. 드라마 방영 이후에 남녀 혼탕으로 들어가는 젊은 여성들이 많이 늘어났다고 하는데 온천수가 투명하지 않고 하얀 우유색이어서 입욕 전후에만 주의하면 크게 부담이 없다. 공중파 방송이어서 남녀 혼욕을 방영할 수 없었는지 주인공들이 유카타를 입고 함께 족욕을 하는 모습으로 대체되었는데 실제 겨울철 쓰루노유는 매우 춥기 때문에 온천에 들어가지 않고 족욕만 하는 것은 사실상 불가능하다.

뉴토 온천 마을 공식 홈페이지 www.nyuto-onsenkyo.com
츠루노유 숙박 요금 8,400~15,750엔
츠루노유 위치 아키타 공항에서 에어포트 라이너(エアポートライナー) 이용, 약 두 시간(3,400엔)

전설을 믿지 않지만 그래도 궁금한 호수의 동상

드라마에서 '전설 따윈 믿지 않는다'라는 명언과 함께 많은 시청자들의 궁금증을 유발한 타자와 호수의 전설은 무엇일까? 타자와 호수에는 두 가지 전설이 전해지고 있다. 한 이야기는 이 호수의 물을 마시는 여성은 절세미인이 된다는 말을 듣고 다쓰코라는 여성이 미인이 되고 싶은 욕심에 물을 너무 많이 마셔서 미인은 되지 못하고 한 마리의 용이 되어 버렸고, 그런 자신을 비관해 호수에 빠져 죽었다고 한다. 지나친 욕심은 자신을 해칠 수 있다는 것을 전하기 위해 호수에 금빛 다쓰코 동상을 세웠다고 한다.

또 하나의 전설은 타자와 호수 주변의 다른 두 호수에 암수 각각의 용이 살고 있는데, 겨울이 되면 경치가 좋은 타자와 호수에서 사랑을 나누기 때문에 아무리 추운 겨울에도 타자와 호수는 얼지 않는다고 한다.

Theme 8

홋카이도 축제 즐기기

기나긴 겨울을 즐겁게 보내기 위해 시작된 삿포로의 눈 축제는 지금은 수많은 관광객을 홋카이도로 불러들이는 세계적인 축제로 자리잡았다. 삿포로의 유키마쓰리를 비롯한 홋카이도의 대부분의 축제(마쓰리)는 역사와 문화, 전통적인 것을 다루는 축제가 아니라 눈, 온천, 안개 등 자연을 테마로 하고 있어 보다 흥미롭다. 단, 마쓰리 기간에 많은 관광객이 집중되기 때문에 수개월 전부터 호텔 예약을 하는 것이 좋다.

삿포로 눈 축제 さっぽろ雪まつり, 삿포로 유키마쓰리

일본을 대표하는 축제로, 브라질의 '리오 카니발', 독일의 '옥토페스트'와 함께 세계 3대 축제로 꼽힌다. 1주일의 축제 기간 동안 200만 명이 넘는 관광객이 방문한다고 한다. 삿포로 시내 중심의 오도리 공원 회장(大通公園会場)이 메인 회장으로 이용되어 폭 40m의 상상하기 힘든 눈 조각들이 설치된다. 마쓰리 개최 1개월 전부터 눈 조각들을 만들기 시작해 마쓰리 기간 며칠 전에 여행을 가도 눈 조각들을 볼 수는 있다. 하지만, 마쓰리가 끝나면 안전 사고 등의 문제로 바로 다음 날 순식간에 무너뜨린다.

오도리 공원의 메인 회장에서 가까이에 위치한 스스키노 회장(すすきの会場)에서는 '스스키노 얼음 제전(すすきの氷の祭典)'이라는 이름으로 얼음 조각을 전시하고 있다. 오도리 공원의 눈 조각과는 달리 보다 섬세하고 화려한 얼음 조각 작품을 만날 수 있다.

시내에서 지하철을 이용해야 갈 수 있는 쓰도무 회장(つどーむ会場)은 전시 위주의 오도리 회장과 스스키노 회장과는 달리 공연을 보거나 눈 조각 속에서 놀 수 있는 등의 체험형 회장이라고 할 수 있어 아이들을 동반한 가족들에게 추천하는 곳이다.

삿포로 유키마쓰리와 비슷한 시기에 아사히카와에서 눈, 얼음 조각을 전시하는 아사히카와 겨울 마쓰리(あさひかわ冬まつり)가 개최되기 때문에 2월에 홋카이도를 여행한다면 두 축제 중 한 곳은 방문해 보는 일정으로 잡아 보자.

기간 2월 첫째 주 또는 둘째 주 7일간 **홈페이지** www.snowfes.com

八達門

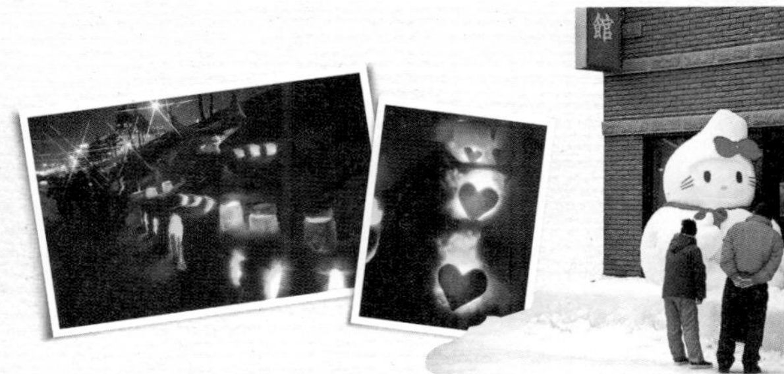

오타루 유키아카리노 미치 小樽雪あかりの路

삿포로 눈 축제와 같은 시기에 오타루에서 펼쳐지는 축제이다. 삿포로처럼 커다란 눈 조각이 세워지는 것은 아니지만 축제의 이름 그대로 눈(雪, 유키)과 아름다운 램프, 촛불(灯り, 아카리)이 조화를 이루어 낭만적인 분위기를 연출한다. 특별한 이벤트가 펼쳐지는 것은 아니지만 운하에는 촛불이 떠다니고 테미야센의 폐노선과 사카이마치 도리 주변에 아담한 눈 조각들이 등불과 함께 전시되는 풍경은 오타루 여행의 하이라이트라고 할 수 있다. 연인, 부부끼리의 여행이라면 삿포로 눈 축제보다 이곳을 방문하는 것이 훨씬 즐거울 것이다.

기간 2월 첫째 주 또는 둘째 주 7일간 홈페이지 www.yukiakarinomichi.org

요사코이 소란마쓰리 YOSAKOI ソーラン祭

매년 6월 초순에 삿포로 시내에서 개최되는 요사코이 소란 마쓰리는 고치현(高知県)의 요사코이 마쓰리처럼 삿포로에도 큰 규모의 축제가 있으면 좋겠다는 생각을 한 홋카이도 대학의 학생이 소란절(ソーラン節)이라는 홋카이도의 민요와 요사코이 마쓰리의 요소를 섞어서 몇몇의 학생들과 함께 시작한 것이다. 1992년 제1회 축제는 참가자 10팀(1,000여 명)에 약 20만 명의 관객을 동원한 소규모의 축제였지만, 현재는 100여 개의 팀이 참가하고 200만 명 이상의 관광객이 방문하는 큰 축제가 되었다. 5일간 삿포로 시내 곳곳에서 신나는 음악과 화려한 집단 군무가 펼쳐지고, 축제의 마지막 날은 참가팀 중에서 최고를 가리는 파이널 콘테스트가 열린다.

기간 6월 첫째 주 또는 둘째 주 5일간 홈페이지 www.yosakoi-soran.jp

구시로 안개 페스티벌 & 항구 축제
くしろ霧フェスティバル & くしろ港まつり

신비로운 안개로 뒤덮인 항구 도시 구시로에서 매년 7월 말과 8월 초에 펼쳐지는 축제이다. 풍어와 해상 안전을 기원하는 항구 축제는 약 60년의 역사를 갖고 있는 구시로 전통의 축제로, 화려한 퍼레이드가 펼쳐진다. 안개 페스티벌은 안개 속에서 화려하게 빛나는 화려한 레이저 쇼가 메인 이벤트이다. 두 축제가 동시에 열리는 경우도 있었지만 주로 7월 말 안개 페스티벌에 뒤이어 항구 축제가 개최된다.

기간 7월 마지막 주, 8월 첫째 주 각각 3일간
홈페이지 kirifestival.jp/index.html

노보리베쓰 지옥 마쓰리 登別地獄まつり

홋카이도 인기 No.1의 온천지 노보리베쓰에서 8월 말에 열리는 축제이다. 노보리 온천의 명물인 지옥 계곡에서 하는 축제이기 때문에 지옥 마쓰리라 이름이 지어졌으며, 지옥의 상징인 도깨비를 볼 수 있는 것은 당연하고, 특별히 염라대왕도 방문해 주신다. 마쓰리가 끝나면 염라대왕은 온천 거리에 마련된 사당인 엔마도에 들어간다.

기간 8월 마지막 주 주말

30
21

여행 정보

여행 준비

여권 만들기

여권은 외국을 여행하고자 하는 국민에게 정부가 발급해 주는 일종의 증빙 서류이다. 여권이 없으면 어떠한 경우에도 외국을 출입할 수 없으며 여권을 분실하거나 소실하였을 경우에는 명의인이 신고하여 재발급을 받아야 한다. (2008년 이후 여행사 등을 통한 여권 발급 대행이 금지되었다.)

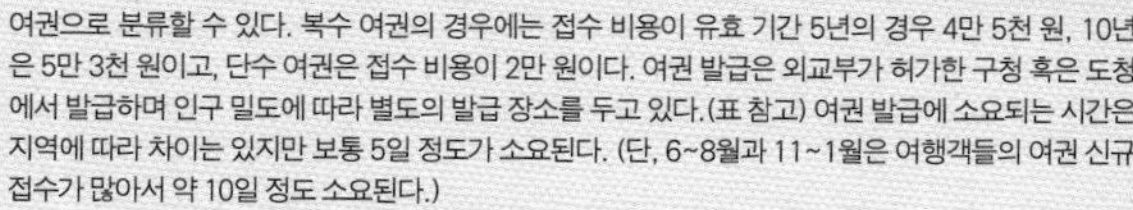

여권은 5년 또는 10년간 사용할 수 있는 복수 여권과 1년간 사용할 수 있는 단수 여권으로 분류할 수 있다. 복수 여권의 경우에는 접수 비용이 유효 기간 5년의 경우 4만 5천 원, 10년은 5만 3천 원이고, 단수 여권은 접수 비용이 2만 원이다. 여권 발급은 외교부가 허가한 구청 혹은 도청에서 발급하며 인구 밀도에 따라 별도의 발급 장소를 두고 있다.(표 참고) 여권 발급에 소요되는 시간은 지역에 따라 차이는 있지만 보통 5일 정도가 소요된다. (단, 6~8월과 11~1월은 여행객들의 여권 신규 접수가 많아서 약 10일 정도 소요된다.)

발급처	주소 / 전화번호
종로 구청	서울시 종로구 삼봉로 43
	02-2148-1953~5
노원 구청	서울시 노원구 노해로 437(상계동)
	02-2116-3284
서초 구청	서울시 서초구 남부순환로 2584
	02-2155-6340
영등포 구청	서울시 영등포구 당산로 123(당산동 3가)
	02-2670-3145~8
동대문 구청	서울시 동대문구 천호대로 145
	02-2127-4685
강남 구청	서울시 강남구 학동로 426
	02-3423-5401
구로 구청	서울시 구로구 가마산로 245
	02-860-2681, 2684
송파 구청	서울시 송파구 올림픽로 326
	02-2147-2330
마포 구청	서울시 마포구 월드컵로 212
	02-3153-8481~4
부산 시청	부산광역시 연제구 중앙대로 1001
	051-888-5333
대구 시청	대구광역시 중구 공평로 88(동인동1가)
	053-803-2855
인천 시청	인천광역시 남동구 정각로 29
	032-440-2477
광주 시청	광주광역시 서구 내방로 111
	062-613-2965

발급처	주소 / 전화번호
대전 시청	대전광역시 서구 둔산로 100
	042-600-4195
울산 시청	울산광역시 남구 중앙로 201
	052-260-5252
경기도 본청	경기 수원시 팔달구 효원로 1
	031-120
경기도 북부 청사	경기도 의정부시 청사로 1(신곡동)
	031-850-2249
강원 도청	강원도 춘천시 중앙로 1
	033-249-2562
강릉 시청	강원도 강릉시 강릉대로 33(홍제동)
	033-640-4491
충북 도청	충북 청주시 상당구 상당로 82
	043-220-5577
충남 도청	충남 홍성군 홍북면 충남대로 21
	041-635-2316
전북 도청	전북 전주시 완산구 효자로 225
	063-280-2253
전남 도청	전남 무안군 삼향읍 오룡길 1
	061-286-2320
경북 도청	대구광역시 북구 연암로 40
	053-950-2215
경남 도청	경남 창원시 의창구 중앙대로 300
	055-211-6114
제주 도청	제주특별자치도 제주시 문연로 6
	064-710-2173

자세한 사항은 www.passport.go.kr를 참고

일반 여권 발급에 필요한 서류

①여권 발급 신청서 1통(여권과에 비치)
②여권용 사진(3.5×4.5cm 사이즈로, 최근 6개월 이내에 촬영한 것) 1매(단, 전자여권 아닌 경우 2매)
③신분증(주민등록증, 운전 면허증, 공무원증, 군인 신분증)
④병역 관계 서류, 가족 관계 기록 사항에 관한 증명서(필요한 경우)
⑤수입 인지대(복수 여권: 5년-4만 5천 원, 10년-5만 3천 원, 단수 여권: 2만 원)

일반 여권 외 여권

①관용 여권 ②외교관 여권 ③거주자 여권(영주권 소지자)

비자가 필요한 경우

대한민국 여권을 소지하고 있는 사람이 관광을 목적으로 일본에 방문하는 경우 일본 입국 비자를 발급 받지 않고 90일간 체류가 가능하다. 하지만 학업이나 비즈니스를 목적으로 하는 경우에는 반드시 일본 입국 비자를 받아야만 한다. 일본과 관광 비자 면제 협정을 맺지 않은 국가(ex. 중국)의 여권을 소지한 경우 일본 대사관에 직접 문의를 해서 여행 비자를 발급 받아야 한다.

항공권 준비

항공권 구입은 충분한 여유 시간을 가지고 예약하는 것이 좋다. 여행객들이 많이 몰리는 성수기에는(주말 및 공휴일, 6월 20일~8월 20일, 12월 20일~2월 20일) 2~3개월 정도 전에 미리 예약해야 한다. 항공권을 구입할 때에는 할인 항공권을 취급하는 여행사의 요금을 비교해 보고 구입한다. 또한 각 여행사마다 왕복 항공권과 숙박을 묶은 배낭여행 상품들이 있으므로 가격을 잘 비교하여 구입하도록 하자. 단, 항공권의 유효 기간에 따라 제약 조건이 있으므로 관련 사항을 꼭 확인한다.(ex. 지정 좌석, 출발일 변경 불가능, 리턴 날짜 변경 불가능 등)

E-TICKET(전자 티켓)

여행사 또는 항공사에서 항공권을 구입하면 이메일 또는 팩스로 E-Ticket 영수증을 받게 된다. 이 영수증이 흔히 말하는 전자 티켓이다. 전자 티켓을 받으면 우선 탑승자 명(Passenger Name)이 여권의 영문 철자와 동일한지 확인하자. 본인 또는 여행사, 항공사의 실수로 영문 철자가 틀릴 경우 비행기 탑승이 불가능하다. 출발 날짜 및 출발 시간을 다시 한번 확인하는 것도 중요하다.
전자 티켓은 비행기의 좌석 지정까지 되어 있지는 않고, 공항에서 좌석 번호가 지정되어 있는 탑승권(Boarding Pass)으로 교환을 해야 한다. 모든 항공사의 홈페이지를 통해 미리 좌석을 지정할 수 있으니 선호하는 좌석이 있는 경우라면 미리 신청해 두는 것이 좋다.

비행기 사전 좌석 지정

인터넷으로 좌석 지정을 할 때는 전자 티켓 번호(E-Ticket Number) 또는 항공사의 예약 번호(Reservation Number)를 입력해야 한다. 전자 티켓 번호는 아시아나 항공 988, 대한항공 180, 전일본공수(ANA) 205, 일본항공(JAL) 131로 시작되는 13자리의 숫자이며, 항공사의 예약 번호는 6자리로 알파벳과 숫자의 조합으로 되어 있다. 전자 티켓 발권 시스템에 따라 예약 번호처럼 보이는 것이 두 개인 경우가 있는데 이런 경우 항공사의 코드 다음에 있는 것이 항공사 예약 번호이다. 항공사의 코드는 아시아나 OZ, 대한항공 KE, 전일본공수(ANA) NH, 일본항공(JAL) JL이다.

할인 항공권 취급 여행사

인터파크투어 tour.interpark.com　하나투어 www.hanatour.com
온라인투어 onlinetour.co.kr

숙소 예약

여행 일정을 준비할 때 가장 중요한 것은 숙소의 위치와 교통의 편리성이다. 한 도시에 머무는 체제형 여행보다 도시 간 이동이 많은 삿포로 여행을 할 때 가장 중요한 것은 호텔을 정하는 것이다.
삿포로에서 오타루, 노보리베쓰, 도야, 아사히카와, 후라노까지는 삿포로에서 당일치기로도 여행을 할 수 있는 거리이다. 하지만 조금 더 깊이 있게 보는 것을 좋아하는 여행자라면 여행지에서 숙박을 하는 것이 좋다. 간혹 여행 일정을 정할 때 매일 호텔을 이동하는 경우가 있는데, 이런 경우 매일 밤 짐을 풀고, 아침에 짐을 싸는 것을 반복해야 하는 번거로움이 있다. 또한 호텔 체크아웃 시간은 10시, 체크인 시간은 오후 3시로 약간의 공백 시간이 생길 수밖에 없는 것도 고려해야 한다.
홋카이도의 호텔은 계절에 따라, 시기에 따라 요금의 변동이 크다. 여행 비수기인 겨울철에는 눈축제 기간(2월 둘째 주)을 제외하면 특급 호텔이더라도 다른 지역의 비즈니스급, 스탠다드급 호텔의 요금으로 숙박을 할 수 있는 경우도 있으니 비수기 특별가가 적용되는 호텔이 있는지 확인해 보자.

환전 및 신용 카드 이용

현금보다 여행자 수표로 환전하는 것이 보다 낮은 환율을 적용받을 수 있지만, 짧은 기간의 여행 중에는 여행자 수표를 현금으로 바꾸기 위해 은행을 가는 시간조차 아까울 수도 있으며, 은행의 업무 시간이 평일 09:00~15:00이기 때문에 시간에 맞추는 것도 쉬운 일은 아니다.
환전을 할 때 여행사 또는 인터넷을 통해 환전 할인 쿠폰을 이용하면 수수료를 아낄 수 있다. 공항에서도 환전을 할 수 있지만 공항 은행의 환율은 시중 은행보다 높기 때문에 미리 환전을 하는 것이 좋다. 일본 식당은 신용 카드 이용이 안 되는 경우가 많기 때문에 여유 있게 환전을 하는 것이 좋은데, 숙박비를 제외하고 시내 교통비, 식사, 간식 비용을 보통 3,000~5,000엔으로 계산하면 된다.
현지에서 현금이 부족한 경우 신용 카드를 이용해 현금 서비스를 받을 수도 있다. 일본 전 지역에 있는 세븐 일레븐 편의점 및 우체국의 ATM기에서 해외 카드를 이용할 수 있으며 세븐 일레븐 편의점의 경우 24시간 이용할 수 있다. 이를 이용하기 위해서는 해외 사용이 가능한 카드인지 확인해 두어야 하며, 비밀번호 4자리 숫자를 반드시 알고 있어야 한다.
세븐 일레븐 편의점과 우체국 외에 국제선 공항, 시티 은행의 ATM에서도 신용 카드 현금 서비스를 받을 수 있으며, 대부분의 ATM 기계는 영어로 이용할 수 있다.

여행 가방 꾸리기

공항에서 수하물로 부치는 짐은 20kg까지만 허용되며 기내 반입은 20L 또는 10kg을 초과할 수 없다. 항공 보안의 이유로 100ml 이상의 액체는 기내로 반입할 수 없기 때문에 반드시 수하물로 부쳐야 한다. 100ml 이하의 경우라도 지퍼락 비닐팩에 넣어야 하며 최대 1000ml를 초과할 수는 없다. 면세점에서 화장품 또는 주류를 구입한 경우 표시가 남는 비닐 포장지에 담겨 물건을 받는데 이 상태 그대로 있어야 기내에 휴대할 수 있으며, 우리나라로 돌아올 때는 반드시 수하물로 보내야 하니 병이 깨지지 않도록 주의하자. 여행 가방을 쌀 때는 꼭 필요한 것만 챙겨서 넣자. 신발은 여행지에서 많이 걷게 될 것을 대비하여 발이 편안한 것을 준비하고, 여름이라면 간편한 슬리퍼 또는 샌들을 준비하는 것도 좋다. 겨울철에는 옷의 부피가 커지기 대문에 얇은 옷을 여러 벌 준비하는 것이 좋다. 호텔에 짐을 풀고(또는 코인라커에 짐을 맡기고) 편안하게 휴대할 수 있는 작은 가방을 준비하는 것도 잊지 말자.
호텔에 숙박한다면 기본적인 세면도구(칫솔, 면도기, 드라이기, 수건, 샴푸, 샤워젤)가 있으니 따로 준비할 필요가 없지만 피부, 헤어가 예민한 경우라면 세안제와 샴푸는 별도로 준비하는 것이 좋다.

홋카이도로 가는 항공편

우리나라에서 직항 항공편 이용

인천 출발 항공편(삿포로 신치토세)

2016년부터 아시아나 항공과 제주 항공이 삿포로에 취항하기 시작하면서 대한 항공, 진에어, 티웨이 항공까지 총 5개의 항공편이 직항으로 운행하고 있다. 단, 여름 성수기를 중심으로 운항 스케줄이 확정되기 때문에 여름 이외의 기간은 항공사 또는 할인 항공권 판매 사이트를 통해 스케줄을 확인하는 것이 좋다. 여름과 겨울로 여행 시즌이 명확한 홋카이도 지역은 성수기와 비수기의 항공권 요금 차이가 매우 큰 편이다. 성수기의 평균 요금이 70만원 정도로 비수기에 비해 2배 가까이 요금이 오른다. 예약 시기에 따라 요금 차이가 크기 때문에 여행 일정을 정할 때 가장 먼저 항공권을 예약하는 것이 좋다.

항공사	출국편	귀국편	취항일
대한 항공	10:10-12:55 12:25-15:10	14:15-17:15 16:20-19:30 (월~토) 18:00-21:15 (일)	매일
진에어	08:20-11:00	12:10-15:10	매일
티웨이 항공	07:15-09:40 (화, 수, 목, 토, 일) 10:35-13:05 (월, 화, 목, 금, 토) 12:55-15:25 (수, 일)	10:40-13:30 (화, 수, 목, 토, 일) 14:05-17:05 (월, 화, 목, 금, 토) 16:25-19:40 (수, 일)	요일별 스케줄 다름
제주 항공	06:30-10:00 (수, 일) 07:00-10:00 (금) 07:20-10:00 (월, 토) 12:20-15:00	11:50-15:10 (월, 수, 금, 토, 일) 16:00-19:10	요일별 스케줄 다름
아시아나 항공	14:20-17:00	18:10-21:10	매일

삿포로행 항공권 구입하기

- 삿포로에서의 귀국 시간이 대부분 오후이기 때문에 마지막 날 일정은 할 수 있는 것이 많지 않다. 따라서 2박 3일의 경우 실제 여행 시간은 하루 반나절 정도 밖에 안 되기 때문에 홋카이도 여행은 2박 3일보다는 3박 4일 이상의 일정을 잡는 것을 추천한다.
- 7월 15일부터 8월 20일, 12월 20일부터 1월 10일, 2월 첫째 주에 여행을 계획한다면 3~4개월 전에 항공권을 구입해도 늦을 수 있다. 일정이 정해졌다면 우선 예약을 해두자. 항공권만 구입하고 취소하는 경우 취소 수수료는 5~7만원 정도이다.
- 상기 이외의 기간은 일요일 귀국편을 제외하면 1개월 전 발표되는 특가 요금을 확인하고 예약하는 것이 가장 저렴하게 항공권을 구입하는 방법이다.

인천 출발 항공편(아사히카와)

아시아나 항공에서 여름과 겨울 성수기 기간에만 아사히카와까지 부정기편을 운항하고 있다. 후라노, 비에이에서 가까운 공항으로 계절에 맞는 여행을 즐길 수 있으며 인천 – 신치토세 공항 구간에 비해 저렴하다는 것도 장점이다. 단, 부정기편은 전세기 개념으로 운항하기 때문에 지정된 판매 여행사에서만 구입할 수 있으며, 예약 후 취소할 경우 전세기 규정에 의해 항공 요금의 50~100%까지 취소 수수료가 발생할 수 있기 때문에 일정에 주의해야 한다. 또한 3박 4일, 4박 5일과 같이 정해진 일정으로만 여행할 수 있다.

항공사	출국편	귀국편	취항일	기타
아시아나 항공	09:40 - 12:30(수) 11:00 - 14:15(토)	14:00 - 17:00(수) 15:45 - 18:50(토)	수, 토	여름, 겨울 성수기에만 운항 수요일 3박 4일 일정, 토요일 4박 5일 일정

부산 출발 항공편

부산 김해 공항에서 삿포로 신치토세 공항까지 대한 항공과 에어 부산이 취항하고 있다. 두 항공사 모두 매일 출발하는 것이 아니기 때문에 일정을 정할 때 주의해야 한다. 또한 에어 부산은 출발 요일에 따라 운항 스케줄이 다른 것도 염두에 두어야 한다.

항공사	출국편	귀국편	취항일	기타
대한 항공	09:15 - 11:35	12:35 - 15:15	화, 목, 토	인천 - 삿포로 구간과 결합 가능 ex) 부산 - 삿포로 - 인천
에어 부산	09:00 - 11:20(화, 수) 09:30 - 12:00(월, 목~일)	12:55 - 15:30(화, 수, 금) 12:55 - 15:40(월, 목, 토, 일)	매일	요일별 스케줄이 다름

우리나라에서 경유 항공편 이용

멀리 유럽이나 미국도 아닌 일본을 여행하면서 경유편 비행기를 이용한다는 것이 어색하기는 하지만 경유편을 이용하면 다음과 같은 장점이 있다.

① 가장 심한 비수기 기간인 4~6월이 아니라면 일반적으로 경유편을 이용하는 것이 저렴하다.
② 7월 말 8월 말과 연말연시, 눈축제 기간에 직항편은 대부분 패키지 여행객에게 좌석을 배분한다. 직항편이 마감된 경우더라도 경유편은 좌석이 있는 경우가 많으며 가격도 저렴하다.
③ 김포 - 하네다 국제선 구간 이용 후 하네다에서 신치토세(삿포로), 하코다테, 구시로, 메만베츠 등 홋카이도의 다양한 지역으로 이동할 수 있으며, 다시 도쿄로 돌아올 때 공항이 달라도 되기 때문에 여행 동선을 대폭 줄일 수 있다.
④ 홋카이도 여행에 도쿄, 오사카, 오키나와 등을 함께 여행할 수도 있다.
⑤ 도쿄에서 입국 심사를 하고 삿포로에 13시경에 도착하기 때문에 삿포로 시내 도착 시간은 직항편을 이용하는 것보다 빠르다.
⑥ 국내선 청사에서 16시에 출발하는 비행기를 타고 도쿄를 경유해 들어오기 때문에 마지막 날 점심 먹고 잠시 쇼핑을 하고 공항으로 이동해도 된다. (직항편의 경우 마지막 날 일정이 아침 식사 후 공항으로 이동 외에는 없다.)

도쿄 하네다 공항에서 홋카이도의 신치토세(삿포로)는 일본항공과 전일본공수가 각각 하루 10~15편 운항하고 있으며, 하코다테, 메만베츠(아바시리), 구시로 공항까지도 하루 2~3편 운항하고 있다. 아래와 같은 항공 스케줄이 국제선과 연결되는 가장 좋은 스케줄이며, 도쿄에서 숙박을 한다면 보다 다양한 일정을 만들 수 있다.

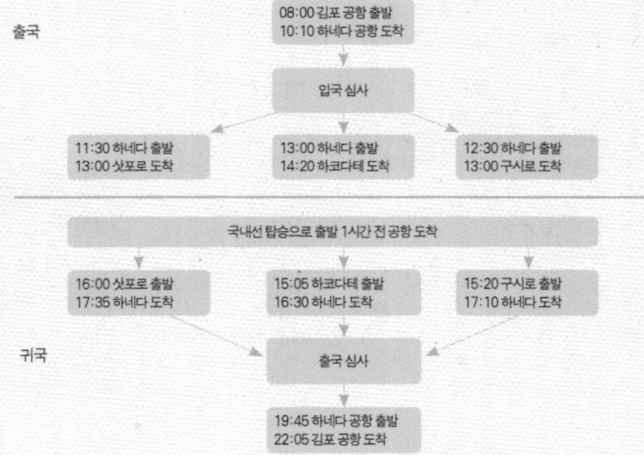

일본 국내에서 홋카이도 가기

일본에서 항공편 이용해서 가기

도쿄와 오사카 등의 일본 국내에서 홋카이도로 가는 항공편은 우리나라에서 경유편을 구입하는 것보다 비싼 경우가 많다.
워킹홀리데이, 유학 중 홋카이도 여행을 가는 경우는 일본의 저가 항공이나 지방 항공사를 이용하는 것이 좋다. 홋카이도의 지방 항공사인 에어도(Air Do)의 경우 삿포로에서 열차 또는 버스를 이용해도 4~6시간 정도 소요되는 구시로, 아바시리 등의 홋카이도 도북, 도동의 도시까지 취항하고 있어 짧은 기간에 많은 것을 보고자 하는 여행객에게 편의를 제공하고 있다.

에어도 항공(Air Do) 홈페이지 www.airdo.jp (일본어)
스카이마크 항공(Sky Mark) 홈페이지 www.skymark.co.jp/ko (한글)

일본에서 열차 이용해서 가기

2016년 3월에 홋카이도 신칸센 일부가 개통되면서 도쿄에서 삿포로까지 신칸센으로 이동할 수 있게 되었다. 아직 완전 개통이 아니기 때문에 신칸센을 이용해 하코다테 북부의 하코다테호쿠토 역까지 이동 후 특급 열차를 이용해야 한다. 도쿄에서 삿포로까지 열차 이동 거리는 1163.3km이며, 소요 시간은 정차하는 역 수에 따라 7시간 44분에서 8시간 28분 정도이다. 요금은 26,820엔이지만 외국인만 이용할 수 있는 JR패스 7일권(29,110엔)으로도 이용할 수 있기 때문에, 도쿄에서 삿포로로 이동 후 홋카이도에서 JR 열차를 이용할 계획이라면 출국 전에 JR 패스를 구입하는 것이 좋다. 북극성, 카시오페아, 하마나스, 트와일라잇 익스프레스와 같이 일본 본토에서 홋카이도로 연결되던 침대 특급 열차들은 본토와 홋카이도 사이의 해저 터널인 세이칸 터널이 신칸센 전용으로 변경되면서 운행을 중단하게 되었다.

홋카이도에서 유용한 열차 패스

열차 이동을 많이 하게 되는 홋카이도에서 JR 패스의 이용은 필수적이다. 일본 전 지역에서 이용하는 JR 패스를 이용한다면 홋카이도와 함께 혼슈의 도쿄, 오사카 등 전국 일주를 할 수도 있다. 홋카이도만 여행하는 경우라면 JR 홋카이도(JR 北海道)에서 발매하는 홋카이도 레일 패스(Hokkaido Rail Pass)를 이용하는 것이 보다 효율적이다.

홋카이도 레일 패스 北海道レールパス, Hokkaido Rail Pass

홋카이도 관광을 위해 방문하는 외국인 여행자를 위한 열차 패스로 홋카이도 내의 모든 JR 노선(홋카이도 신칸센 제외)을 자유롭게 승하차할 수 있다. 단기 체재 관광 비자를 소지한 외국인만 이용할 수 있기 때문에 현지 유학생은 이용할 수 없다. 패스의 종류는 3일, 4일, 5일, 7일권이 있으며 연속 패스인 3일, 5일, 7일권과 달리 4일권은 패스 교환일부터 10일 이내에 원하는 날짜 중 4일을 선택하여 이용할 수 있다.

패스 종류	등급	성인 요금	어린이 요금(6~11세)
홋카이도 레일 패스 연속 3일 (3 Days)	보통차(Ordinary)	16,500엔	8,250엔
홋카이도 레일 패스 비연속 4일 (Flexible 4 Days)	보통차(Ordinary)	22,000엔	11,000엔
홋카이도 레일 패스 연속 5일 (5 Days)	보통차(Ordinary)	22,000엔	11,000엔
홋카이도 레일 패스 연속 7일 (7 Days)	보통차(Ordinary)	24,000엔	12,000엔

사용 가능 범위

- JR 홋카이도의 모든 열차 노선의 특급 · 급행의 자유석 및 지정석 (단, 홋카이도 신칸센 이용 불가 / 도쿄에서 신칸센을 이용하여 홋카이도로 이동할 예정이라면 JR 패스 7일권 구입)
- JR 홋카이도 버스(삿포로-아사히카와, 삿포로-몬베쓰, 삿포로-오비히로, 삿포로-키로로, 삿포로-에리모 · 히로오 및 부정기 노선을 제외)

구입 방법

- 우리나라의 여행사에서 교환권 구입 후 일본에서 교환, 또는 일본 현지에서 구입 가능
- 삿포로, 아사히카와, 하코다테, 구시로, 오비히로, 아바시리의 JR 여행 센터(트윙클 플라자)
- JR 삿포로 역 서쪽 출입구와 신치토세 공항 역의 여행 안내소에서 교환 및 구입 가능

삿포로-하코다테 구간을 왕복하는 일정, 구시로, 아바시리 등의 도동 지역을 다녀오는 일정이 아니라면 '홋카이도 레일 패스'의 본전을 뽑기란 생각보다 어렵다. 만약 삿포로를 중심으로 오타루, 노보리베쓰, 후라노와 비에이만 다녀올 예정이라면 패스를 구입하지 않는 것이 좋다.

JR 패스 Japan Rail Pass

JR 홋카이도는 물론 도쿄와 동북 지역의 JR 동일본, 오사카 지역의 JR 서일본, 후쿠오카 지역의 JR 규슈와 같이 일본 전국의 JR 노선을 모두 이용할 수 있는 패스이다. 단, 신칸센 중 '노조미', '미즈호'와 특급 열차 중 다른 열차 회사와 공동 운행하는 열차는 이용할 수 없다.

도쿄에서 홋카이도까지 신칸센을 이용하면 약 8시간 정도 소요되며, 신칸센 요금이 26,820엔으로 JR 패스 7일권과 요금 차이가 크지 않기 때문에 여행 기간이 길다면 JR 패스를 구입해서 도쿄에서 삿포로까지 열차로 이동을 하는 것이 이익이다. 또한 홋카이도 내에서도 사용 가능하기 때문에 항공편을 이용하는 것보다 저렴하게 여행할 수 있다. 하지만 홋카이도 내에서만 JR 열차를 이용할 예정이라면 JR 패스를 구입하는 것보다 홋카이도 레일 패스를 구입하는 것이 좋다.

패스 종류	등급	가격
연속 7일 (7 Days)	보통차(Ordinary)	29,110엔
	그린차(Green Car)	38,880엔
연속 14일 (14 Days)	보통차(Ordinary)	46,390엔
	그린차(Green Car)	62,950엔
연속 21일 (21 Days)	보통차(Ordinary)	59,350엔
	그린차(Green Car)	81,870엔

만 6세~12세 미만은 반액

사용 가능 범위

- 일본 JR 소속의 모든 열차 노선의 특급 · 급행의 자유석 및 지정석 (단, 신칸센의 '노조미', '미즈호' 이용 불가, JR과 사철 공동 운행 구간의 경우 추가 요금이 필요)
- 일부 구간을 제외한 JR 고속버스, 철도 연락선(미야지마 페리)
- 야간 열차의 지정석 이용 가능. 단, 침대칸 이용 시 침대 요금 (6,300엔~)을 지불해야 함. (홋카이도의 침대 특급이 모두 폐지되었으며, 2016년 6월 기준 일본 전국에 운행 중인 야간 열차는 선라이즈 이즈모 / 세토 1편만 남았다.)

구입 방법

- 우리나라의 여행사에서 교환권 구입 가능, 일본 현지에서 구입 불가
- 일본 전국의 주요 JR 역 및 JR 여행 센터에서 교환권을 패스로 교환

일본의 열차 종류

일본의 열차는 운행 형태에 따라 보통(普通, 후츠으), 쾌속(快速, 카이소쿠), 특쾌(特 快, 톳카이), 특급(特急, 톳큐우), 신칸센(新幹線)으로 구분된다.

쉽게 이야기하면 보통은 우리나라의 1호선과 같은 국철 열차라고 생각하면 되고, 쾌속과 특쾌는 보통과 같지만 주로 출퇴근 시간 등에 운행되어 일부 역만 정차하는 열차로, 우리나라와 비교하면 용산에서 인천 구간의 직통 열차와 같은 개념이다.

특급열차는 주로 도시 간 연결을 목적으로 운행되는 열차이며 우리나라의 무궁화호, 새마을호 정도로 생각하면 된다. 보통, 쾌속, 특쾌열차와 비교할 수 없는 편안한 좌석이 있으며 야간 특급열차에는 침대칸이 있기도 하다. 좌석은 빈자리가 있으면 앉을 수 있는 자유석과 사전에 예약한 사람만 앉을 수 있는 지정석으로 나뉜다. 1등석에 해당하는 그린차(クリーン車, 그린샤)도 자유석과 지정석으로 나뉘어져 있다.

일본 열차표의 종류

JR 열차의 표(きっふ, 킷푸)는 승차권(乗車券, 조샤켄), 자유석 특급권(自由席特急券, 지유세키 톳큐켄), 지정석 특급권(指定席指定券, 시테이세키 톳큐켄), 그린차권(クリーン車券)으로 구분된다.

티켓의 종류를 쉽게 설명하기 위해 A에서 B까지 이동을 예로 들자. 승차권은 A에서 B까지 가는 보통, 쾌속, 특쾌 등급의 열차에 탈 수 있는 것이다. A와 B가 거리가 멀다면 소요 시간의 문제와 환승 등의 번거로움으로 특급열차를 타야 할 것이다. 특급열차를 타기 위해서는 승차권과 함께 자유석 특급권 또는 지정석 특급권을 구입하면 된다. 마찬가지로 A에서 B까지 가는 특급열차의 1등석인 그린차에 앉고 싶다면 그린차권을 구입하면 된다.

ようこそ
ぜるぶの丘 へ

ENJOYMAP

인조이맵 지도 서비스

enjoy.nexusbook.com

'ENJOY MAP'은 인조이 가이드 도서의 부가 서비스로,
스마트폰이나 PC에서 **맵코드만 입력**하면
간편하게 **길 찾기**가 가능한 무료 지도 서비스입니다.

<러시아>, <다낭·호이안·후에>, <오키나와>, <규슈>, <파리>, <프라하>, <치앙마이>, <홋카이도>부터 먼저 만나실 수 있습니다.

인조이맵 이용 방법

1 QR 코드를 찍거나 주소창에 enjoy.nexusbook.com을 입력하여 접속한다.

2 간단한 회원 가입 후 인조이맵을 실행한다.

3 도서 내에 표기된 맵코드를 검색창에 입력하여 길 찾기 서비스를 이용한다.

4 인조이맵만의 다양한 기능(내 장소 등록, 스폿 검색, 게시판 등)을 활용해 보자.